Virtue and Knowled

Study on Contemporary Weste
Virtue Epistemology

德性与知识

当代西方德性知识论研究

毕文胜◎著

科学出版社

北京

内 容 简 介

本书是对当前西方德性知识论的追踪研究，试图全景式切入当前知识论这一热点问题。全书从德性知识论的缘起入手，介绍当前德性知识论发展的谱系，分析争论本质，尝试从历史中寻找德性与知识的关系，从而发现德性知识论的理论困境，并试图从时代和理论自身的发展角度对德性知识论的理论价值给出自己的思考和回答。

本书可供外国哲学专业的研究人员、师生及对当代英美分析哲学感兴趣的读者阅读参考。

图书在版编目（CIP）数据

德性与知识：当代西方德性知识论研究/毕文胜著. —北京：科学出版社，2020.9

ISBN 978-7-03-065550-9

Ⅰ.①德… Ⅱ.①毕… Ⅲ.①知识论-研究-西方国家 Ⅳ.①G302

中国版本图书馆 CIP 数据核字（2020）第 105137 号

责任编辑：邹 聪 张 楠／责任校对：贾伟娟

责任印制：赵 博／封面设计：有道文化

科学出版社出版

北京东黄城根北街 16 号

邮政编码：100717

http://www.sciencep.com

天津市新科印刷有限公司印刷

科学出版社发行 各地新华书店经销

*

2020 年 9 月第 一 版 开本：720×1000 1/16

2025 年 1 月第四次印刷 印张：14 3/4

字数：250 000

定价：88.00 元

（如有印装质量问题，我社负责调换）

序 言

求真与求善是哲学探究的两大目标，知识论作为如何求真的学问，属于哲学中最基础的学科之一，其重要性不言而喻。

在历史上，中国哲学与西方哲学的发展沿着不同的轨迹进行。孔子与孟子开创了儒家哲学，作为一种主流哲学，它决定着中国哲学的基本性质。这一以“格物致知、诚意正心、修身齐家治国平天下”为主旨的哲学，其中的“致知”，并非是追求有关外部世界的科学知识，而是追求有关内心道德修炼的伦理知识。这使得中国哲学中大体上有着一种“知道如何”（knowing how）的知识论，我把它命名为“力行的知识论”，即以“知行合一”为目的，以“诚”为“德性之知”的立足点，主张规则的规范作用，以“知”为“行”的理由或根据。与此相关，从另一方面看，求真（命题知识）的知识论则成为中国哲学中的短板。

近一二十年来，中国的知识论研究的状况发生了很大的变化。自葛梯尔问题产生之后，分析知识论的新学说、新进展进入了中国学者的视野，得到了一些追踪式的研究，并且随着对西方知识论研究的推进，一些对话也逐步展开。2018 年 10 月，在美国纽约的福特汉姆大学（Fordham University）举行了一场由美国学者发起、组织的美中知识论会议。双方各有 10 多位有代表性的学者参加，其中不乏索萨（Ernest Sosa）、格雷科（John Greco）这样的知名学者。会上双方对所提交的论文互做评议，展开讨论。在我看来，这次会议对于中国的知识论研究来说，具有不寻常的意义。它标志着我国的知识论学者与国外学界之间已经开始了互动，其研究的价值也已开始得到国外学者的认可。

眼前的毕文胜教授的这部著作，即这方面背景下的一个产物。文胜是我 2004～2007 年在厦门大学指导的博士研究生。他完成学业到云南师范大学任教后，就一直从事知识论的教学与研究。这部著作是他于 2014 年获得的国家社会科学基金项目“当代西方德性知识论谱系、问题与合理性前沿研究”的最终成果。“德性知识论”是美国哲学家在 20 世纪后期发展出的一种知识论学说。它与蒯因所倡导的“自然化的知识论”相反，以“德性”作为知识的价值及其评价的主要源泉，寻求对认识活动的新解释，把知识论看作一种规范性的学科，试图实现知识论的“德性转向”，目的是使认识者提升为一种理智上完好的存在者，以避免“运气”等偶然因素对认识的干扰，保障认识的可靠性等。

文胜的这本书属于国内较早系统介绍德性知识论的著作。它从德性知识论的两个基本流派——德性可靠论与德性责任论入手，分别介绍了它们探讨的主要问题、提出的主要观念、发生的主要争论，以及它们的理论价值等。此书力图溯本求源，理清脉络，辨析问题，亦不乏自己的批评，为我们了解德性知识论提供了一份有益的参考。在它付梓的时刻，我应邀作此序言，乐见知识论研究有更多的发展，同时也期待文胜能够在此基础上，百尺竿头，更进一步。

陈嘉明

2018 年 12 月 25 日

于上海万源城寓所

目　　录

这段论述阐明了当代知识论的本质及其核心问题——确证问题[①]，并由此解释了“epistemology”一词在当代被翻译为“知识论”而在近代西方哲学的语境中却被翻译为“认识论”的原因，实质上也就是回答了近代认识论与当代知识论真正区别之所在。

二、主题

在近代认识论到当代知识论的转变中，研究对象与问题域也随之发生了变化，这都源于最初的葛梯尔问题。葛梯尔对知识三元定义的正统分析的挑战，是引发当代英美分析哲学在关于知识定义、标准及其所必须满足条件等问题上产生激烈争论的直接导火索。知识确证问题在这一争论中成为最主要问题和争论最激烈的领域，并在争论中逐步形成了关于知识的两种确证方案：第一种方案关注的焦点是确证概念本身，第二种方案却将关注的焦点从确证概念本身转移到确证概念以外。德性知识论（virtue epistemology）就是第二种方案的典型——从认知主体的德性中寻求对知识确证问题的突破。

德性知识论产生的最初动机是解决知识确证上的基础主义与融贯论的对立僵局。索萨首先提出以“理智德性”作为知识确证的基本原则，德性知识论由此产生。围绕确证问题以及索萨的德性知识论的主张，自 20 世纪 80 年代德性知识论提出到不断修正完善以来，各种形式的德性知识论风起云涌，但是知识论学者们一般都承认两种对立的德性知识论流派：德性可靠论与德性责任论，其他的派别都可以从这两者之中找到自身的理论归宿。所以，尽管不断有新的观点和问题产生——例如，混合型理论、新亚里士多德主义、社会起源论等，21 世纪以来新产生的德性知识论的信用论问题、知识价值与理解问题、德性语境论及对怀疑论的反驳等——但是，都不影响德性知识论阵营整体上的界限分明，不乱阵脚。德性知识论在形成发展中，人才辈出，

① justification，动词形式为 justify，当前知识论中主要有三种中文翻译：确证（陈嘉明）、辩护（徐向东）、证成（洪汉鼎）。本书采用第一种译法。

阵营不断壮大：首创者是索萨，后来的代表性人物主要有格雷科、扎格泽博斯基（Linda Zagzebski）、寇德（Lonraine Code）、蒙特马奎特（Jomes Montmarguet）、贝尔（Jason Baehr）、戈德曼（Alvin I. Goldman）。从当前的发展态势看，无论是参与其中的学者还是产生的理论成果，都蔚为壮观，方兴未艾。因此，不夸张地说，德性知识论已成为当代知识论的主要研究领域。

国内关于知识论的研究起步于 21 世纪初，引领之功应归于陈嘉明教授。对德性知识论的研究当然更晚，首先的介绍也来自陈先生。他在《东南学术》（2003 年第 1 期）上发表的《德性知识论》一文，真正揭开了国内德性知识论研究之序幕。近 20 年来，随着中国对当代知识论问题的研究逐步深入，对德性知识论的研究也正在逐步展开。但是，与英美等英语世界国家相比，我们不仅在起步上落后了 30 年之久；而且，在研究成果与对各问题的深入程度上与其也还有很长的一段距离。然而，近年来，留学归国人员与日俱增，中国学者也遍访英美各国，知识论研究在人数及国内各高校和研究机构中的人员配备上已具规模，对当前知识论各分支问题（如社会知识论、实验哲学、语境知识论等）都有学者在进行追踪式研究。德性知识论问题的研究队伍日益庞大，研究成果日益丰富。尤其值得一提的是与台湾学者的交流，海峡两岸往来的日益频繁以及合作的趋势日益加强，极大地促进了中国知识论研究的整体发展。即便如此，现有的成果无论是在深度、广度还是在质量、数量上依然无法与国外相比。仅举一例：索萨在德性知识论方面的学术专著到目前为止已有 5 部，另外还有评论性的论文集 2 部、文章几十篇。中文现有的关于德性知识论研究的成果数量上的总和可能也无法与索萨一人比肩。

毋庸置疑，德性知识论在当代分析哲学以及知识论的研究中已成为主要议题，学术价值和意义举足轻重。但是，当前国内关于知识论问题以及德性知识论问题的研究还很滞后。所以，我们需要奋勇直追，努力向前。

三、内容与结构

德性与知识关乎人类的生存与幸福，是困扰人生此在的两大永恒主题。深入探讨德性、知识及两者之间的关系，加深我们对人生的意义与目的的认识，是当前建设美丽中国、实现中国梦的需要，也是个体生存与发展的精神文化的需要。同时，德性、知识及二者之间的关系问题自古就是中西方哲学探讨的共同议题，在当代哲学视野中探讨德性与知识之间的关系，开展德性知识论的研究，深入辨析其中的基本概念、基本问题和基本观点，不仅是哲学自身发展的需要，也是促进学术发展、扩大学术交流与合作的需要。

为此，本书主要从四个方面对德性知识论问题进行研究。

第一，当代西方德性知识论的缘起研究。从宽泛意义上看，德性知识论的产生是为了应对葛梯尔问题。葛梯尔问题在总体上引发了西方学者对知识条件的兴趣，在 20 世纪六七十年代，西方学者提出了各种解决葛梯尔问题的方案，德性知识论也是这一大浪潮中的一种。然而，德性知识论产生的最直接原因是解决知识确证上的基础主义和融贯主义之间的困境。

第二，德性知识论的谱系问题研究。自索萨提出理智德性的知识确证主张以来，产生了德性可靠论和德性责任论两大派别。德性可靠论的主要代表人物包括索萨、格雷科、戈德曼，德性责任论的主要代表人物包括寇德、蒙特马奎特以及扎格泽博斯基。涉及的主要理论问题有理智德性的内涵、德性信用论、反驳怀疑论、知识价值论和德性语境论等。

第三，德性知识论两大对立派别的划分与对立的根源问题研究。德性知识论之所以被划分为德性可靠论与德性责任论两大派别，根源在于对理智德性的不同解释。德性可靠论认为理智德性是诸如视觉、听觉等先天认识能力；而德性责任论认为理智德性是性格品质。在这两种旗帜鲜明的对立观点之外，还有一部分学者主张理智德性可以从能力和性格品质两方面来理解。这方面的主要代表人物包括后期的扎格泽博斯基、卡威格（Jonathan Lee Kvanvig）和贝尔等。这三种主张使得争论不可避免，其中，索萨所受到的批评和质疑最激烈与集中；其次是对德性责任论的批评。

第四，对德性知识论问题与存在的合理性即意义的研究。知识确证问题是当代知识论的核心问题，德性知识论的确证困境产生于对德性、理智德性以及与知识之间的相互关系理解的疏离与错位中，内容包括以下方面。首先，从历史来看，德性伦理学中的德性内涵分析；其次，关于知识内涵的历史分析；最后，理智德性与知识之间的关系分析。通过以上三个方面的分析，最终我们得出结论：德性在历史发展中从古希腊到中世纪，到当代德性伦理学的复兴具有稳定的内涵——后天习得性的品质；而知识是对自然界中必然的、普遍性的因果联系的正确认识和反映。因此，德性知识论的根本问题在于：对德性、知识及两者之间关系的曲解，以及对德性伦理学的曲解。然而，德性知识论产生和存在的价值也不容否认，主要表现为：加深了对德性与知识之间关系的理解；改变了传统就知识而知识、道德而道德，老死不相往来的孤立的研究局面，从二者之间的关系角度来探讨知识的产生与条件；探讨了知识的价值负载问题；同时德性知识论的产生也体现出分析哲学发展的必然趋势。更为重要的是，德性知识论的产生改变了以往以信念为核心的关注视野，将重点聚焦于认知主体自身。这必将加深人类对自身的关注和理解。

本书以上述四个问题为出发点，从历史与逻辑相统一的宗旨出发，按照经纬交叉的脉络，力图系统呈现当代西方德性知识论研究的全貌。在先述后议、夹述夹议的基础上，一方面，通过对当代西方德性知识论研究的现状分析，力求客观呈现当代英美分析哲学研究的学术风貌和学科特质；另一方面，通过对德性知识论各派争论实质的深入分析，试图挖掘德性知识论研究所存在的理论困境，乃至挖掘当代分析哲学研究所存在的理论局限性。

总之，本书是对当前西方分析哲学主要问题域——知识论具体问题的跟踪研究，其学术价值和现实意义在于：在学术上追踪了当前国外分析哲学研究的前沿问题现状，在现实层面上通过学术思想的丰富性和视野的拓展性加强了精神文明建设。

第一章　当代西方德性知识论的缘起

葛梯尔问题的提出引发了对知识正统三元定义的重新思考，当代知识论因此被认为进入所谓的“后葛梯尔时代”（Post-Gettier Time）。德性知识论是解决葛梯尔问题众多路径中的一种，与葛梯尔问题存在着不可分割的联系，在一定程度上是对葛梯尔问题以及与之相关的怀疑论等问题的回应与反思。

第一节　葛梯尔问题及其解决路径

葛梯尔问题提出后，围绕知识正统三元定义或条件的合法性问题展开了长达半个世纪的持续不断的争论，学者们面临两种选择：或者认为葛梯尔问题本身存在逻辑缺陷，因此并不构成对知识正统条件的否定；或者承认葛梯尔问题的合理性，努力寻求完善知识正统三元定义及其构成条件。

一、知识标准分析的一般形式

葛梯尔在 1963 年的论文中[①]提出了命题知识标准分析的一般形式：

（A1）S 知道命题 P，当且仅当

（1）P 是真的，

① Gettier E，“Is Justified True Belief Knowledge？”，*Analysis*，Vol. 23，No. 6，1963，pp. 121-123.

（2）S 相信 P，并且

（3）S 相信 P 是得到确证的。

在一般形式中，知识被分析为三个要素或三个条件：相信（belief）、真（true）与确证（justified）。这三者分开来是知识构成的必要条件，合起来则构成知识的充分条件。可以这样来解释这一标准分析的一般形式：条件（1）意味着某一命题 P 或者意味着命题 P 是真的；条件（2）表明了关于 P 的具体的命题态度，是相信，不是希望、担心、猜测、怀疑等；条件（3）表明了关于条件（2）相信 P 的命题态度所具有的具体认知身份或地位。

葛梯尔认为他关于知识的正统分析源自柏拉图的《泰阿泰德篇》，并认为柏拉图在《美诺篇》中可能接受了《泰阿泰德篇》中的分析。葛梯尔为什么会下如此武断的结论，文章并没有给予充分的解释。抛开葛梯尔这样理解柏拉图的对话正确与否不论，我们的疑问是，具有这些特征的知识的标准分析是否表征着知识分析的一般形式结构？换句话说，是否意味着所有知识的经典的或传统的或正统的分析都可以以这种方式进行？其实，在葛梯尔之前，齐硕姆和艾耶尔也提出过知识分析的一般形式。

齐硕姆提出的知识分析的一般形式[①]是：

（A2）S 知道命题 P，当且仅当

（1）P 是真的，

（2）S 接受 P，并且

（3）S 拥有关于 P 的充分证据。

艾耶尔提出的知识分析的一般形式[②]是：

（A3）S 知道命题 P，当且仅当

（1）P 是真的，

（2）S 肯定 P 是真的，并且

---

① Chisholm R M，*Theory of Knowledge*，Englewood：Prentice-Hall，1977，p. 90.

② Ayer A J，*The Problem of Knowledge*，London：Macmillan，1956，p. 34.

（3）S有权利肯定P是真的。

或许有人认为，齐硕姆与艾耶尔所提出的知识标准分析与葛梯尔所提出的不同，根本的分歧表现在对条件（3）的不同理解上。在（A1）中，条件（3）蕴含着条件（2），也就是说，条件（2）是条件（3）合理性认知的逻辑后承。而在（A2）中，条件（3）和条件（2）并没有这种蕴含关系，因为拥有充分证据并不意味着认知主体就一定接受。（A1）和（A2）在条件（3）上还有一点不同。（A1）中的条件（3）涉及对一种命题态度（相信）的认知评价，而（A2）中的条件（3）的这一特征并不明确。更具体地说，从（A2）的条件（3）我们很难断定齐硕姆是仅仅评价命题态度还是也评价认知主体。艾耶尔则很明确地希望将认知评价应用于认知主体，（A3）中的条件（3）证实了这一点。

实质上，这些差别对解决葛梯尔问题而言，几乎可以忽略不计。首要任务是，赋予知识的标准分析一些可以描述的特征。但是，这并不意味着知识标准分析在所有方面都能达成一致性，只是在对其中的三元条件及其表述上可以获得某种一致性。这种一致性表达了葛梯尔反例类型的一般性和普遍性，具有如下形式。（A4）S知道命题P，当且仅当需要满足的充分必要条件是：（1）第一个条件表明认知主体S有某一命题（例如）P或表明P是真的；（2）第二个条件是表明相关于命题P，S所具有的一种心理状态（或相信，或肯定，或认同。接受P，意味着认知者心理上的肯定和认同，而不是犹豫和怀疑）。并且（3）第三个条件表明，相关于条件（2），将某一认知术语应用于S处在的可能或实际的心理状态。也就是说，条件（3）意味着对条件（2）的认知评价，如存在是否相信、接受或肯定命题P的理性质疑程序。条件（3）表明，对P的相信、接受或肯定至少没有完全违背或部分符合了相信、接受或肯定P的理性质疑程序。

对于知识标准分析，是否只要符合其中所提出的三元条件就一定是知识呢？

二、葛梯尔问题的一般形式

葛梯尔从上述标准分析的一般形式出发，挑战知识传统（或正统或经典）分析中的知识充分必要条件。他提出了两个反例：

> 案例一：史密斯在应聘工作时得到两个确证的信念：（a）琼斯将获得那份工作；且（b）琼斯口袋里有 10 枚硬币。由此史密斯合理地推断（c）那个得到这份工作的人口袋里有 10 枚硬币。实际情况是，史密斯最终得到了那份工作，并且他所不知道的是，他的口袋里正好有 10 枚硬币。命题（c）满足知识的三元要素所构成的充分必要条件，但对于史密斯而言却并不是知识。
>
> 案例二：史密斯具有很强的证据确信（d）琼斯有一辆福特牌轿车。并且，我们进一步猜测史密斯另外一位朋友（e）布朗的行踪或在波士顿或在巴塞罗那或在布列斯特。史密斯由此推断，（f）琼斯有一辆福特牌轿车，或者布朗在巴塞罗那。即使史密斯对布朗的行踪一无所知，从（d）出发，也丝毫不能削弱史密斯对（f）的确信。事实是，琼斯现在并没有福特牌轿车，她现在的福特牌轿车是租来的；而布朗纯粹巧合就在巴塞罗那。史密斯关于（f）的信念是真的，且得到确证，但却不是知识。[①]

葛梯尔的反例激发了学术界讨论知识的热情。针对标准分析的相似反例不断被创造出来：听幻觉反例、被修改的钟反例、谷仓墙反例，等等。

听幻觉反例由迈农提出：

> 花园附近放了一把伊奥尼亚人的竖琴，目的是让风吹响它以吓走鸟。S 常常听见竖琴声，但现在他却听不见，因为他患有听力幻觉症。因为这幻觉，S 碰巧获得了一个真信念 P：竖琴正在被吹响。[②]

---

① Gettier E，"Is Justified True Belief Knowledge？"，*Analysis*，Vol. 23，No. 6，1963，pp. 121-123.

② Chisholm R M，*Theory of Knowledge*，Englewood：Prentice-Hall，1977，p. 92. 以下两个例子均来自齐硕姆的这部著作。

钟反例是修改罗素的案例而创造出来的：

> S 从学校广场上的钟获得一个真信念 P：现在是中午 12 点。S 认为这座钟运转正常，但他不知道的是，钟在晚上 12 点时停下来。他所看到的时钟的指针是昨晚 12 点的时间。碰巧的是，现在正好是中午 12 点。

还有戈德曼提出的谷仓墙反例：

> 亨利驾车经过乡村，看见一座谷仓。但是，亨利所不知道的是，这座谷仓的背面却是纸质复制品，没有墙及其构成的内部空间，不能储藏谷物。但从车辆所行驶的马路上看，其与真正的谷仓别无二致。我们假设亨利又从谷仓的背面（纸质复制品）一侧的道路驶过，他依然认定那是一座真正的谷仓。进一步，我们假设亨利从正面所看到的谷仓这一前提出发，断定他所看到的纸质谷仓还是真的谷仓，则我们很难认为亨利的这一信念是知识。

如果我们有兴趣，还可以列举出更多类似的葛梯尔案例。最近有知识论学者认为[①]，可以将这些反例分为三类：第一类情形是，认知主体合理地从他所相信又得到确证的虚假前提中推导出一个真实的结论。葛梯尔自身的反例属于此类。第二类情形是，认知主体所确证地相信的真命题，是由这一真命题之外的其他原因所导致的。第三类情形是，认知主体由于异常的环境条件，从相同的或相似的前提出发确证地相信虚假信念。这三种情形的划分并没有实质意义。因为在众多的葛梯尔类型的反例中，所反映的问题本质上相同——确证加上真加上相信的信念作为知识的构成条件并不能避免运气和纯粹巧合。在葛梯尔类型的反例 S 知道命题 P 的形式中，关于 P 有两个信念 Q1 和 Q2，其中，一个为假，一个为真；并且假的信念是得到确证的。从 Q1 和 Q2 出发，碰巧都能演证命题 P，而命题 P 最终的确证建立在其中假的信念 Q1 上。我们可以从葛梯尔上述第一个反例出发来具体说

---

① Allan H，"The Maturation of the Gettier Problem"，*Philosophical Studies：An International Journal for Philosophy in the Analytic Tradition*，Vol. 172，No. 1，2015，pp. 1-6.

明。设定 Q1 为“琼斯是那个得到工作并且口袋里有 10 枚硬币的人”，设定 Q2 为“史密斯是那个得到工作并且口袋里有 10 枚硬币的人”。从这一案例出发，我们知道 Q1 是假的，而 Q2 是真的。无论是从 Q1 还是 Q2 出发，最终都能推论出命题 P“那个口袋里有 10 枚硬币的人得到了工作”是真的。但是，认知主体 S 的真信念 P 的确证源自 Q1，所以标准分析中的三元条件并不能保证知识的成功。上述其他的反例虽然并不一定具有如同葛梯尔反例的逻辑推演结构（例如有的学者指出的基于直觉的信念确证案例并不是推论性的认知信念；然而，直觉迄今为止在认识论上并没有得到如同感觉和理性一样的公认的积极的认知地位，把它作为知识的来源总是值得怀疑的，何况经验论者总是否认任何形式的直觉的存在。所以，我们认为直觉并不排斥推理论证），但并无根本性的差别。因此，我们认为所有这些反例在挑战知识正统分析中的三元条件上，具有相似的结构和构成形式。其共同的形式条件如下：

（A5）（1）S 相信 P，

（2）P 是真的，

（3）S 相信 P 是得到确证的，

（4）信念 P 是建立在命题 Q 的基础上或被 Q 所蕴含的，

（5）S 在相信 Q 上是得到确证的，

（6）信念 Q 是假的，

（7）因而，S 不知道 P。①

葛梯尔类型反例无非证明这样一个结论：传统知识的三元要素不能构成知识的充分必要条件，因为这三元要素并不能排除知识的真理性源自运气与偶然。这是葛梯尔问题及其一般形式所要证明的实质。从知识的传统定义形成出发，偶然、运气恰是真意见区别于知识的标准。《美诺篇》中柏拉图借助苏格拉底与美诺的对话论证了知识与真意见的区别：“正确的意见只要能够固定在原处不动，那么它是一样好东西，可以用它来做各种好事，可惜的是它们不会在一个地方呆很久。

---

① Gettier E，“Is Justified True Belief Knowledge？”，*Analysis*，Vol. 23，No. 6，1963，pp. 121-123.

它们会从人的心灵中逃走，所以不用理性来把它们捆住，它们就没有什么价值。它们一旦被捆住也就成了知识，成了稳定的东西。这就是知识有时候比正确意见更有价值的原因。有无捆绑是二者的区别。”[①]当理性捆住真意见（正确的意见）使其不能从心灵中溜走时，意见也就变成了知识。问题的关键是，理性如何捆住意见，使其不能从心灵中溜走呢？

三、葛梯尔问题的解决方案

在葛梯尔问题提出后的半个多世纪中，西方国家为解决葛梯尔问题提出了各种方案。这些具体方案根据对待葛梯尔问题结论的态度的不同，总体上可以划分成两种：第一种态度是不接受葛梯尔反例的结论，认为葛梯尔反例并不构成对知识传统分析（traditional analysis of knowledge，TAK）的挑战；第二种态度是接受葛梯尔反例的结论，努力寻求解决方法，以完善知识的传统分析。第二种策略中因其改进方式的不同又再分为补充方案和改进方案两种形式：前者在知识的三元条件之外寻找补充条件以排除反例；后者则寻求替代三元条件的条件而不是补充条件以实现排除反例的目的。

1. 否认葛梯尔反例的挑战

第一种策略拒绝葛梯尔反例的结论的根据在于，葛梯尔反例所由之成立的两个基本原理（或者说两个假设前提：虚假确证原理和确证闭合演绎原理）不成立。

从葛梯尔的两个反例出发，史密斯相信“琼斯得到那份工作并且口袋里有 10 枚硬币”和“琼斯拥有福特牌轿车”这两个信念，这两个信念在其所由产生的案例中是得到确证的，史密斯分别由这两个信念出发各自推导出最终的目标命题。据此，葛梯尔认为，史密斯相信他最终得到确证的真命题。但相信这样的真命题却并不意味着获得了知识。因为史密斯用于推论前提的信念是假的，即琼斯并没有得到工作

① （古希腊）柏拉图：《柏拉图全集》（第一卷），王晓朝译，北京：人民出版社，2002 年，第 532-533 页。

和琼斯不拥有福特牌轿车；并且虽然最终结论命题是真的，但纯粹是巧合，与用于确证的信念命题的真假无关。这就形成了对知识传统分析（知识是相信得到确证的真信念）的挑战：得到确证的真命题不是知识。

葛梯尔这两个反例成立的两个假设前提是：

A）确知主体 S 在相信一个虚假命题 P 时得到确证，这是有可能的。Justified Falsehood Principle（JF）

B）如果确知主体 S 相信 P 是得到确证的，且 P 包含 Q，S 从 P 中演证 Q 并将 Q 看成这一演证的结果而接受，那么 S 在相信 Q 时也是得到确证的。Justified Principle of Deductive Closure（JPDC）①

由此可以看出，葛梯尔案例结论的成立正是取决于这两个假设前提。反对葛梯尔反例结论的人否认这两个假设前提的成立。他们首先认为 JF 不成立，其次认为葛梯尔类型的反例并不完全符合 JPDC，由此葛梯尔反例也就并不构成对知识传统分析的挑战。

让我们来分析与葛梯尔问题相似的一个案例②。史密斯先生有很强的证据支持他相信他的同事诺哥特先生有一辆法拉利汽车。史密斯一向认为诺哥特是一个很诚实的人，诺哥特也给史密斯看过他的法拉利汽车所有权证书，并且史密斯看见过诺哥特驾驶这辆法拉利汽车。史密斯由此相信：

a）他的一位同事诺哥特拥有一辆法拉利汽车。

现在假设诺哥特欺骗了史密斯，他驾驶的法拉利汽车是租来的。令他们没有想到的是，史密斯的另一位同事哈威特的确有一辆法拉利汽车。史密斯并不知道这一情形，他仍然相信诺哥特有一辆法拉利汽车，由此他从 a）推论出命题：

b）他的一位同事有一辆法拉利汽车。

---

① Lehrer K，“The Fourth Condition for Knowledge：A Defense”，*The Review of Metaphysics*，Vol. 24，No. 1，1970，pp. 122-128.

② Lehrer K，“The Fourth Condition for Knowledge：A Defense”，*The Review of Metaphysics*，Vol. 24，No. 1，1970，pp. 122-128.

在这一案例中，尽管 a）是假的，但史密斯相信命题 a）是有充分理由的，也即得到确证的。这意味着 A）是正确的——相信一个虚假信念得到确证，这是可能的。由 a）出发，史密斯合理地推论出了命题 b）。这预示了前提 B）的成立。史密斯相信命题 a），a）包含 b），史密斯从 a）中演证出 b），a）是得到确证的，所以史密斯相信命题 b）也是得到确证的。

葛梯尔案例的反对者的分析与之相反。首先，他们否定虚假确证假设 JF。在上述案例中，史密斯相信命题 a），尽管有支持性证据，但他的置信并没有得到确证。因为 a）是假的，即诺哥特并没有一辆法拉利汽车。所以，史密斯相信命题 a）的证据一定不够充分。一般地说，他们认为，确知主体在相信一个虚假命题时从来不可能得到确证。所以确证原理 JF 是错误的。其次，反对者也对确证原理 JPDC 提出了不同看法。JPDC 无非告诉我们，知识的确证是通过演绎推理传递的。上述案例中，在提出葛梯尔问题的人看来，命题 b）被看作从 a）逻辑演绎推理的结果，a）尽管是假的但在史密斯看来却是得到确证的（从 JF 出发）；所以结论命题 b）也是得到确证的。反对者则认为，当你从一个真命题出发进行正确的逻辑演绎推论时，其结果也是得到确证的。但假如你从一个虚假前提出发进行正确的逻辑演绎推论时，推论的结果并没有得到确证。所以，尽管 b）被看作 a）的正确逻辑演绎推论的结果；但因为 a）是假的，b）的真假实质上与 a）没有关系，b）最终是真的完全是巧合，是纯粹偶然；所以目标命题 b）的真最终并没有得到确证。因此，葛梯尔反例并没有构成对知识传统分析的挑战，因为所有葛梯尔类型的案例都并不符合知识确证及其确证传递的要求。或者说，知识确证及其传递不能从虚假前提出发。

即使从直觉上看，这一策略也不能令人满意。首先，对于 JF 而言，如果 JF 是不成立的，即虚假信念得到确证是不可能的，那么迄今，几乎不曾有人能获得确证的信念，或者说人类几乎不曾获得过知识。例如，托勒密的地心说天文学在哥白尼日心说体系提出前的 1500 多年里，为人类的生产和生活提供了有益的指导，应该是得到确证的知识。但是，在 JF 反对者看来，托勒密地心说是不可能得到确证的，因为地心说根本就是虚假不实的。其次，对于 JPDC 而言，反对者赞成确证的演绎闭合推论原理，他们所反对的是虚假前提的闭合推论。反对者和支持者在这里的分歧是逻辑演绎推理中确证传递有效性的问题，而不是演绎闭合推论形式本身的问题。反对者认为，在葛梯尔类型的案例中，目标命题的真假与承担确证命题的真假是脱节的，确证命题实质上并没有实现确证的目的。有学者认为，即使反对者这一点正确，也并不是所有的知识确证都建立在演绎推理基础上，例如有的知识的确证显然是以直觉为基础的。所以，演绎推理确证并没有普遍性。因此，如果反对葛梯尔案例能有效挑战知识传统分析的理由并不充分，接下来我们所能做的就是勇敢面对葛梯尔类型案例的挑战。

2. 肯定葛梯尔反例的挑战

第一种策略在对待葛梯尔问题上的不成功使得当代绝大多数知识论学者都采取第二种策略——接受葛梯尔反例的结论，寻找解决反例的方法和出路。如果说第一种策略的研究是小桥流水，第二种策略的研究则是大江东流，蔚为壮观。在迄今半个世纪的探索中，各种解决方案不停地被提出来，而且这种努力还在继续。我们可以根据方案的变化将这方面的研究划分为三个阶段：20 世纪 90 年代前的 20 余年、20 世纪末期和 21 世纪以来。第一阶段主要致力于直接解决葛梯尔问题；第二阶段转向主要关注葛梯尔问题是否具有可解决性；第三阶段出现了两种不同的趋势，一是在元哲学和方法论研究中的直觉方法对于葛梯尔问题的回应趋势，二是各种德性知识论步索萨的后尘而产生的各种形式。

2.1　第一阶段

在第一阶段的 20 余年中，学者提出了各种直接解决葛梯尔问题的方案。齐硕姆、丹斯等对这一问题进行了总结和回顾。齐硕姆系统总结了葛梯尔问题提出后 20 多年中的四种解决方案[①]，丹斯概括了五种

① Chisholm R M，*Theory of Knowledge*，Englewood：Prentice-Hall，1977，pp. 94-96.

回应模式[①]，其中的因果理论、虚假前提方案在两人的总结中相同。对于不重叠的方案，齐硕姆分析了因果论、真理追踪两种方案，而丹斯分析了决定性理由（conclusive reason）、可靠性（reliability）和不可挫败性（indefeasibility）三种方案。由此，这一时期所提出的解决方案主要不外乎以下几种：因果论、真理追踪论、不可挫败性、可靠论和决定性理由，其中的因果论后来发展成可靠论的一种。此外，这一时期还有其他的一些回应方案。德雷兹克、戈德曼等提出知识应该排除与其不相容的相关选择项；齐硕姆从区分事实真理和逻辑真理出发，认为葛梯尔反例中执行确证的命题是经验判断、事实真理，是一种归纳的或非演绎的证据，因此被确证命题的真并不具有必然性；柯亨等从语境论的角度对葛梯尔问题进行了讨论……然而这些解决方案无一被认为是成功的尝试，也更没有取得一致性的认可。因内容和主题所限，在此不可能一一分析所有解决方案的得失，只能以可靠论解决方案为例进行分析。

可靠论被认为是这一时期最有影响的方案。有学者认为可靠论最初是由兰姆赛（F. P. Ramsey）于 1931 年提出来的。因为兰姆赛主张[②]，当一种信念是知识时，这一信念所要满足的条件是真的、确定的，并且产生于可靠的认知过程。但是，兰姆赛的这一主张并没有对20世纪60年代后的知识论中的可靠论产生太大的影响。早期可靠论的另外一种版本由皮特・昂格尔（Peter Unger）提出。昂格尔主张[③]，S 知道 P 仅当 S 对 P 感知的正确性并非偶然的。其中的“正确感知”等于说 S 能真实地相信 P；“并非偶然”是说在 S 所处的认知环境中，存在某些条件使得关于 P 的信念具有很高的可能性产生出来。换言之，存在某些条件使得关于信念 P 的真有很强的可靠性。早期的这种主张与后来的可靠论相近，虽然其时并没有明确地提出知识的可靠论主

① Dancy J，*An Introduction to Contemporary Epistemology*，Oxford：Blackwell，1985，pp. 27-33.

② Ramsey F P，“Knowledge”，in Braithwaite R B，*Foundations of Mathematics and Other Logical Essays*，London：Kegan Paul，1931，pp. 126-128.

③ Unger P，“An Analysis of Factual Knowledge”，*The Journal of Philosophy*，1968，Vol. 65，No. 6，pp. 157-170.

张。直到1973年，大卫·阿姆斯特朗（David Armstrong）首次明确地使用了“可靠的”（reliable）这一术语[①]，才被认为标志着真正的可靠论的产生。阿姆斯特朗比较了温度计可靠地指示温度与信念可靠地表征真之间的相似性。根据他的分析，一种非推论性的信念有资格成为知识，仅当这一信念的真是由某一天然的认知法则可靠产生。当前可靠论的主要代表包括戈德曼、斯维因和巴赫以及普兰廷加等。一般而言，可靠论可以划分为知识可靠论和确证可靠论两种类型。所谓知识可靠论，就是认知主体知道命题 P，当且仅当 P 是真的，认知主体相信 P 是真的，且认知主体知道 P 源于可靠的认知过程。确证可靠论[②]则主张，认知主体拥有确证的真信念 P，当且仅当信念 P 是由一可靠过程所产生的。实质上，这两种可靠论无论从哪一方面看并无根本区别，无非出发点不同而已。前者从什么是知识出发，后者从什么是确证出发，最终都落脚于可靠的认知过程。所以，可靠论可以概括性定义为：一种真信念要成为知识，当且仅当这一信念是由可靠的认知过程或可靠的认知方法产生的。戈德曼在 20 世纪六七十年代提出的因果论就是一种过程可靠论。因果性的过程可靠论认为，可靠的认知过程实际上就是确证信念和被确证信念之间的因果链接。也就是说，戈德曼认为，要排除葛梯尔反例，就必须在知识的三元条件之外增加因果条件。

但是，过程可靠论在提出之后，各种不同的修正性意见不断产生，因为过程可靠论依然面临四种困境[③]：其中两个涉及澄清的问题，两个涉及反例的问题。从与所研究的主题的相关性出发，这里主

① Armstrong D M，*Belief，Truth and Knowledge*，Cambridge：Cambridge University Press，1973.

② 确证可靠论又有两种主要类型：可靠的指示理论（reliable indicator theory）和可靠的过程理论。可靠的指示理论简单地说，就是认为：一信念是确证的，只要它是建立在是真的可靠指示的基础上。由 M. 斯温于 1981 年提出。可靠的过程理论简单地说，就是认为一信念是确证的，只要它是由一般而言一可靠的过程所产生的。由戈德曼于 1979 年提出。这两种理论分别参阅：Swain M，*Reasons and Knowledge*，New York：Cornell University Press，1981；Goldman A I，“What is Justified Belief? ”，in Pappas G S，*Justification and Knowledge*，Dordrecht：D. Reidel Publishing Company，1979，p. 260.

③ Dancy J，Sosa E，*A Companion to Epistemology*，Oxford：Blackwell，1992，p. 434.

要通过评述柯内和费尔德曼的观点[①]——认为过程可靠论面临着不可避免且不可解决的最主要的问题，即一般性问题（the generality problem）——来证明过程可靠论以回应葛梯尔问题的失败。根据这两位学者的观点，认知确证的过程可靠论的核心论点可表述如下：

> RJ：一个信念是确证的，当且仅当此信念是由可靠地产生真信念的过程产生的。[②]

如果我们接受认知确证的过程可靠论的观点，则其一般性问题是如何产生的呢？

设想史密斯视力良好，并且在视觉上能熟练地辨别各种不同树种。史密斯在一个阳光明媚的下午直视窗外，清楚地看见附近的一棵枫树。于是形成了屋外窗户附近有一棵枫树的信念。假设这一案例中的所有情景都是正常的，史密斯的这一信念就得到了确证，即他知道房子附近有一棵枫树。只要形成史密斯的信念过程是可靠的，过程可靠论就得到了正确的证实。

在这一案例中，看见枫树的表意事件序列是许多不同可靠性过程中的一种。这些不同程度的可靠性认知过程包括：视觉创造的信念形成过程，依靠具体特征的视网膜影像形成的枫树信念过程，依靠树叶的形状形成的树种分类判断过程，知觉分类判断过程，等等。这种过程类型是无限的，究竟哪一种类型的过程可靠性能产生被确证的信念呢？由此，我们可以概括出过程可靠论必须解决的两个基本问题：

第一，必须确切地阐明哪一种认知过程是最可靠的，能提供确证的真信念；第二，什么决定了这一认知过程类型是可靠的。[③]

柯内和费尔德曼认为，过程可靠论的一般性问题不可能根本解决。因为信念形成在本质上最终是表意过程的结果，具体的表意过程是不可重复的具体事件序列，而具体事件序列是没有可靠性可言的。

---

① Conee E，Feldman R，“The Generality Problem for Reliabilism”，in Pojman L P，*The Theory of Knowledge*，Belmont：Webcom，2003，pp. 296-307.

② Conee E，Feldman R，“The Generality Problem for Reliabilism”，in Pojman L P，*The Theory of Knowledge*，Belmont：Webcom，2003，p. 296.

③ Conee E，Feldman R，“The Generality Problem for Reliabilism”，in Pojman L P，*The Theory of Knowledge*，Belmont：Webcom，2003，p. 297.

也就是说，“可靠的”（reliable）只能用于某一可重复的种类（type）。所以，可靠论将信念的表意过程看成可靠的，是将这一表意过程看成属于某“一种”特殊过程。但是，任何表意过程都可能不明确地同时隶属于可靠性程度不同的无数过程类型（正如史密斯形成枫树信念的实例所述）。过程可靠论必须确定哪一种表意过程类型是最可靠的，这就是过程可靠论所产生的一般性问题。

柯内和费尔德曼断言，过程可靠论的一般性问题的解决可以从三个方向上努力：常识、科学和语境。但是，这三个方向上的努力最终都没有如愿以偿。

首先，考察常识因素。早期的可靠论者戈德曼诉诸常识来说明信念形成的可靠性。他认为，从普通常识出发，有些信念形成本来就是不可靠的。例如，预感、草率总结、依靠情感、带有主观意愿的思考等。而另外一些信念的形成过程在直觉上却能传递信念确证，因而是可靠的。这些过程包括标准的知觉过程、记忆、好的推理和内省等。但是，这些常识认知过程对于解决可靠论的一般问题存在两个不利因素。一是存在太多的普通感觉类型，因此不能为每一个认知过程的表意提供唯一的可靠认知过程的相关类型的证明。例如，在枫树的例子中，史密斯视觉形成的枫树信念产生于一个例证了以下所有普通感觉类型的过程：视觉过程、知觉过程、识别枫树的过程、白天认识过程、屋内认识过程等。这些过程具有不同程度的可靠性。我们需要确定哪一种过程决定了结果信念的确证身份，但是，对于众多的认知过程，确定唯一的相关可靠认知过程类型很难实现。

阿尔斯通和瓦利斯分别提出了可靠论的信念形成“习惯”说和“策略”说，这两种观念是对信念形成方式的常识分类。由此，我们可以得出如下关于可靠论的唯一相关可靠认知类型的结论：对于任何信念形成过程表意的相关类型是，这一认知过程中所例证的心灵习惯，或信念形成的策略。同样，我们很难通过信念形成的习惯或策略确立唯一相关的可靠认知过程的类型。这是因为，众多认知过程的表意所例证的并不是一种认知习惯。史密斯在进行视觉判断时，可能有一种集中注意力的习惯；在进行树种分类时，可能有一种要求留意本地区内已知树种的习惯；为了证实落叶乔木，可能有一种计算树叶数量的习惯。史密斯的“窗外有一棵枫树”的信念形成过程是运用了所有三种习惯。但是，对哪一种习惯与可靠认知过程最相关的问题并没有明确答案。更有甚者，有些信念的形成在直觉的意义上并没有运用任何习惯、路线或策略。例如，史密斯看见一只主红雀站在枫树的树枝上。形成这一信念，史密斯并没有运用任何策略、习惯或路线。按照可靠论，他的这一信念并没有得到确证，因为没有运用习惯或者策略。但很显然，这一信念是得到确证的。

常识认知过程分类的另外一个主要问题是，这些认知过程并非具有相同的确证力量。也就是说，简单的普通感觉的分类太宽泛，不能在信念间形成正确的认知区分。例如，匆匆一瞥，我们就得到了良好确证的信念“后院有一棵枫树”。但是，当我们要弄清枫树上到底有多少树叶时，草率地一瞥就不可能得到良好确证的信念。因此，常识或者说普通感觉类型并没有提供可靠论一般性问题的满意答案。根本原因在于，这一分类太宽泛，因而不能正确区分各种不同信念的确证层次。

其次，从自然科学中寻求对可靠认知的唯一相关类型的分类问题的解决，结果又如何呢？我们同样从阿尔斯通的观点出发。

阿尔斯通将信念形成过程的表意看成一种自然过程。他认为：

> 一种过程的表意，正如任何其他具体过程表意一样，表意的特征与任何这一过程表意所属的那一种类型相关。即使你和我属于许多不确定的种类，诸如体重超过 10 磅[①]，存在于 20 世纪，等等；情形依然是，我们以一种其他人所不是的分类方法是其在人的分类中所是，这是最根本的。这仅仅是因为我们属于自然的一类。我认为，信念形成过程与此相似。——对于每一个认知过程的表意而言，存在着表明这一过程是自然过程的一种根本特征。[②]

仅仅举证每一信念形成过程属于自然科学这一事实，并不能为可

① 1 磅≈0.45 千克。

② Alston W，“How to Think About Reliability”，*Philosophical Topics*，Vol. 23，No. 1，1995，pp. 1-29.

靠认知过程相关性提供规则。我们可以从阿尔斯通如下核心观点中审视科学方式对解决可靠论一般问题的合理性：

> NS1：对于任何信念形成过程的表意而言，可靠的认知的相关类型是它所属的那种自然科学类型。①

过程表意确实属于自然科学的一种，但并没有理由因此认为 NS1 解决了可靠论的一般问题。因为每一种过程的表意都不仅仅属于单一的一种自然科学，而是在各种科学中根据规则以多种方式被归类。例如，视觉信念形成过程，就可以被归类为电子-化学过程、有机体过程、知觉过程、视觉过程和表面认知过程。因为上述这些过程隶属于各种自然科学，所以问题是哪一种表意过程是过程可靠论所需要的唯一的过程认知可靠性相关类型呢？NS1 并没有回答。

最后，语境论是否可以解决可靠论的一般性问题呢？我们以马克·海勒（Mark Heller）的观点作为考察这一方案的出发点。马克·海勒提出，语境因素能决定认知可靠的相关类型，因而能解决可靠论的一般性问题。他描述了语境在决定认知可靠的相关类型上的作用：

> “可靠的”是一种完美的日常词语，在较完备的日常环境中，它被用于不同类型的表意实例中。这些表意类型具有不同程度的可靠性。然而，在日常谈话中，我们运用这一词语并没有任何困难。②

由这一引文可以看出，海勒无非认为，“可靠的”这一词语是语境敏感的，尤其是对评价者的语境敏感。也就是说，发生事件的可靠性依赖于语境。如果海勒是正确的，那么语境到底决定了可靠性的什么呢？从海勒的文章看，语境对可靠性的决定体现在两方面：一方面是决定了在这一语境中的可靠性程度的标准，另一方面是决定了哪些表意类

① Alston W，“How to Think About Reliability”，*Philosophical Topics*，Vol. 23，No. 1，1995，pp. 1-29.

② Heller M，“The Simple Solution to the Problem of Generality”，*Noûs*，Vol. 29，No. 4，1995，pp. 501-515.

型符合这些标准（可以称此表意类型为语境决定类型）。后一方面是否意味着过程可靠论的相关类型被语境决定，从而意味着语境论能解决过程可靠论的一般性问题呢？

柯内和费尔德曼认为，结合语境论关于知识和确证为真的归因依赖于语境的观点，海勒的上述思想可以解释为：

> CD：在任何一语境 C 中，产生 S 相信某一信念 p 的过程就是由语境决定的信念形成过程的相关的那一类[①]。

CD 具体化了“产生 S 的信念 P 的过程是由语境决定的过程类型”的思想，将语境决定的过程类型等同于过程可靠论需要满足的相关类型。柯内和费尔德曼据此认为，CD 的根本问题在于：语境并没有明确地决定形如“产生 S 的信念 P 的过程”为唯一具有可靠相关性的那一种表意类型。也就是说，在典型的知识归因中，并不存在任何语境能缩小表意过程类型的情形发生。一般而言，信念形成过程中的任何一种类型都不会在语境中明确地凸显。

我们借助于枫树的实例具体化这一点。设想和史密斯在一起的朋友琼斯说：

> K：史密斯知道窗外有一棵枫树。

如果海勒的可靠论是正确的，则存在着决定 K 的可靠性语境。更准确地说，对于产生史密斯信念的过程而言，这种形式的信念产生过程应该属于由语境决定的一种相关的可靠类型。这一类型是什么呢？答案是不言而喻的，没有任何理由认为存在着决定史密斯信念过程类型的语境。

从以上考察可知，可靠论的一般性问题——什么是决定表意过程的可靠性的唯一相关类型——是一个无法解决的问题。因此，可靠论由于自身的理论结构的缺陷，并不能为解决葛梯尔问题提供一种满意的方案。可靠论作为第一阶段直接回应葛梯尔问题主要方案的失败，意味着我们对葛梯尔问题的回应必须另辟蹊径。

---

① Conee E，Feldman R，“The Generality Problem for Reliabilism”，in Pojman L P，*The Theory of Knowledge*，Belmont：Webcom，2003，p. 306. 引文略有改动。

2.2 第二阶段

20 世纪 90 年代后，对葛梯尔问题的关注发生了一些变化。这些变化可以通过三个关键词来展现：不可逃避性、安全论和知识优先论。这三个关键词表达了这一时期回应葛梯尔问题的三种不同路径，分别由扎格泽博斯基、普里查德和威廉姆森（Timothy Williamson）三人所提出。

2.2.1 葛梯尔问题不可逃避[①]

对于扎格泽博斯基而言，葛梯尔问题首先不是如何解决的问题，而是能否解决的问题。众所周知，知识作为确证的真信念必须避免机会主义，即投机、运气、偶然、碰巧等幸运因素的作用，避免目标命题最终确证是建立在这些机遇成分的基础上。葛梯尔问题的产生恰恰是因为所有类似的案例都陷入了机遇的陷阱中。扎格泽博斯基由此认为，避免葛梯尔问题的最终目标是目标命题的真不是建立在机会主义的基础上。有两种选择：或者重构确证以使其能为知识提供充分的理由或保障，或者在知识传统分析的三元因素（justified true belief，JTB）之外增加其他的因素。但如果确证和真之间的联系虽然紧密却不是必然的因而是不可违背的，那么避免葛梯尔反例就不可能。扎格泽博斯基正是认为确证和真信念之间是非必然性的构成关系，从而得出结论——葛梯尔问题不可逃避。

两种基本的确证理论内在论和外在论都不能避免葛梯尔问题。首先看内在论。内在论确证的基本理念是，确知主体能内在地意识到信念的确证理由。葛梯尔问题的产生是因为，确知主体在内在意识能够接近的具体认知情形下，仍然存在认知主体内在意识不能达到的事实。认知主体内在意识真实持有的确证理由并不构成目标命题最终为真的依据，确证和目标命题的真存在断裂。我们以葛梯尔的第二个案例为例进行分析。在这一案例中，目标命题是“琼斯有一辆福特牌轿车，或者布朗在巴塞罗那”。问题的关键是确知主体是如何获得这一命题的。设想琼斯向你炫耀她的新车，向你出示购买单据，如此等等。

---

① Zagzebski L，“The Inescapability of Gettier Problem”，*The Philosophical Quarterly*，Vol 44，No. 174，1994，pp. 65-73.

于是你获得了相信她有福特牌轿车的一系列证据。从你相信的这一命题出发，你合理地推论出“琼斯有一辆福特牌轿车，或者布朗在巴塞罗那”。布朗是你的熟人，你根本没有任何理由认为他在巴塞罗那。但是，琼斯对你撒谎，因为她没有福特牌轿车，而布朗机缘巧合地在巴塞罗那。所以认知主体最终获得了一个真命题但却不是知识。在这一事例中，问题的产生源于两次巧合。第一次巧合，琼斯撒谎，使得认知主体正常获得真信念的认知活动被引向了相信虚假的命题。第二次巧合是，布朗恰巧在巴塞罗那。第二次巧合抵消了第一次巧合，于是使得最终的目标问题为真。从这一案例分析中可以看出，尽管认知主体为了达到真理，事实上如其他人所期望的那样或者正如自己所要求的那样，做了该做的一切，但认知主体的努力并没有产生真理，真命题的产生是因为再一次的偶然。也就是说，认知主体的确证与目标命题为真之间没有产生有效的联系，两者之间的断裂总是可能存在的。

外在论同样逃避不了葛梯尔问题，作为最典型的外在论的可靠论当然也不能逃避葛梯尔问题。从可靠论出发，只要信念是以可靠的认知方式或者有利于真的方式形成的，信念就是得到确证的。但是，根据这样一种关于知识的描述，可靠的信念形成过程与真之间的断裂仍然可能存在，也就是说，确证的信念为真仍然没有获得必然性的保证。以众所周知的假谷仓（fake barn）案例作为我们分析的起点。设想你驾驶的汽车正经过某一乡村，当地的农民在每三座真谷仓前（从你开车的角度来看）建了三扇谷仓墙。在正常的情形下，你很正常的视力能完全可靠地看到谷仓。但是，在这一情形下，假谷仓（即谷仓墙）是不能从你所处的位置与真谷仓区分开的。于是你从所看到的假谷仓形成这样一个信念：这里有很好的谷仓。你的信念是真的，也得到了确证，但不是知识。这一葛梯尔问题类型的产生同样是因为两次巧合。第一次巧合是你正常可靠的视力在这一特殊情形下不可靠，第二次巧合是那儿确实有真谷仓。在此案例中，尽管认知主体的信念是得到确证的——来源于可靠的认知过程，但是和目标命题为真不发生关系，确证和真之间存在割裂。

即使从普兰廷加的适切功能（proper function）论出发，外在论还是不能逃避葛梯尔问题。根据适切功能论，认知主体的认知功能在合适的认知环境中适当发挥，这时“保证”（warrant）就成为认知主体在这一认知环境中成功地实现认知方案的求真目的条件。我们是否也能在普兰廷加的这一理论中设计出葛梯尔问题呢？设想玛丽错误地将坐在卧室的扶椅上的她丈夫的孪生弟弟当成她的丈夫，因为每次她回来她的丈夫总是坐在那儿。她所不知道的是，她的丈夫正坐在卧室中她没有看到的另一个扶椅上。于是，玛丽形成了一个信念“她丈夫正坐在卧室的扶椅上”。这一信念是得到保证的（warranted）。因为玛丽的认知功能在与平常一样的认知环境中如同平常一样适当地发挥了认知作用，由此也获得了一个真信念。但很显然，这一得到保证的真命题不是知识。普兰廷加认为，葛梯尔问题的产生是因为，真信念是在认知环境与相关的求真设计方案不相适应中形成的。然而，这一论断在普兰廷加自己所提出的适切功能论中是很难自圆其说的。保证作为在适当认知环境中适当发挥认知功能从而成功实现认知方案中的求真目的的基本特性，并不意味着要求在一种完美的认知环境中完美地发挥认知功能。普兰廷加将保证看成能容许各种不同程度地发挥认知功能的一种特性。在这一葛梯尔问题类型的玛丽案例中，保证的程度对知识或者是充分的或者不是。如果不是，那么我们正常认为得到保证的诸多信念就不能被看作知识，迄今为止的世界就不会存在如普兰廷加所认为的为数众多的知识。如果保证的程度对于知识是充分的，则普兰廷加就面临着与其他理论在结构上相同的葛梯尔问题。实际来看，玛丽案例中的葛梯尔问题的产生，不是因为认知能力和认知环境的失调，不是环境的失调致使功能不能正常发挥的问题，而是因为认知环境和真理获得之间的链接存在断裂，所以最终获得真命题是因为偶然。

从以上的分析中可以看出，葛梯尔问题的产生表面上看是两次偶然，但其根本原因则是信念的真与信念形成的其他元素之间存在着一定程度的独立性。所以，我们可以看到，只要真和知识的其他条件之间存在一定程度的自主性，那么，没有一种关于知识的真信念加上其他的条件的描述能抵御葛梯尔问题。面对葛梯尔问题我们有三种选择。第一种选择是放弃确证途径和成真途径之间的独立性，认为二者紧密相关。第二种选择与之相反，确信确证条件和为真的条件几乎完全独立，互不相关。第三种选择是认为，没有任何一种真信念+X（X为任一产生真信念的条件）关于知识的说明是充分的，在这之外还要加上运气。在这三种选择中，前两种选择几乎是不可能的。就第一种选择而言，如果确证和成真之间紧密相关而不存在任何独立性，则得到确证的假命题是不可能的，凡是得到确证的信念都应该是知识。这不符合人类知识发展的历史。就第二种选择而言，如果确证和信念成真之间没有充分的联系相关性，则确证在知识的形成中就是多余的成分，知识和意见区分的真正界限将不复存在。一切我们所相信的无论理由（证据、保证等）充分与否，都可以看成知识。这有悖于人类知识的本性和目标。所以，剩下只有第三种选择真信念+X＋运气。与前两种选择相比，这一选择在知识的三元要素之外增加了运气。

2.2.2 运气与反运气

知识与运气（luck）格格不入或者说知识必须避免运气，这是众所周知并在当代知识论中被普遍接受的观点。然而，扎格泽博斯基的考察却使我们得出了与期望相反的结论：知识不能排斥运气，而应该将运气看成知识构成的一个不可忽视的条件。尽管如此，仍然有一些知识论学者维护知识的正统分析，认为知识与幸运或运气等偶然因素是不相容的。这样一种根深蒂固的观点源于知识的传统定义，传统的知识认为避免偶然、运气正是知识区别于真意见的最终依据。《美诺篇》中柏拉图借助苏格拉底与美诺的对话进行了这样的论证：“正确的意见只要能够固定在原处不动，那么它是一样好东西，可以用它来做各种好事，可惜的是它们不会在一个地方呆很久。它们会从人的心灵中逃走，所以不用理性来捆住它们，它们就没有什么价值。它们一旦被捆住，也就成了知识，成了稳定的东西。这就是知识有时候比正确意见更有价值的原因。有无捆绑是二者的区别。”[①]由扎格泽博斯基的论述可知，葛梯尔问题的产生正是因为双重偶然（或运气）的作用，所以解决葛梯尔问题的关键在于能否避免最终的目标命题的真是建立

① （古希腊）柏拉图：《柏拉图全集》（第一卷），王晓朝译，北京：人民出版社，2002 年，第 533 页。

在运气的基础上。

知识的反运气诉求是寻求解决葛梯尔问题的一种方案，也是寻求进一步阐明知识的本质、完善古希腊苏格拉底以来的传统关于知识定义的一种尝试。在当代知识论中，直觉上知识与运气格格不入，但是对运气进行理论探讨却乏善可陈。在现有的成果中，普里查德是其中对之进行较为系统论述的少数代表之一。我们以下关于认知运气（epistemic luck）的讨论就从普里查德的相关论述出发。

知识作为被相信的确证真命题是不能建立在运气的基础上的。解决这一问题的第一步当然是对运气进行哲学阐释以阐明认知运气，最后才能探讨知识能否规避运气。

什么是运气呢？我们可以对比“中彩票”和“神箭手射箭”这两个案例。从常识出发，前者是运气，而后者不是。然而，是什么使得运气在两个案例中的作用和影响截然不同呢？在中彩票案例中，即使初始条件与已然发生的现实情形完全相同，在邻近的可能世界系列中，同样的结果不可能一再重复，彩票再次中奖的概率几乎为零。对于神射手案例而言，情形与之相反。若初始条件与已然发生的现实情形完全相同，则在邻近可能世界广泛的范围中，同样的结果可以一再重复，神箭手将不断命中靶的。由此，何为运气事件描述如下：

> LE：一事件是幸运的，当且仅当，这一事件在现实世界中已然发生，但在广泛可能的邻近世界中，即使初始条件与这一事件已发生的现实世界完全相同，这一事件也不会再发生。[①]

认知幸运的理论描述也因此脱颖而出了：

> LTB：S 的真信念是幸运的，当且仅当，存在着邻近可能世界的广泛系列，S 在这一可能世界系列中仍然相信目标命题，而这些可能世界的相关初始条件与目标命题的信念所发生的现实世界相同，但是关于目标命题的信念在邻近相关的可能世界中却是假的。[②]

---

① Pritchard D，“Anti-luck Epistemology”，*Synthese*，Vol. 158，No. 3，2007，pp. 277-297.

② Pritchard D，“Anti-luck Epistemology”，*Synthese*，Vol. 158，No. 3，2007，p. 280.

而与之相反，对的、非幸运的信念必须满足的条件则是：

> AL：S 的真信念是非幸运的，当且仅当，不存在邻近可能世界的广泛系列，S 在这一可能世界系列中仍然相信目标命题，而这些可能世界的相关初始条件与目标命题的信念所发生的现实世界相同，但是目标命题的信念却是假的。①

AL 与知识的安全性原理（safety principle）具有高度的相似性，通过比较会发现这两者本质上是相同的。

> SP：S 的信念是安全的，当且仅当，在绝大多数邻近可能世界中，S 以与现实世界相同的方式形成了关于目标命题的信念，而这一信念仍然是真的。②

如果我们将 SP 中的“绝大多数邻近可能世界”变成“几乎所有邻近可能世界”，就得到了 SP 的加强版 SP*。之所以要提高对 SP 的理解，是为了提高 SP 反幸运的标准，消除知识中任何幸运的可能性——因为知识是一种实质性的成功的实现或者成就的取得。例如，对于中彩票的案例而言，买彩票者在官方的信息未发布之前，根据自己的猜测或者进一步根据相关的统计数据，认为自己这次所买的彩票不会中奖。但是，买彩票者自身这种单方面的预言即使有一定的合理性根据（如所买号码中奖率的概率统计），也不能被看成知识。因为彩票中奖总是存在着运气，哪怕这种幸运的概率微乎其微。以 SP 来衡量，我们只要将邻近可能世界的范围系列从“绝大多数”提升为“几乎所有”，在这一案例中买彩票者的信念为什么不能被看成知识，就很明显。

但是，由此也可能带来的一个相关疑虑是，如果我们对 SP 的要求过高，即在很强的意义上理解 SP，那么有可能使得日常生活中的许

---

① Pritchard D，“Anti-luck Epistemology”，*Synthese*，Vol. 158，No. 3，2007，p. 281.

② Pritchard D，“Anti-luck Epistemology”，*Synthese*，Vol. 158，No. 3，2007，p. 281. 这里的安全性原理与 *Epistemic Luck* 一书只是表述不同，其中第 163 页的论述是：对于所有的能知主体 ϕ，在几乎所有可能的邻近世界中，认知主体 ϕ 以与实际世界相同的方式形成信念 P；只有 P 为真时，ϕ 才相信 P。

多案例就被排除在知识之外。例如对于索萨的“垃圾槽”案例[①]而言，索萨相信垃圾沿着公寓的垃圾槽已滑落到垃圾箱，但实际上垃圾被卡在垃圾槽中。索萨的信念是知识吗？从 SP*出发，索萨的信念不是知识，因为在几乎所有邻近可能世界广泛范围系列中，索萨的信念都应该是真的。然而，在日常直觉中我们不会拒绝索萨的信念是可以被看成知识的。普里查德因而提出，解决这里 SP 和直觉冲突的关键是看我们如何规定垃圾卡在垃圾槽中的可能性。如果卡住的可能性很高，则索萨的信念“相信垃圾已滑落垃圾箱”就不是知识；反之，卡住的可能性很低，几乎不曾发生过，则索萨的信念就是知识。问题是，我们又应该如何理解“案发情形”呢？

更进一步，安全性原理 SP 能直接应对当代知识论的怀疑论论证。当代知识论的怀疑论一般形式是：

（S1）S 不知道他不是缸中之脑；

（S2）如果 S 不知道他不是缸中之脑，那么他就不知道他有两只手；

（SC）所以他不知道他有两只手。[②]

从安全性原理出发，怀疑论假设只涉及遥远可能世界才发生的情形，在邻近可能世界的系列范围中，没有发生的可能。所以，前提（S1）在邻近可能世界中不成立。（S1）的否定命题“S 知道他不是缸中之脑”的真就不是因为幸运得到的，因而是安全的。

但是，SP 解决方案可能给内在论留下质疑空间。在 SP 对怀疑论的第一个前提（S1）进行否定时，显然没有内在的可接近的理由为之提供支持。让我们设想小鸡性别鉴定案例。如果一位小鸡性别鉴定能手在鉴别小鸡的性别上具有很高的可靠性，但他缺乏任何好的内在理由支持他关于小鸡性别的信念；那么内在论者就有充分的理由否认小鸡性别鉴定者具有相应的知识。与之相对照的另一位小鸡性别鉴定能手，不仅具有鉴定小鸡性别的很高的可靠性，而且具有反思的可接近

① Sosa E，“Skepticism and Contextualism”，*Philosophical Issues*，Vol. 34，2002，pp. 1-18.

② Pritchard D，“The Structure Of Sceptical Arguments”，*The Philosophical Quarterly*，Vol. 55，No. 216，2005，p. 37.

的内在理由支持他所形成的信念。内在论者会明确地肯定后一位小鸡性别鉴定者具有知识。如果假设两位性别鉴定者（姑且称前一位为朴素性别鉴定者，后一类为开化性别鉴定者）在性别鉴定的效果上没有实质性的差别，那么内在论者在对具有相同鉴定效果的两位鉴定者上的鲜明对立的态度（认为朴素性别鉴定者没有知识而开化性别鉴定者具有知识），就显得很勉强和于理不合了。然而，如果我们从 SP 出发，这两位小鸡性别鉴定者对小鸡性别的鉴定都可以列入知识的范围。因为没有疑问的是，在几乎所有邻近可能世界范围序列中，两位鉴定者的小鸡性别鉴定结果在初始条件与现实世界相同的情形下，最终的鉴定结果也同样都是真的。

内在论者对朴素性别鉴定者的指责也存在一定程度的合理性，因为在朴素和开化之间毕竟不同。对于小鸡性别鉴定者的案例而言，这一不同很显然就在于有无反思的可接近的理由支持所形成的关于小鸡性别的结论。普里查德从反幸运知识的角度将这一不同刻画成两类幸运的区分：直接的认知幸运（veritic epistemic luck）和反思的认知幸运（reflective epistemic luck）。直接的认知幸运就是 LTB 所定义的幸运，尽管初次描述[①]与后来的稍有不同，本质却没有变化。反思的认知幸运情形相对复杂，普里查德给出的定义是：

> REL：只是通过反思，认知主体才能知道他的真信念是幸运的。[②]

这种类型的认知幸运的关键是，能正确理解“相关的最邻近可能世界的广泛范围系列是如何形成的”。之所以“认知主体的真信念在相关最邻近的可能世界的广泛范围系列中不符合真理的要求”，不是因为这一相关的最邻近的可能世界范围系列是按照标准案例中的方式（葛梯尔案例）在事件发生的实际情形中得到的，而是因为认知主体是通过反思以非正常的方式在现实世界中得到的。例如，朴素小鸡性别鉴定者

---

① 普里查德最初对认知幸运的描述是在《认知幸运》这部著作中，即 Pritchard D，*Epistemic Luck*，New York：Oxford University Press，2005，p. 146.

② Pritchard D，*Epistemic Luck*，New York：Oxford University Press，2005，p. 175.

案例中，从现实世界的实际鉴定结果出发，客观上根本不存在相关邻近可能世界范围系列，在其中鉴定者对小鸡性别的鉴定结果与现实世界不同。也就是说，客观上不存在初始条件与现实世界相同的相关邻近可能世界范围系列，而鉴定者在这一可能世界中高度可靠的小鸡性别鉴定能力也不再存在。所以，对于朴素小鸡性别鉴定者而言，使得他关于小鸡性别鉴定的信念幸运为真的邻近可能世界系列是反思得到的。尽管是一种反思的认知幸运，但朴素小鸡性别鉴定者的鉴定是可靠的，以至于符合安全性原理，但却不符合直接认知幸运的条件，所以并不妨碍这样的信念被看成知识。

综上所述，SP 和修正后的 SP*在本质上与 AL 相同，所以 SP 就成为知识反幸运的一个必要条件。也就是说，SP 在知识形成中设置了必要的反幸运限制。凡是不符合 SP 乃至 SP*的限制的案例，都可能落入幸运知识的窠臼中。从 SP 和 SP*出发，我们就能排除葛梯尔类型反例、怀疑论等一些当代知识论中重要难题的困扰。

在安全性原理提出前，还存在着后来所谓的知识敏感性条件。这一后来被普里查德一起讨论的原理其最初的观点是德雷兹克提出来的，但被普里查德简化。敏感性（sensitivity）知识的条件是（认知主体 S 知道命题 P），当且仅当：

> 命题 P 是真的；
>
> 通过相信的方式 M，认知主体 S 相信命题 P；
>
> 如果命题 P 不是真的，认知主体 S 通过认知方式 M 无论是否获得命题 P，那么 S 都不会相信 P；
>
> 如果命题 P 是真的，认知主体 S 通过认知方式 M 无论是否获得命题 P，那么 S 都会相信 P。①

普里查德将敏感性条件概括为敏感性原理：

> 对于所有的能知主体和所有的命题 ϕ 而言，如果某一能知主

---

① 根据德雷兹克和普里查德的相关论述综合而成，文献请参阅 Dretske F，"Conclusive Reason Australasian"，*Journal of Philosophy*，Vol. 49，No. 1，1971，pp. 1-22；Steup M，John T，Sosa E，*Contemporary Debates in Epistemology*，Hoboken：Blackwell，2013，p. 156.

体知道一偶然发生命题 ϕ，那么在最邻近的可能世界或者非 ϕ 的世界中，这一能知主体不会相信命题 ϕ。[①]

简单地说，敏感性原理要求，如果所相信的命题或信念是假的，那么认知主体就不会基于相同的认知基础或途径相信这一命题或信念。安全性原理要求，认知主体拥有某一真信念，这一真信念如果基于相同的认知途径却仍然是假，这是不能很容易地产生的。这两个原理的提出都是为了解决认知运气问题，因而也是为了能够解决葛梯尔问题。两者的区别在于，敏感性原理涉及最接近实际世界的可能世界，而安全性原理却容纳了与现实世界相关的可能世界的范围系列，不仅仅是最接近的可能世界。因而，有理由认为，虽然在解决葛梯尔案例乃至知识反运气问题上，安全性原理和敏感性原理似乎都能不辱使命，但很显然，安全性原理优于敏感性原理，因为安全性原理所假设的范围更广。值得注意的是，无论是最接近的可能世界还是接近的可能世界系列，能知主体形成目标命题的方式都与实际世界相同。

在齐硕姆的羊的案例中[②]，拥有很好视力的农夫在良好的视觉条件下，将他在田中所看见的某一对象（假设为一条丝毛狗）当成一只绵羊，于是他形成了“田中有一只绵羊”的信念。农夫的这一信念是真的，因为田中确实有一只绵羊。但他所看见的不是真正的绵羊而是具有绵羊外形的对象，真正的绵羊恰好躲在这一类似绵羊的对象之后。农夫的信念不是知识，即使他的信念是得到确证的且是真的。因为农夫的信念形成既不是安全的，又不是敏感的。农夫的信念形成很显然是不安全的，因为在相同的认知环境下，基于相同的途径，农夫很容易形成一个虚假的信念——就本案例而言，可以假设真正的绵羊已不在田中（它游荡出了类绵羊对象所在的田野）。农夫的这一信念是不敏感的，因为在最邻近的可能世界中，目标命题是假的——类绵羊对象后并没有藏着一只真正的绵羊，在其他条件相同的情况下，农夫

① Pritchard D，*Epistemic Luck*，New York：Oxford University Press，2005，pp. 47-163. 德雷兹克在 1971 年《决定性理由》一文中提出建立于敏感性基础上的知识论，认为敏感性能说明他已提出的反对怀疑论的反闭合论证。诺兹克于 1981 年在《哲学的说明》中发展了这一看法，使之成为富有影响的观点。

② Chisholm R M，*Theory of Knowledge*，Englewood：Prentice-Hall，1977，p. 105.

将仍然会相信这一命题。

安全性原理优于敏感性原理反运气知识作用如何体现呢？假设认知主体 S 和她的同事 M 在一起度过一整天。在此期间，S 一直提醒 M 穿了双不一样的袜子。现在假设 M 乘火车回家，则 S 能否知道 M 是否仍然穿着那双不一样的袜子呢？在直觉上，S 知道 M 不会在回家的火车途中脱下那双不一样的袜子，支持 S 这一信念的是她对 M 的长时间观察以及了解。但 S 想不到的是，M 在火车上遭遇了全副武装的袜子劫匪，洗劫了包括 M 在内的所有穿丝袜的女性乘客。由此我们就可以比较这两个原理孰优孰劣。S 的信念从敏感性原理来看，只集中在最邻近的不靠谱的可能世界，对于邻近的可能世界乃至一个广泛的可能世界范围无从涉及，因此敏感性原理不能解释这一案例。但是，安全性原理与敏感性原理相反，所关注的不是不靠谱的遥远可能世界而是相关的邻近可能世界序列。所以，在绝大多数相关可能世界范围内，S 对于 M 所穿的袜子有充分的归纳基础支持她的信念。因而，安全性原理能解决敏感性原理所不能解释的知识问题。

然而，即便如此，安全性原理并非如普里查德所言，能比敏感性原理更好地解决葛梯尔类型的问题。因为安全性原理实质上不是真正解决了问题，而是回避了敏感性原理的问题。敏感性原理中的遥远可能世界毕竟在理论上具有非 P 发生的可能性，而一种完备的知识理论对所有可能性不是回避而应该是正面回应。因此，普里查德所阐明的理由——认为安全性原理能解决敏感性原理所面对的问题——在笔者看来显得有些牵强。安全性原理提出之后所受到的否定性的回应就是证明。

综上所述，安全性原理同样受到批评似乎是意料之中的事，虽然这些批评并非致命性的。斯蒂芬·赫瑟林顿（Stephen Hetherington）[①] 认为，倡导安全性原理将会陷入两难困境。在安全性原理中，所涉及的是信念而不是真信念。信念 P 的安全形成与否并不必然关涉真信念 P 的安全形成与否。更具体地说，信念 P 的不安全形成并不必然包含

① Steup M，John T，Sosa E，*Contemporary Debates in Epistemology*，Hoboken：Blackwell，2013，pp. 164-174.

真信念 P 的不安全形成。从知识安全性原理角度来看，这也就意味着："或者我们坚持，在运用安全性原理的整个推理过程中，所涉及的主题仅仅是信念；或者我们也允许推论的主题是真信念。"[①]因而每一种选择都不能避免尴尬处境：

> 如果安全性原理的推论主题仅仅是信念，那么这一推论就不能揭示真信念不安全地形成而不是知识。后者恰恰是安全性原理必须能揭示的。
>
> 如果安全性原理的推论主题是真信念，那么这一推论就不能揭示在某些可能世界中存在不安全性，也不能揭示这一真信念是知识。也就是说，如果知识安全性原理在整个推论中坚持正确的主题是真信念，那么这一原理就不能根据缺乏安全性来解释主题不是知识的情形。[②]

进一步，安全性原理如果不能解释具体的真信念不是知识，那么也不能真正解释某些具体真信念是知识。

从形而上学的本质论出发，我们可以描述事物 X 与其本质属性（特征）P 之间的关系：

> 事物 X 具有本质属性 P，意味着对 X 而言，在 X 存在的所有可能情形下都具有 P。[②]

如果运用知识安全性原理进行分析，则相应于特征 P 的信念（或真信念）形成存在实际世界和相应的可能世界两种世界。如果相对于 P 的信念是真信念，则在初始条件相同的可能世界中，如何判定信念 P 是否安全呢？如果相对于 P 的信念只是信念，也一样不能根据相对于 P 的真信念不安全而判定它不是知识。

如果赫瑟林顿的批评是正确的，那么对葛梯尔问题的解决在这里似乎再一次陷入困境。

---

① Steup M，John T，Sosa E，*Contemporary Debates in Epistemology*，Hoboken：Blackwell，2013，p. 168.

② Bunnin N，Yu J Y，*The Blackwell Dictionary of Western Philosophy*，Oxford：Blackwell，2004，p. 223.

2.2.3 知识优先

中国学者给予了威廉姆森很高的评价①，认为他所提出的知识分析的新理念突破了传统知识论的藩篱，开启了未来知识论研究的新天地，甚至规划了未来 10 年内的知识论新议题。作为 20 世纪后期成长起来的英语世界的分析哲学家，威廉姆森理所当然地受其时代问题的影响，因而将当代知识论问题作为自己主要的学术研究领域似乎是顺理成章的。但是，娴熟的逻辑技术分析背景使得他对自己观点的阐述更为专业，而且威廉姆森的写作风格使得他的作品较其他学者更为深奥与晦涩，因而难于理解。

迄今，威廉姆森在知识论上的主要贡献就是提出了“知识优先”（knowledge first）②的观点。威廉姆森提出知识优先观点的原因，是基于葛梯尔问题产生以来从信念出发分析知识的各种努力的失败。由此，威廉姆森在《知识及其限度》（*Knowledge and Its' Limits*）中认为：

> 本书的首要目的是提出知识论研究的一种更严格的方法。从这种方法出发，知识并不从属于信念，本身就是核心。这样一种方法能使我们放弃根据信念阐明知识的必要充分条件的种种尝试，而并不放弃知识论本身。实际上，我们放弃徒劳的研究，就能在知识论问题上获得真知灼见。因为我们可以自由地将知识概念看成理解的工具，而这在知识隶属于信念下是不允许的。③

知识为什么应该优于信念呢？威廉姆森提出了几点理由。首先，从传统“信念在概念上优先于知识”的观念出发，既然知识蕴含（entail）信念，则概念化知识的产生是信念与真以及其他难以描述的特征的合取。信念、真与其他合取支在概念上应该优先于整个合取式及其结果知识。如果上述传统对知识与信念以及其他合取支的关系分析是正确的，那么就不能怀疑一种公认观点的正确性——可以独立于

---

① 陈波：《“知识优先”的认识论——读〈知识及其限度〉》，《哲学分析》，2010 年第 4 期，第 183-192 页。

② Williamson T，*Knowledge and Its' Limits*，New York：Oxford University Press，2000.

③ Williamson T，*Knowledge and Its' Limits*，New York：Oxford University Press，2000，p. 5.

知识，对信念、真与知识的其他特征进行概念化的分析。问题在于，在知识的传统分析中上述结论是没有得到证明的。信念、真与其他的合取支只构成知识的必要条件而非充分必要条件，因为知识的传统分析在其合取式中存在循环论证。

一个人知道P，当且仅当：

（a）这个人相信P；

（b）P是真的；

（c）如果一个人相信P并且P是真的，那么这个人就知道P。

由于“知道”已经在（c）中作为条件而出现，威廉姆森据此认为“知道”的合取式是一种循环论证，合取支只构成知识的必要而非充分条件。正如颜色是说明红色的一个必要而非充分条件一样，颜色与其他独立于红色的属性的联合并不是陈述红色的充分必要条件。知识传统定义中的三元要件分析形式“知识=真信念+X”和“红色=有色+X”一样，需要非循环的论证。信念因此是知识的必要而非充分条件，从知识到信念的推论依据于知识对信念的概念化而非相反。

其次，基于对内在论传统的认知信念的批判。近代的笛卡儿认识论传统从当代知识论的视角看是一种典型的内在论——赋予主体内在的认知状态（我思）特殊的认知地位，当代心灵哲学的发展挑战了内在论的心灵内在状态这种认知特权地位。笛卡儿主义传统的内在论将身心作为两种不同的实体，至少存在三方面的差异：第一是心灵不占有空间；第二是心灵状态的性质不同于物质对象的性质；第三是当下的心灵状态是认识的优先通道，因为当下直接的心灵感知状态是不可错的，是透明的。对于内在论这三种信条，威廉姆森认为，依据当代心灵哲学的发展，可以提出三方面的质疑。第一，也是最根本的问题是，如果依循笛卡儿认识的内在主义传统，认识不是纯粹的心灵内在认知状态的结果，而是内在的心灵实体和外在于心灵的物质实体相互作用的结果，那么这两种不同性质的实体如何相互作用呢？第二，即使我们承认，认识是心灵内在状态和心灵之外的物理事件两种变量相互作用的结果，那么从心灵哲学的随附理论出发，纯粹的心理状态依附于可描述的物理状态，我们可以期待能在理论上分离出纯内部和纯外部的成分吗？答案是否定的。第三，当我们赋予心灵的内在状态是认知上透明和不可错时，是基于“认识是一种心理状态且我们对自己的心理状态总是具有清楚的认知”这样一种假设。威廉姆森称这种假设是“认知神话”。

对于第三方面认知透明的神话，威廉姆森论证如下：

> 哲学中总有一种永恒不变的诱惑，假定存在一个现象领域，其中的一切没有什么向我们隐藏。笛卡儿认为一个人自己的心灵就是这样的领域。维特根斯坦将这个领域扩展到了哲学感兴趣的一切事物。几乎无须解释的是，他们以非常不同的方式解释这种特殊的特征；值得注意的是，他们都同意我们有一个认知家园，其中的一切都是我们能看到的。①

笛卡儿和维特根斯坦都肯定我们的认知家园是透明的。威廉姆森要如何否定这一认知透明的传统神话呢？之所以认为认知（确切地说是“知道”）是透明和不可错的，是因为认识论形而上学传统认为认识是主体心灵的一种心理状态，所以我们总是能未经观察就知道自己是否处于这一状态中。这一信条源于笛卡儿的“我思故我在”的怀疑结果：虽然一切都可以怀疑，但是“我在怀疑”这一事实本身是不能怀疑的（即怀疑这一心理状态是我能直接感知到的）。恰如疼痛，如果我处于疼痛状态中，我总是能知道我处于疼痛状态中。将这一透明性论证泛化，我们就得到：“对于每个心理状态 S 来说，任何时候一个人适当警觉并且在概念方面精通时，他总是知道他是否处于 S 中。”②

问题是这种透明性信条不可靠。考虑气温从拂晓到中午变化时人的感觉实例，威廉姆森给了我们这样的分析：“他从感觉冷变成不感觉冷，从知道他感觉冷到不知道他感觉冷。如果一个人感觉冷的条件是透明的，则上述这些变化绝对是同步发生的。”③但事实如何呢？设 a_i 是 t_i 时刻一个人的冷热感觉（t_i 为拂晓至中午时分的以毫秒为单位的任

---

① Williamson T，*Knowledge and Its' Limits*，New York：Oxford University Press，2000，p. 93.

② Williamson T，*Knowledge and Its' Limits*，New York：Oxford University Press，2000，p. 24.

③ Williamson T，*Knowledge and Its' Limits*，New York：Oxford University Press，2000，pp. 96-97.

何时间点）。如果感觉冷热是一种心理状态，并且这一心理状态是透明的，则经过一系列的推衍我们会得出一个相反的结论。现在假设 t_i 时刻一个人感觉冷，则 t_{i+1} 时刻他仍感觉冷。否则，一个人在 t_i 时刻对冷的感觉信念就不可靠。也就是说，他在 t_i 时刻确信具有知识所要求的那种信念可靠基础，仅当他在 t_{i+1} 时刻仍然感觉冷。于是，感觉冷的条件（1_i）表示如下：

（1_i）如果一个人在 a_i 中知道他感觉冷，那么他在 a_{i+1} 也会感觉冷。

如果感觉冷这个条件是透明的，那么任何时候他感觉冷，他都应该知道他感觉冷。于是：

（2_i）如果一个人在 a_i 中感觉冷，那么他知道他在 a_i 中感觉冷。

现在我们假定：

（3_i）一个人在 a_i 中感觉冷。

根据假言推理肯定前件，则肯定后件。由（2_i）和（3_i）我们得到：

（4_i）一个人知道他在 a_i 中感觉冷。

根据同样的推论，我们从（1_i）和（4_i）中得到：

（3_{i+1}）一个人在 a_{i+1} 中也会感觉冷。

在拂晓时分 a_0 情形下，一个人肯定感觉到冷，并且他知道他感觉冷。即

（3_0）一个人在 a_0 中感觉冷。

将从（3_i）到（3_{i+1}）的论证重复 n 次，我们就能从（3_0）中得到：

（3_n）一个人在 a_n 情形下也会感觉冷。

但（3_n）的结论显然是错误的，因为 t_n 为中午时分，此时这个人应该感觉热。因此，从（1_n）（2_n）和（3_0）系列联合推衍了一个错误的结论。已知（1_n）和（3_0）为真，所以并非所有（2_n）都为真。已知

（2_n）的典型形式为：

如果一个人在 a_i 感觉冷，那么他知道他在 a_i 中感觉冷。

所以，感觉冷并不蕴含知道感觉冷。上述的论证由此可以证明：“就大多数命题 P 而言，一个人知道 P 这个条件和一个人不知道 P 这个条件都是不透明的。一个人不知道 P 却不能知道他知道 P，一个人不知道 P 却不能够知道他不知道 P。”[①]

威廉姆森的反透明论证主要运用了人感知能力与辨别能力的有限性以及误差临界点的限制。这两者是紧密相关的：正因为由彼而此的两种相反性质状态的过渡时期是如此相似，以致人的感知和辨别能力无法辨别。例如，在由冷而热的感觉中，冷的感觉在消失而热的感觉在增加。在冷热的临界点，必然存在一个处于冷状态但自己却不知道自己处于冷的状态的短暂阶段。通过反透明论证，我们可以得出结论：“就绝大多数命题 P 而言，一个人知道 P 的条件和不知道 P 的条件都不是透明的。一个人知道 P 却不能知道他知道 P，一个人不知道 P 却不能知道他不知道 P。”[①]既然知识的形成并不完全透明，而知识就是证据，则一个人并不能完全知道他相对于某一信念的证据。知识的传统 JTB 的分析中，信念的可信度的合理性理由也就无从取得。因此，唯有坚持知识优先性，包括葛梯尔问题在内的知识论问题才有可能得到解决。

威廉姆森知识优先的主张无例外地也受到了批评。有学者针锋相对地提出了“经验优先”（experience first）的主张[②]。为什么是经验优先？因为“在对信念、确证、知识、理解和智慧的追求中，除经验外我们别无起点。我们的经验（宽泛地理解，包括直觉和理性视角，等等）是我们最基本的证据，所有其他显而易见的一切都因经验而更加真实可信。经验在描述证据方面具有良好的作用”[②]。这些作用体现在四个方面：第一，经验为信念提供最终的确证。最终意味着，在经

① Williamson T，*Knowledge and Its' Limits*，New York：Oxford University Press，2000，p. 107.

② Steup M，John T，Sosa E，*Contemporary Debates in Epistemology*，Hoboken：Blackwell，2013，p. 17.

验之外、之后我们不需要也不太可能进一步提供其他合理的确证。例如，当你被要求为看见的一头大象提供进一步证据时，你回答说“我看见了一头庞然大物，有两个长长的象牙”，这可能就足够了。第二，理性思想者通过经验来判断。从经验是我们最终确证的依据出发，理性思考者通过经验进行判断就顺理成章。例如，在其他条件相同的情况下（你穿的衣服没有变，你所在的位置没有变，天气依然晴好，你像昨天一样中午 12 点走在校园里），你感觉到今天比昨天热，这时你判断说气温上升了。可能没有多少合理性怀疑你判断的真实性。第三，经验是真的指南：经验是作为信号、症状和标志一类的信念为真的证据。也就是说，经验不是知识的对象，但却是知识的媒介。对于每一种知识状态而言，经验使得相应的知识对象变得“行迹昭著”。例如，我感觉冷和我已经很冷不同。我已经很冷表明我的体温已经下降，这就是周围世界气温变化的最有力的证明。第四，在各种争论中，经验是中立的仲裁者。我们如何在对同一个对象的各种不同争论中判断对错呢？或者说如何确定哪些判断是主观的、哪些判断是客观的呢？经验就是最后的公正的仲裁者，起着超主体间性的作用。例如，当你和朋友在野外宿营时，你看见远处山坡上有一只虎视眈眈的狼，你的朋友说是一只狐狸，另外一个朋友从山坡回来说是一只流浪狗，狼不会在那时出现在那个地方。当所有的经验汇聚到一起的时候，理所当然地证明了某一种经验的真实性。在这种主体间性的争论中，经验显示了自己科学的和合法的裁判者的作用。

如果安全性原理和知识优先尝试对葛梯尔挑战的回应依然不尽如人意，那么难道真的如扎格泽博斯基所言，葛梯尔问题不可逃避吗？

2.3 第三阶段

如前所述，21 世纪以来，解决葛梯尔问题朝向两方面努力：一是元哲学方法论的研究中的直觉方法对于葛梯尔问题的回应趋势；二是各种德性知识论步索萨的后尘而产生的各种形式的对葛梯尔问题的回应。德性知识论是我们的研究重点，将在本书以后各章中逐步展开，故在此只简要论述元哲学研究中的直觉方法对葛梯尔问题的回应。

直觉（intituition）源自拉丁文 intueri，意为“看”“注视”“观

察”等。一般指心灵无须感觉刺激之助，无须先行推理或讨论，就能看见或直接领悟真理的一种能力，其基本特征是在瞬间达到对事物本质及其关键点的洞察与领悟。直觉一般分为经验直觉、理智直觉和实践直觉三类。经验直觉是指感觉对象直接呈现在心灵中，理智直觉是指对共相、概念、自明真理和诸如上帝一类超越的无法言表对象的把握，实践直觉是在实践过程中对某一特殊情况是否符合普遍规则的直接意识。理性直觉在近代认识论中地位尤为重要，被唯理论看成认识唯一真实的来源，是一切科学知识演绎的起点。然而，经验论一般都否认任何直觉认识的真实性，其根本原因在于直觉是不能在经验上得到证实的。

无可置疑的是，直觉在各种科学认识活动中以及在社会生活的各个方面都发挥着重要的作用。然而，如果说近代以前对直觉的认识都是将直觉看成一种略显神秘却发挥着重要作用的认识功能，从而对直觉本身的特征、具体作用及局限性等方面不予关注，那么当代知识论则对直觉的诸多问题都进行了广泛而深入的研究，尤其是对直觉在知识形成与分析中的作用研究更为集中。这些研究尤其是直觉在哲学活动中的作用以及直觉的多样性、差异性、可靠性等问题的研究争论尤为激烈，在几乎所有这些方面都形成了针锋相对的观点。以下我们将从论述回应葛梯尔问题[①]需要出发，从直觉的多样性、可靠性以及直觉在知识形成中的作用两方面进行分析。

首先，直觉多样性、不确定性与统一性、可靠性的分歧和对立。直觉的多样性似乎是一个普遍而众所周知的现象。温伯格等人通过对逻各斯大学的受试者调查发现[②]，对葛梯尔问题，西方人更倾向于从

---

① 在对直觉的研究中，一般都认为葛梯尔问题就是哲学直觉问题，对葛梯尔类型问题的判断被认为是哲学直觉的判断，是哲学中直觉判断最有影响的一种，因而就被称为葛梯尔直觉（Gettier intuition）。所以，对葛梯尔案例的回应就是对葛梯尔直觉的研究。参见 Machery E，Stich S，Rose D，“The Gettier Intuition from South America to Asia”，*Journal of Indian Council of Philosophical Research*，Vol. 34，No. 3，2017，pp. 517-541；Weinberg J M，Nichols S，Stephen P S，“Normativity and Epistemic Intuition”，in Knobe J，Nichols S，*Experimental Philosophy*，New York：Oxford University Press，2008，p. 29；Pust J，*Intuitions as Evidence*，New York：Garland Publishing，2000.

② Weinberg J M，Nichols S，Stephen P S，“Normativity and Epistemic Intuition”，in Knobe J，Nichols S，*Experimental Philosophy*，New York：Oxford University Press，2008，pp. 429-460.

因果性方面判断，而东方人更倾向于从相似性角度判断。因而，西方人更多只是认为史密斯相信而不是真的知道那个得到工作的人口袋里有10枚硬币；但是大多数东方人却认为史密斯知道那个得到工作的人口袋里有10枚硬币。葛梯尔直觉受文化背景的影响，具有明显的文化差异性。对种族、性格、性别、社会地位、教育程度进行的调查结果同样显示了直觉的差异性。因此，查尔莫斯说："哲学在非推论和非反省的认识方式（即直觉）上存在的差异是普遍的。"[①]扎彭泰尼则更直接指出，不同的人群系统存在不同的和不兼容的认知直觉，即认知上的差异理论（diversity thesis）[②]。

然而，否认直觉多样性的意见同样丰富。其否认主要源自两个方面：一是认为直觉的一致性远大于直觉的差异性；二是认为直觉的多样性并没有如其赞成者所认为的那样丰富和明显。杰克逊认为，对所有分析命题我们都应该有相同的直觉，否则就是幻觉。例如，数学运算命题，所有的红旗都是红的命题，等等。他说："我们具有更多的共有理论，这在某种程度上证明了我们的直觉是一致的。"[③]博义德和内格尔共同认为[④]，虽然当代知识论学者具有相互冲突的不同理论，但是他们在所感兴趣的案例上却具有更多的共同直觉。爱德华·玛茜蕊（Edouard Machery）、斯蒂芬·斯迪克（Stephen Stich）等联合了33位作者对23个国家24个地区的讲17种不同语言的群体就葛梯尔直觉进行了问卷调查[⑤]。在这一跨地区、跨语言和跨文化的大规模的研究中，调查者针对文化、性别、年龄、个性与反思五个方面的指标对受试人群进行了测试，结果显示，葛梯尔直觉没有明显的文化差异和性别差异。

---

① Chalmers D J，"Intuition in Philosophy：A Minimal Defense"，*Philosophical Studies*，Vol. 171，No. 3，2014，pp. 535-544.

② Zarpentine C，Cipolletti H，Bishop M，"WINO Epistemology and the Seifting-Sands Problem"，*The Monist*，Vol. 95，No. 2，2012，pp. 311-312.

③ Jackson F，*A Defense of Conceptual Analysis*，New York：Oxford University Press，1998，p. 32.

④ Boyd K，Nagel J，"The Reliability of Epistemic Intuition." in Machery E，O'N-Eill E，*Current Controversies in Experiment Philosophy*，New York：Routledge，2014，p. 112.

⑤ Machery E，Stich S，Rose D，"The Gettier Intuition from South America to Asia"，*Journal of Indian Council of Philosophical Research*，Vol. 34，No.3，2017，pp. 517-541.

其次，直觉的多样性与一致性问题直接影响到直觉在认知活动中的地位。如果直觉具有多样性，则直觉方法就无法为知识提供强有力的各种支持和确证，葛梯尔案例及其直觉也就不足以挑战知识传统定义。所以有许多当代知识论者正是从直觉的多样性出发，否认哲学直觉在认识中的作用，主张应该彻底消除直觉在哲学上的应用。斯温等人认为①，哲学中的直觉方法是极不稳定的，不适宜在哲学论证中作为证据来运用。亚历山大也认为②，实验的证据表明了直觉完全不适宜充当认知上的证据。卡敏斯明确宣称："哲学中的直觉在知识论中是无用的，无直觉的论证才是哲学的希望。"③

回应诸如此类对哲学中直觉方法的挑战，捍卫直觉方法在认识中的合法身份也就显得尤为重要。回应的策略主要有两种：一是通过否认直觉具有多样性从而间接捍卫直觉方法的地位，二是直接论证直觉方法的重要性。其中，第一方面否认直觉方法的多样性已如上述，故在此只论证直接论证直觉方法的重要性。索萨提供了一种从逻辑上论证直觉方法重要性的方法。

（1）有一些先天知识，如 2+2=4，任何事物都是与自身相同一的。

（2）如果（1）是真的，那么就存在一种称为直觉的特殊认识能力，它能为某些知识提供基础。

（3）因而，确实存在一种特殊的直觉（认识）能力，能为某些知识提供基础。④

从形式上看，这显然是一个有效的充分条件的假言推理。肯定前件——存在先天知识，就必须肯定后件——存在一种特殊的直觉认识

① Swain S，Alexander J，Weinberg J M，"The Instability of Philosophical Intuition：Running Hot and Cold on Truetemp"，*Philosophy and Phenomenological Research*，Vol. 76，No. 1，2008，pp. 138-155.

② Alexander J，Weinberg J M，"Analytic Epistemology and Experimental Philosophy"，*Philosophy Compass*，Vol. 2，No. 1，2007，pp. 56-80.

③ Commins R，"Reflection on Reflective Equilibrium"，Rethinking Intuition，in DePaul M，Ramsey W，Rethinking Intuition：*The Psychology of Intuition and Its Role in Philosophy Inquiry*，Lanham：Rowman & Littlefield，1998，p. 125.

④ Sosa E，"Scepticism about Intuition"，*Philosophy*，Vol. 81，No. 318，2006，pp. 633-647.

能力。从内容上看，前提（1）中的命题是不言自明的。因而，无论是在形式上还是内容上，上述论证都能成立，索萨据此认为直觉方法具有合法性的地位。葛梯尔案例因此对传统知识定义的挑战是成立的。

综上所述，第三阶段近20年来对葛梯尔案例的直觉方法的研究，只是实证性地将其作为直觉判断中的一种特殊案例而进行了一定程度和范围的描述。这些描述包括影响葛梯尔直觉的各种因素及其认识的可靠性，并没有直接对如何解决葛梯尔问题进行创造性的回应。也就是说，哲学直觉的研究并没有明确提出解决葛梯尔问题的具体主张。并且，直觉方法在当代知识论中的探究也还处于起步阶段，并无为学者所公认的积极结论产生。所以，解决葛梯尔问题，回应人类对知识本质及其构成条件的不懈探索就顺理成章地落到了德性知识论者的肩上。总之，我们现在能明确的是，德性知识论在第三阶段的不断发展与直觉方法的研究，共同构成了当前知识论研究的两大主要趋势和特色。

第二节　德性知识论提出的缘由

索萨最先提出了德性知识论的主张，其最直接的动机是打破当时知识确证结构的两种典型形式——基础论和融贯论——之间的僵局，最终的结论落实到基础主义能否为知识提供坚实的基础这一根本问题上。这虽然不是直接针对葛梯尔问题，但是，德性知识论的产生，无疑与后葛梯尔时代解决知识条件问题息息相关。其本质上正是对知识的本质、条件等当代知识论核心问题的回答，因而总体上还是被看作对葛梯尔问题的回应。更何况有些德性知识论学者也直接提出过，德性知识论在解决葛梯尔问题中具有重要的意义。因而，德性知识论的提出被认为是为葛梯尔问题的解决提供了一种不同的思路和方式——从知识本身的构成条件的探究转向了对认知主体的研究。

一、知识确证中的基础主义问题

众所周知，当代德性知识论缘起于索萨的《木筏与金字塔：知识论中的融贯与基础》一文[①]。索萨写作这篇文章的初衷是，考察当时知识论中基础论和融贯论之间争论的本质与原因，并由此提出替代性方案——德性可靠论。实际上，虽然索萨首先将理智德性引入知识论，但其时他并没有详细而深入地提及其与德性伦理学之间的联系。这就为后来的德性知识论的发展留出空间，当然也为各种理论争论埋下了导火索。

从回答知识论的两个关键问题——什么是知识？我们如何获知？——出发，可以划分两种不同的对这一问题的关注态度：特殊主义（particularism）与方法主义（methodism）。特殊主义持这样一种信念：我们获知并不需要知道我们是如何获知的。也就是说，对知识问题的探讨可以从第一个问题出发，以对第一个问题的回答为基础回答知识如何可能的问题。方法主义则相反，认为首先必须探究知识如何可能，在此基础上才能回答知识是什么的问题。以此为根据，知识确证中的基础论往往是一种方法主义。

作为葛梯尔问题产生后的知识论中的一种主要的确证形式，各种基础论无非都认为知识的确证结构意味着金字塔式的结构隐喻：从下往上的每相邻的两层之间具有非对称的支撑与被支撑关系，下一层支撑着相邻的上一层而不被上一层所支撑。据此，处在金字塔中的最底层支撑着整个金字塔而自身却不被所有其他层所支撑。这最底层就成为整个金字塔支撑体系的基础中的基础。就知识系统而言，为整个系统提供确证的基础信念自身又是如何被确证的呢？索萨将金字塔隐喻下的知识确证结构中的基础信念本身无法确证问题，看作基础论（至少是诸如笛卡儿的激进基础论）的致命弱点（fatal weakness）。并且这一致命弱点是双重的：一方面，并不存在如笛卡儿所认为的众多自明

① Sosa E，“The Raft and the Pyramid：Coherence Versus Foundations in the Theory of Knowledge”，*Midwest Studies in Philosophy*，Vol. 5，No. 1，1980，pp. 3-26.

真理；另一方面，一旦我们将自己限制在具体语境下的自明真理中，则我们信以为真的普通感性知识几乎不能在这一基础上得到证明。融贯论从中看出了端倪，从批判的角度对基础论的两难困境做了如下论证：一方面，如果某种心灵状态包含了命题态度，那么通过没有过滤的概念或信念并没有使我们与事实、与纯粹经验之间产生直接联系，因此，也就不能提供无错保证，从而不能作为知识的基础。另一方面，如果某种心灵状态不包含命题态度，那么这一心灵状态如何提供了关于任何知识假设的支持也就是一个谜，因此，也不能作为知识的基础。总之，无论某种心灵状态是否包含了命题态度，都不能作为知识的基础。诚如上文所述，如果基础论会遭遇融贯论所批判的两难困境，则融贯论自身的确证处境又如何呢？索萨认为，如果确证抛弃基础论的策略，那么信念的确证就只能寄生于融贯论所主张的信念之间的融贯一致的逻辑关联性上，而这种策略最终将陷入无限回溯的困境中，摆脱困境的出路就是坚持基础论的确证立场。

实际上，融贯论从确证角度看本质上就是一种基础论，更准确地说是形式基础论中的一种。我们往往忽视了在两种基础论之间进行区分：形式基础论（formal foundationalism）与实质基础论（substantive foundationalism）。关于某一规范性或评价性特征 φ 的形式基础论是这样一种观点：在 φ 所应用范围内的条件（无论是实际的还是可能）一般都能被详细说明和描述。实质基础论只不过是形式基础论的一种具体形式，融贯论是形式基础论的另一种形式。形式基础论（索萨有时又称为“更深基础论”，即 deeper foundationalism）根据确证依附性[①]的可说明程度的不同划分为三种等级：第一等或最低等的是具有 φ 特征的基础论，是一种简单依附论，认为无论何时某物具有 φ 特征，都是以具有严格种类限制的其他特征为基础的。第二等或高一等的是 φ 可说明的依附性，即存在可以公式化的原理以非常普通的术语解释 φ

① 索萨从行为目的出发，对伦理学和知识论进行了类比。如果说伦理学的目的是说明一种行为的伦理正确性是如何依附于那些非伦理的评价性或规范性特征之上的，那么知识论的目的就是说明一种信念认知确证是如何依附于那些非认知的评价或规范性特征之上的。具体内容参见 Sosa E，“The Raft and the Pyramid：Coherence Versus Foundations in the Theory of Knowledge”，*Midwest Studies in Philosophy*，Vol. 5，No. 1，1980，pp. 3-26.

所应用的条件。第三等或最高等的是更容易说明的依附性，即存在一种简单的理论，能说明 φ 所运用的条件。依此衡量，融贯论和实质基础论都是最高等级的形式基础论。因为两者拥有共同的目的，都想发展一种简单的理论来准确说明认知确证是如何一般性地依附于非认知特征之上的。但是，尽管融贯论与实质基础论同属于形式基础论的最高级形式，索萨却又认为后者优于前者。

从确证来看，融贯论只不过意味着这样一种观点，任何信念确证的最终资源是主体信念之间的关系：说明关系、可能关系或逻辑关系。而实质基础论却认为，确证的终极资源除了信念之间的联系外，还有其他来源。传统上，这些附加的确证资源或者与信念的特殊内容相关，或者与信念内容和信念者的主观经验的特殊联系相关。相比较而论，认为确证只是涉及信念之间关系的融贯论易于遭遇被其他可供选择性融贯论信念系统替代的困境或与现实相脱节的困境。就前者而言，信念系统所对应的世界总是具有一定的恒常性，而信念系统本身却被允许多样化；就后者而言，所持有的信念系统要求一定程度的稳定性，而相应的世界本身却是变化莫测的。因此，无论何种情况，从融贯论出发，都不会对任何信念的确证产生影响。所以，实质基础论是优于融贯论的一种确证策略。

假设我们认同上述关于融贯论是基础论的一种的观点，则所有建立在感觉经验基础上的基础论都会遭遇致命的两难困境。正是知识确证上的困境和僵局，促使索萨从伦理学中寻找出路并提出德性知识论的解决方案。

二、基础主义的知识基础问题

正是基础主义在当代知识论确证中所遭遇的困境，促使索萨更系统地探讨历史上的各种形式的基础主义[①]。从当代知识论来看，基础

---

① Sosa E，“Reliabilism and Intellectual Virtue”，in Sosa E，*Knowledge in Perspective：Selected Essays in Epistemology*，New York：Cambridge University Press，1991，pp. 1-12. 索萨在该书中提出回到基础，详细考察了历史上各种形式的基础主义的主张与其中的问题。

论是指研究特定认知个体所拥有的确证的信念系统结构的一种观点。因此，近代认识论的两大流派——经验论和唯理论——都被索萨看成基础主义。唯理论认为知识的基础是理性直觉，演绎推理是在理性直觉的基础上建构知识的唯一合理方法，由此所构成的知识系统是公理化的系统。

与之相比，经验论在知识的基础说明上显得更为宽泛和自由：第一，不仅接受理性直觉的知识基础，而且接受感觉经验的基础；第二，不仅允许演绎推理而且容纳归纳推理。对于经验论的基础主义而言，理性直觉、反省和观察是知识不可还原的三大基础构成部分。但是，经验论的基础主义所容也有限。因为人类同时还拥有大量的不是由感觉经验支持的知识，例如，历史知识、地理知识以及朋友和亲人的姓名等，这些都不是仅仅由感觉经验而获得的知识。即使纯粹的没有中间环节的经验观察知识，也不能仅仅通过对自身感觉经验的反省归纳和演绎推理就能轻易得到解释。因此，许多人主张采取更自由的经验论与更宽泛的基础论，不仅包括理性直觉和对自身感觉经验的反省，也包括我们直接观察所知。

然而，无论是开端的以笛卡儿为代表的理性主义还是后来的以逻辑实证主义等形式表现出来的经验论，在知识基础的说明上的失败是显而易见的。就笛卡儿而言，知识的基础最终必须依托于对上帝的本体论证明。但是，康德已经证明关于上帝存在的所有三种证明[①]都是不可能的。逻辑实证主义基本主张分别受到蒯因[②]、塞拉斯[③]从经验论内部和戴维森从经验论外部的批判。前两者的内部批判摧毁了经验论的两个教条和“所与”神话这些经验论的核心原则，但是无论是蒯因

---

① 康德认为，关于上帝存在的思辨理性所有的三种证明中，自然神论的证明、宇宙论的证明最终都可以归结为本体论的证明。因为这两种证明无论是从现实确定的经验出发，还是从可能世界的不确定经验出发，在证明存在一个绝对的最高存在者中是以预设一个先天概念为前提的，这就已经是本体论证明了，因而本体论证明是一切对上帝证明的最后根据。而本体论证明本身同样是不可能的：“一个绝对必然的存在者的概念是一个纯粹理性概念，亦即一个单纯的理念，它的客观实在性凭借理性对它的需要还远远没有得到证明。”引自：（德）康德：《纯粹理性批判》，邓晓芒译，北京：人民出版社，2004年，第471-472页。

②（美）蒯因：《从逻辑的观点来看》，江天骥、宋文淦、张家龙，等译，上海：上海译文出版社，1980年，第19-43页。

③ 涂纪亮：《分析哲学及其在美国的发展》，武汉：武汉大学出版社，2007年，第623-640页。

还是塞拉斯都并没有彻底抛弃经验论立场，而是主张一种新的改变了的经验论。戴维森的批判[①]则是对概念图式和经验内容二元论的所谓第三个经验论教条的批判，因而被看成在经验论外部对整个经验论立场彻底否定的批判。系统评价唯理论和经验论的得失不是本书的任务，以下将沿着经验论的当代发展的思想脉络就知识基础问题的各种主张进行概要论述。

经验论之所以在当代知识问题上有更大的发展空间和更多的表现形式，就是因为经验论在知识基础上具有更大的包容性。经验论规定了三种知识基础的信念：理性直觉、对自身经验的反省和对自身环境的直接观察。但是，仅从直觉上，我们就都能意识到这三种充当知识基础的信念自身都有问题。对于理性直觉而言：如何区分理性直觉信念和非理性直觉信念，尤其是当这两种基础信念所产生的知识都必然为真时？同样，反省和观察都不总是值得信赖的知识的基础——我们同样需要区分能作为知识基础的反省和观察与不能作为知识基础的反省和观察两者之间的不同，我们还需要解释经验论关于充当知识基础的信念形成能力是如何被区分的。也就是说，构成知识基础的信念形成能力——理性直觉、反省和观察能力认知个体间差异很大，如何公正地对待各人能力的差异性和多样性呢？

诸如此类的问题，当代的经验论应该如何解决呢？蒯因的自然主义的认识论是当代最有影响的经验主义的认识论，其又是如何处理经验论的知识基础问题的呢？蒯因从自然主义出发，认为知识论是心理学的一章：

> 我认为，换一种说法可能是更有用的：认识论将继续存在，虽然是在新的背景中，并且是以一种清晰的形象出现。认识论，或某种与它相似的东西，显然将取得作为心理学的一章，因而是自然科学一章的地位。[②]

---

① （美）唐纳德·戴维森：《真理、意义与方法——戴维森哲学文选》，牟博选编，北京：商务印书馆，2012 年，第 14-39 页。

② Quine W V，*Ontological Relativity and Other Essays*，New York：Columbia University Press，1969，pp. 82-83.

知识论为什么是心理学的一章呢？因为蒯因认为知识论所研究的也是一种自然现象，即作为物理的人的主体。这一主体以各种非理性方式被给予经验的输入，在充分的时间维度中，主体传递出外在的三维世界及其历史。贫乏的输入和丰富的输出之间的关系正是我们需要研究的关键所在：我们需要弄明白证据如何与理论相关，自然理论以什么方式超越任何可能得到的证据。蒯因的这一自然化知识论包括两个核心模块：第一，知识论是心理学研究的一个分支；第二，感觉输入产生理论输出，但并不能决定理论输出。人类的理论输出是独断的自由创造。因而，蒯因自然化认识论所产生的问题是：如果我们关于世界的科学理论产生于我们自由的、武断的思想模块，并且如果理论仍然因果地与观察相关，那么观察证据如何可能与知识相关？蒯因的回答是：认知自身是在科学范围内的而不是在某种先天哲学范围内，因而现实得到了正确的证实和描述。如其所述，则蒯因的认识论的循环论证就真相大白了——一方面，现实和知识论参考科学被定义；另一方面，科学又通过参照现实或知识论而被描述。这是蒯因自然化的经验主义认识论所面临的根本性难题。

蒯因站在实证主义的立场，试图通过首先规定有关世界的科学系统的标准而解决上述难题。蒯因认为，如果描述世界的系统是科学的，则必须符合三条标准：第一，它必须能预测一定数量的观察；第二，它必须能有限地被公理化；第三，它必须包含预测观察或推导观察条件的某些必然性的要件。在这三条标准中，第一、第三两条标准都明显和观察直接相关，第二条也应该是以观察为前提的，否则公理化就没有意义。因此，观察似乎成为蒯因自然化认识论的核心，是建立科学之真的基础和前提。循着蒯因的思路，观察之所以能成为求真的基础，是因为观察必须在正确的条件下进行。问题是条件的正确性如何保证？其基础是什么？所以，循环论证的问题仍然没有最终得到解决。也就是说，如果经验观察是蒯因整体主义的自然化认识论的核心，那么经验及其获得的途径与条件在蒯因的认识论中没有得到明确的定义。

另外，如果我们从蒯因的第三条标准出发，其理论是自我反驳的。如上所述，蒯因认为科学的第三条标准是，科学必须包含预测观察或推导观察条件的某些必然性的要件，也就是说，什么可以算作证据并且现实的本质与内容都是由科学决定的，但同时正确的科学自身又是由它是否符合观察所决定的。如果这一说法成立，那么这一循环论证也就意味着蒯因的理论自身并不需要任何观察与观察条件的引导，根据前面的分析，这与蒯因宣称经验观察是其认识论的核心相矛盾，因而是自我反驳的。

索萨根据蒯因的自然化认识论的循环论证的困境进一步推导出其自我反驳的困境，确有鸡蛋里挑骨头的求全责备之嫌。不仅如此，索萨又认为，这一自我反驳的问题不仅是蒯因的认识论所面临的难题，而且是整个实证主义所面临的问题。在当代哲学中，索萨认为是普特南首先注意到这一问题。普特南的解决思路很简单，他批判性地否定了蒯因的实证主义的认识论立场，提出一种内在实在论。所谓内在实在论，根据普特南自己的解释，具有三个特征[①]：第一，构成世界的对象是什么这一问题，只有在某个理论或某个描述之内提出才有意义；第二，对世界"真的"理论或描述不止一个；第三，真理是某种（理想化的）合理可接受性。也就是说，普特南认为，真理和现实的解释不是根据科学和观察，而是根据理由——理由就是在理想化的认知条件下认知主体合理性地所接受的东西。什么具有可接受性不是取决于观察和科学所提供的东西，而是取决于认知主体所具有的道德、评价，以及政治观点、哲学和人性的一般等精神文化诸方面。然而，普特南的理论遭受了同样的自我反驳的问题：当我们试图从理想化的认知条件出发说明认识时，我们遭遇了同样的困境。索萨对这一问题的分析如下：

（P1）没有人能处于理想化的认识条件下。

如果我们认为 P1 成立，那么

（P2）P1 是真的。

这反过来等于是说，

---

① （美）普特南：《理性、真理与历史》，童世骏、李光程译，上海：上海译文出版社，1997 年，第 55 页。

（P3）任何在理想化认识条件下思考P1的人都会接受P1。

索萨的自我反驳论证已落俗套，了无新意。因为任何理论在一定意义上都有自我反驳或循环论证的可能性，所以一般的学者都不以此作为反驳的武器。

总之，索萨认为，基础主义关于知识基础的三个方面在本质上遭受了同样的问题。现在，我们再回到基础论关于知识的这三个基础信念上来，以总结论证得出最后结论。首先，对于理性直觉而言，理性直觉的认知机制的界限在哪里，我们的理性直觉在具体认知过程中到底做了什么，诸如此类的问题我们当前很难进行理论上的进一步解释与阐明。其次，对于反省而言，索萨从经验实例上进行论证。如果认知者缺乏区分三角形和十二角形的能力，那么即使他能内省地相信他曾有十二角形的视觉经验，他也不能不需要支撑性的理由和推论基础性来认识他所相信的对象。也就是说，单凭反省不能独立承担知识的基础问题。最后，观察的情形与之相同。单纯的对黑色背景中的白色十二角形的观察，产生使观察者所理解的信念，并不能充分使得这一信念成为知识的一个例证。基础论的实在论立场所提出的知识的标准，都是建立在必然真理、感觉经验和客观表象的基础上的，这些构成基础的信念本身却是独立于任何人所相信的其他信念的。因此，在进一步的说明中就产生了问题：这些基础信念自身的可靠性又如何保证呢？从以上的分析中我们所得出的结论是，基础论或者陷入循环论证，或者陷入自我反驳的困境中，因此，基础论所认为的各种知识的基础不具有充分的合法性。这宣告了知识论中基础主义的破产。

随着这种基础主义的失败，当代知识论就从各种朴素的预设实在论转向了构成现实的语言、世界视角和概念化图式等文化预设的实在论。例如，蒯因就转向用科学来阐释现实的认识构成；普特南也实现了这种意义上的转变："从科学实在论经内在实在论再到自然实在论，普特南经历了从科学主义到人文主义的转变。"[1]现实是由语言和思想以及其他一些文化元素并不必然性地构成的，或者说并不必然性地构

① 陈亚军：《从分析哲学走向实用主义——普特南哲学研究》，北京：东方出版社，2002年，第175页。

成了有关现实的理想。另外一些人没有转向反实在论而是转向了融贯论（一致主义），如戴维森认为，基础主义关于信念和现实之间二元对立的观念是荒谬的，因而必须为融贯论留有余地。也就是说，基础主义的失败使我们有了一种更好的选择——融贯论。融贯论坚持这样一种观点：除了信念之间的相互支持之外，在作为知识的真信念确证上没有更好的理由。戴维森的支持者更是激进地拒绝任何其他为信念提供确证的源泉和理由，将其看成不可理解和荒谬的。然而，融贯论自身所存在的问题已是众所周知，所以戴维森关于知识确证的融贯论观点只会引起新一轮的争论。其中由索萨所提出的德性知识论主张，是所有这些试图解决基础主义难题的理论中最引人注目的一种。

第二章　当代西方德性知识论的发展谱系①

德性知识论提出之后，引起了知识论学者的巨大兴趣，许多有影响的知识论学者对索萨的观点做出了积极或消极的回应，各种不同的关于德性知识的观点在这一背景下被提出来：德性视角论、德性可靠论、主体可靠论、德性语境论、德性责任论等，这些不同观点之间的争论与融合形成了一种新的知识论思潮。

在这一方兴未艾的知识论洪流中，德性可靠论与德性责任论是两个主要的流派②。德性可靠论以索萨、格雷科和戈德曼为主要代表，德性责任论以扎格泽博斯基、寇德和蒙特马奎特为主要代表。两派之间并不单是对立关系，而是一种对立与互补的关系。

---

① 在确立是否应该在这里使用“谱系”作为标题时，徐竹博士建议慎重使用“谱系”一词，理由是“谱系”还意味着某一现象背后的结构或本质。我们在这里维持原来的使用，是因为谱系可以在多重意义上来理解。以下是关于“谱系”一词解释的哲学上的梳理。“谱系（学）”在哲学词典上的解释是“对起源和祖系血统的研究”（尼古拉斯·布宁、余纪元：《西方哲学英汉对照词典》，王柯平、江怡、余纪元，等译，北京：人民出版社，2001 年，第 405 页），现当代哲学意义上的谱系方法论地位的确立与奠定主要归功于尼采和福柯。前者在《论道德的谱系》（1887 年）中将谱系定义为对道德偏见起源的研究，后者认为谱系是发现过去和现在之间历史联系的断裂与区别的一种研究。福柯的谱系学方法论与传统的历史学试图发现存在于过去与现在之间的必然性联系线索的研究方法形成对比，成为后现代哲学思潮中的重要方法论和理论。然而，在最原初的意义（无论是中国还是西方）上，谱系都只不过意味着包括人类在内的关于宗族系统和物类系统的研究，主要目的在于发现并理解事物的起源及其演变的历史与过程。这里的讨论正是在谱系最原初的意义上，试图探究并发现当代德性知识论的形成发展脉络与线索。

② 如果我们认同将理智德性看成德性知识论的最核心范畴，将对理智德性本质的不同解释看成造成德性知识论各种不同观点分歧的关键所在；那么所有德性知识论就都可以划分为两大阵营——德性可靠论和德性责任论。其他一切德性知识论观点都可以从这两派中找到归属，都是这两派的变化形式，本质上不能超出这两派对理智德性的解释范围。这是因为关于理智德性本性的解释只包括是能力还是性格两种可能，没有其他的中间道路可以选择。

第一节　德性可靠论的形成与发展

德性可靠论成为构成德性知识论的主要理论形式之一，主要有以下一些原因：索萨的首创之功、他本身的学术坚持以及由此形成的学术影响力；以及索萨培养了一批致力于德性知识论研究的后备军，格雷科就是其中的佼佼者。这些都是德性可靠论影响日隆以至成为当代德性知识论主要理论构成形式的重要因素。

一、索萨的德性可靠论

索萨的德性知识论提出之后，引起了强烈反响，毁誉参半。在持续回应外界的评论中，索萨的德性知识论处于不断地修正与完善中。所以，索萨德性知识论在不同阶段具有不同的理论表现形式。除了早期提出的德性视角论外，还有后来不断完善的德性知识论观点：从确适性的德性知识论、完好之知再到行动表现的德性知识论等思想。

1. 从一般德性可靠论到德性视角论

伦理学上评价执行某种行为相较于执行其他可供选择的行为的价值大小，根据当前伦理学上的一种有前途的观点，“关键是要通过行为代理人稳定的性格倾向所展现出的（行为）规范性来发现其中的价值。他的行为是他某种稳定的德性的结果。考虑到他的认知局限性，并不存在同样的替代性的德性倾向，使他能展现同等的或更好的总体结果的（德性倾向）”①。索萨的意思是，如果将德性看成稳定而可靠地成功执行某种行为的能力，则以某种德性为基础的行为就比其他可供选择的并非以德性为基础的行为更具有价值。但必须区分两种层次的道德行为确证即首要确证（primary justification）和次要确证

① Sosa E，“The Raft and the Pyramid：Coherence Versus Foundations in the Theory of Knowledge”，*Midwest Studies in Philosophy*，Vol. 5，No. 1，1980，p. 23.

（secondary justification）。首要确证依附于德性或其他稳定的行为倾向，次要确证依附于建立在某种德性或其他稳定倾向性基础上的具体行为。类比于伦理学（同属于人的行为活动），上述道德行为分层确证策略运用于知识论同样富有成效。在知识论中，首要确证依附于获得信念的理智德性或其他稳定德性倾向。因为通过理智德性或其他稳定的德性倾向的主要贡献，我们才能获得关于真的知识；次要确证附属于源于理智德性或其他合乎理性的行为倾向具体信念本身。这就是索萨为了解决基础论和融贯论之间的确证争论所提出的德性可靠论的解决方案。索萨将知识论中的认识行为及其过程类比于伦理学中的道德行为，这一做法应该说非常富有创见性。但其实质还是对戈德曼提出的可靠论的一种发展和补充。正如索萨自己所坦言的："这是将发展一种知的'因果理论'的努力置于更传统的视野中。这种努力，最好理解为不是定义命题知识的尝试，而应该理解成形成确证基础性原理的尝试。"[1]然而，这一做法臻于成熟之境还有更多的理论问题需要阐明。索萨自己也认为，需要更认真地思考德性概念，思考道德德性与理智德性之间的区分。正是从对理智德性的不同定义中衍生了早期德性知识论的谱系，阿克斯特尔（Guy Axtell）分别称之为德性可靠论与德性责任论[2]。

但是，索萨在 1991 年[3]认为，他在 20 世纪 80 年代所提出的德性可靠论的初步设想毕竟不同于一般的可靠论。一般可靠论如果自 20 世纪 30 年代拉姆塞关于知识可靠性的说明算起，在大半个世纪中产生了各种不同的可靠论形式。所有这些可靠论核心观点无非强调各种有益于真理产生的信念形成过程、方法或其他认识上的相关因素。如果从广义和狭义上来区分可靠论：广义可靠论意味着任何强调真理可靠获得或者真理可靠指示的知识或确证理论，狭义可靠论是关于确证的过

---

① Sosa E，"The Raft and the Pyramid：Coherence Versus Foundations in the Theory of Knowledge"，*Midwest Studies in Philosophy*，Vol. 5，No. 1，1980，p. 25.

② Axtell G，"Recent Work in Virtue Epistemology"，*American Philosophical Quarterly*，Vol. 34，No. 1，1997，p. 1.

③ Sosa E，"Reliabilism and Intellectual Virtue"，In Sosa E，*Knowledge in Perspective：Selected Essays in Epistemology*，Cambridge：Cambridge University Press，1991，pp. 131-145.

程可靠论。如果从狭义上将可靠论理解为关于确证的过程可靠论出发[①]，戈德曼的各种可靠论的不同形式堪称"范式可靠论"，因为戈德曼的可靠论总是在众多可靠论中独树一帜且影响很广。然而，在索萨看来，无论是戈德曼早期的因果可靠论还是后来的历史可靠论、规则可靠论，都不能避免一般可靠论的理论困境：一般性问题、新恶魔问题和元不一致问题[②]。所以，摆脱一般可靠论困境的出路是德性可靠论，具体就是德性视角论。

索萨认为，一般可靠论可以做如下简单表述[③]：

> S 在 t 时的信念 P 是确证的，当且仅当信念 P 是获得和持有信念的可靠过程的结果；或者这一可靠的过程具有压倒性优势获得真信念。

这样的一般可靠论往往面临以下三种困境或问题。

一般性问题：对于一个可靠的认知过程，如何避免其太具体和太一般。对于传统的经验论而言，感觉一般被认为是知识可靠的来源。但是感觉既可以产生确证的信念，也可以产生没有确证的信念，即使感觉在整体上被看成信念获得的可靠过程之一。很显然，可靠的过程如果太具体则会失去认识论的意义。

新恶魔问题：生活在另一个可能世界中的我们的孪生兄弟，如果给予他们如同我们一样的感觉输入，以至他们在精神生活中的经验与思想等细节上也与我们相似；那么他们的信念也如同我们的一样得到确证吗？他们在关于周围世界的信念总体上当然是错误的，但认为他们的信念没有得到确证似乎不合理。

元不一致问题：新恶魔问题设定的场景是，信念的内在确证与外在的不可靠的信念形成过程产生冲突；元不一致问题则相反，设定的场景是，信念形成的外在过程是可靠的，但内在确证却不具有合理

① Goldman A，*Reliabilism and Contemporary Epistemology: Essays*，Oxford：Oxford University Press，2012，p. 68.

② Sosa E，"Reliabilism and Intellectual Virtue"，In Sosa E，*Knowledge in Perspective: Selected Essays in Epistemology*，Cambridge：Cambridge University Press，1991，p. 131.

③ Sosa E，"Reliabilism and Intellectual Virtue"，In Sosa E，*Knowledge in Perspective: Selected Essays in Epistemology*，Cambridge：Cambridge University Press，1991，pp. 131-132.

性。元不一致最典型的例子是“千里眼案例”。

戈德曼 1967 年提出因果过程论，1976 年修正为历史可靠论或称为发生可靠论，1986 年提出规则可靠论，紧接着于 1988 年区分两种确证。由此，戈德曼认为他的可靠论具有了解决三种难题的出路。最初的因果可靠论戈德曼已自曝其粗，而随后修正的历史可靠论依然并不令人满意。从本质上看，发生可靠论（即历史可靠论）与因果可靠论并无区别：戈德曼自己说，“我所提出的确证信念的历史理论在本质上与以前我在别处提出的认识的因果理论紧密相关”[①]，无非在信念产生的因果关系的基础上，加上了信念形成的以前可靠性的历史。但是，历史可靠论与当时占统治地位的瞬间在场（current timeslice）理论对比鲜明：瞬间在场理论将信念的确证看成认知者此时此刻形成真信念的整体功能，历史理论则强调信念形成过程可靠性的既往历史。简言之，前者强调信念形成的当前精神状态，后者强调可靠形成的先在历史。然而，其在规避一般可靠论的三种难题尤其是后两种难题上并无实质性进展。由是，戈德曼随之在方法和过程两个层次上区分了强和弱两种确证[②]。信念形成的方法和信念形成的过程存在不同：“信念形成过程是基础心理意义上的过程，是植根在我们先天认知结构中的特征。方法是后天习得性的信念形成规则、探索方法和程序。”[③]信念形成的过程具有普遍性，而方法却并非如此。紧接着，戈德曼区分两个层次的确证：“过程层次的首要确证与方法层次的次要确证。”[③]实际上，首要和次要的区分仅是普遍性程度不同，或者更具体地说是过程可靠性和方法可靠性的不同，在本质上都可以归结为可靠性。因此，“方法论层次上或过程层次上的强确证是要求运用适当或充分的方法或认知过程，而使得一种方法或过程是适当或充分的依据就是可靠性，即具有很高的比例产生真信念”[④]。弱确证的核心思想是[⑤]：“产生真信念的方法或过程是不可靠的，但 S 却认为是可靠的。因为 S 没

① Goldman A，“What is justified belief? ”，in Sosa E，Kim J，Fantl J，et al，*Epistemology an Anthology*，Oxford：Blackwell，2008，p. 342.

② Goldman A，“Strong and Weak Justification”，*Philosophical Perspectives*，Vol. 2，1988，pp. 51-69.

③ Goldman A，“Strong and Weak Justification”，*Philosophical Perspectives*，Vol. 2，1988，p. 53.

④ Goldman A，“Strong and Weak Justification”，*Philosophical Perspectives*，Vol. 2，1988，p. 54.

⑤ Goldman A，“Strong and Weak Justification”，*Philosophical Perspectives*，Vol. 2，1988，p. 56.

有方法或途径区分所使用的方法或认知过程是否可靠。”

强弱确证的区分能回应新恶魔问题和元不一致问题。在新恶魔案例中，尽管这些无辜受害者的信念是非法形成的，因而不可靠，但是就内在确证而言，他们的信念和我们的一样是内在确证的。虽然他们受恶魔的欺骗，但是他们没有办法也不相信他们的信念形成过程是不可靠的。因而，他们的信念被认为是弱确证的。在元不一致案例中，信念者对于自己信念的形成具有错误的视角或者缺乏相应的判断信念真假的视角，这样的信念被看成弱确证。但是，索萨通过改变新恶魔事例[①]将问题引向深入。假设受害者被恶魔以非常随机的方式植入与我们常人一样的信念系统，则这样以非常随机方式产生的信念系统也同样可以诞生于认知主体的内部，从而使得受害者虽然信念产生的方式是非理性的却依然不违背弱确证原则。要解决问题，索萨认为应该形成一种比弱确证更强的内在的、主观的确证理念[②]。这一很强的内在且主观的确证理念就是索萨的德性视角论。

> 我们可以将理智德性定义为一种能力：在某一条件 C 下的某一命题域 F 中最大限度获得真理避免错误的能力。
>
> 主体 S 在 *t* 时相信命题 P 是根据理智德性，只要存在命题域 F，条件 C：以至：a. P 是 F 中的一命题；b. S 是处在与 P 相关的条件 C 中；并且，c. 如果 S 相信命题域 F 中的某一命题 X，是处在与 X 相关的条件系列 C 中。[②]

很显然，德性视角论中居核心地位的是理智德性。在索萨最初的描述中，理智德性是“在某一条件 C 下的某一命题域 F 中最大限度获得真理避免错误的能力”[②]。这一规定虽在后来有所改变与完善，但核心没有变。同时，也应该看到，德性视角论不仅包含了德性知识论，也包含了视角论。也就是说，索萨根据信念者的评价性特性来定义信念的评价性特性，从而将认知视角的观念也置于核心位置。索萨

---

① Sosa E，“Reliabilism and Intellectual Virtue”，In Sosa E，*Knowledge in Perspective：Selected Essays in Epistemology*，Cambridge：Cambridge University Press，1991，p. 135.

② Sosa E，“Reliabilism and Intellectual Virtue”，In Sosa E，*Knowledge in Perspective：Selected Essays in Epistemology*，Cambridge：Cambridge University Press，1991，p. 138.

的这一观念改变了传统知识论的分析方向，将关于一阶信念及其可靠来源的二阶信念作为确证的决定性因素。“主体知道自身的各类判断如何可靠且值得信任，对于主体而言是非常重要的。”从这一点出发，确证就是：“认知者只要其信念 P 彰显了一种理智德性，或者彰显了一种获得真理避免错误的能力，则信念者在相信 P 上就初步得到了确证。”[①]所以，从德性视角论出发，索萨认为：“我们在确证中所要关注的是天赋的认识能力、主体践行理智德性的程度。”[②]因此，索萨区分了动物知识和反思知识：

> 如果一个人对于周围环境、自己的过去及经验的判断和信念是通过感觉和记忆的直接反应，没有或者几乎没有受益于反思或知性；那么他所拥有的这些知识就是动物知识。
>
> 如果一个人的判断或信念彰显的不仅是对已知事实的直接反应，而且也彰显了这些判断和信念在整体中的位置的理解，以及这些判断和信念是如何实现的理解；那么他就具有反思知识。[③]

这样的区分为最终定义德性视角论奠定了基础，因为很显然，德性视角就是一种反思能力（反思知识是反思能力的结果）。由是，索萨对德性视角论的主要描述是：

> 我们形成了这样一种观点：知识是源于理智德性真信念的，也就是说，这一信念的正确是由于德性而不是巧合。对于反思知识，你同时需要一种认知视角，它授权你的信念源于你自己的德性或能力。[④]

通过理智德性的设定与运作，索萨将我们做出的认知确证与认知主体所处的现实环境、历史语境以及社会共同体背景紧密结合在一起，并

① Sosa E，“Reliabilism and Intellectual Virtue”，In Sosa E，*Knowledge in Perspective：Selected Essays in Epistemology*，Cambridge：Cambridge University Press，1991，p. 239.

② Sosa E，“Reliabilism and Intellectual Virtue”，In Sosa E，*Knowledge in Perspective：Selected Essays in Epistemology*，Cambridge：Cambridge University Press，1991，p. 234.

③ Sosa E，“Reliabilism and Intellectual Virtue”，In Sosa E，*Knowledge in Perspective：Selected Essays in Epistemology*，Cambridge：Cambridge University Press，1991，p. 240.

④ Sosa E，“Reliabilism and Intellectual Virtue”，In Sosa E，*Knowledge in Perspective：Selected Essays in Epistemology*，Cambridge：Cambridge University Press，1991，p. 277.

将把握两者之间最小融贯性的阈限称作“认知视角”。

如果索萨关于知识及其确证的德性视角论的观点是正确的，那么我们就能实现一种关于知识的更好的认知理解，前提条件是我们必须阐明理智德性。在前述定义的基础上，索萨更详细地规定了理智德性及其实现：

> 在环境 E 中，S 拥有理智德性 V（C，F），当且仅当 S 拥有内在品质 I；以至，如果
>
> （1）S 处于环境 E 中且拥有内在品质 I；
>
> （2）P 是命题域 F 中的一个命题；
>
> （3）S 处在与命题 P 相关的条件 C 之下；
>
> 那么，（4）S 极有可能正确相信命题 P。[①]

根据条件（1）至（3），我们就能顺理成章地将知识定义为源于理智德性的真信念。

通过上述一系列的解释与规定，德性视角论至此似乎完备了。现在假设，恶魔受害者在被恶魔控制的世界中在认识上是高度负责的，但是，他们绝大多数的信念不可能是正确的，所以在德性视角论中，问题的关键是我们还要区分确证和适切性：

> 信念 B 的确证要求，信念 B 具有推论的基础或者与信念者的其他信念具有一致性——正如产生于更深层次原理的信念的确证一样。因而，一个信念的被确证或所采用的确证是通过认定与主体的原则相一致；包括那些有关在主体看来适宜的环境中信念产生的原理。
>
> 与环境 E 相关联的信念 B 的适切性要求，信念 B 产生于与 E 相关的一种理智德性。也就是说，是通过一种具有压倒性优势产生真理避免错误的方式形成的信念。[②]

---

① Sosa E，“Reliabilism and Intellectual Virtue”，In Sosa E，*Knowledge in Perspective：Selected Essays in Epistemology*，Cambridge：Cambridge University Press，1991，p. 286.

② Sosa E，“Reliabilism and Intellectual Virtue”，In Sosa E，*Knowledge in Perspective：Selected Essays in Epistemology*，Cambridge：Cambridge University Press，1991，p. 289.

对比这里索萨关于确证与适切性的阐释，两者之间至少具有两方面的不同。首先，确证要求内在的融贯性；而适切性则要求外在环境的适宜性。其次，确证是一种纯粹的理论认识活动；而适切性则涉及理智德性的运用。从这些区分出发，我们就能解释新恶魔问题。恶魔受害者的信念虽然是确证的，但不是适切性的，因为他的信念不是由理智德性产生的。

综上所述，德性视角论至少在三个方面与一般可靠论相区别[①]：第一，德性视角论不仅要求作为知识的信念产生于可靠的信念形成机制，而且要求信念产生于理智德性或能力。与之相对比，一般可靠论只要求信念产生于可靠的认知机制。至于这一可靠的认知机制是什么，一般可靠论并没有进一步的具体规定。第二，德性视角论区分了信念的适切性和确证。适切性要求知识源于理智德性，而确证只要求作为知识的信念与信念者的认知视角相一致，也就是说不矛盾、不冲突。一般可靠论显然没有做这样的区分，所以不能解决新恶魔问题。第三，德性视角论区分了动物知识和反思知识，因而能回答元不一致问题和一般性问题。显然，一般可靠论没有进行这样的区分，因而，遭遇可靠论的三大困境是必然的。

2. 德性视角论提出后的发展与完善

格雷科认为[②]：索萨的知识论一般立场是建立在德性理论基础上的外在主义，这一外在主义的核心是强调认知视角观念。其实，格雷科这一评价是在 2004 年前后做出的，未能概括 2004 年以后索萨知识论立场的变化。如果我们同意格雷科对索萨知识论立场的 2004 年之前的这一概括，那么在后来的发展中至少还必须加上“行为”（agency）、“执行”（performance）与“规范”（normality）这几个关键词。如果精练一些，至少要挑选出“行为”这一核心概念。

已如前述，激发索萨知识论立场的至少有两方面的动机：直接动

① Sosa E，“Reliabilism and Intellectual Virtue”，In Sosa E，*Knowledge in Perspective：Selected Essays in Epistemology*，Cambridge：Cambridge University Press，1991，p. 145.

② Greco J，*Ernest Sosa and His Critics*，Oxford：Blackwell，2004，p. 15.

机是解决基础论与融贯论的冲突，间接动机有助于葛梯尔问题和怀疑论问题的解决以及知识的价值问题的解决。如果说德性视角论的提出是为了解决基础论与融贯论之间的确证对立问题，那么后期以行动及其规范为核心的知识论立场的提出与发展，除了完善对这些问题的回答以外，还主要针对知识的价值问题。

沿着索萨知识论方面的主要学术著作辅以数以百计的学术论文来考察索萨的动机，我们会发现，在最早的 20 世纪 80 年代的《木筏与金字塔：知识论中的融贯与基础》中，他提出了德性知识论的初步设想。索萨通过对当时确证理论中基础论和融贯论的两种主要形式的考察发现，这两种理论争论的实质和舍此取彼的缘由并不真正存在。因为融贯论和实质基础论同属于形式基础论的最高形式，“两者之间具有令人吃惊的亲属关系”[①]。然而，任何形式的基础论都会产生确证问题上的两难困境：为了求得知识最终的基础，或者无穷后退或者循环论证。索萨于是从随附性（supervenienc）[②]理论出发，认为伦理学中的行为评价性特征随附于稳定的德性特征之上（例如，认定为希特勒接生的医生所执行的接生行为比其他可供选择的行为更有价值，是因为他的行为是某种稳定德性的结果）。通过类比，索萨认为同样的策略对知识论一样富有成效：理智德性为真信念的获得提供首要的确证。这一时期的德性可靠论也就仅限于提出理智德性这样一个概念。只是到了 20 世纪 90 年代，在知识论的第一部著作《视角中的知识》（*Knowledge in Perspective*）和近 10 篇文章中，德性知识论的构想框架才有了具体可见的内容。这些内容包括以德性视角为核心所提出的一系列主张。

提出德性可靠论初步设想后，索萨进一步比较了德性可靠论和一般可靠论在应对可靠论一般困境上的表现，提出了德性视角论观点。由上文的论述可知，德性知识论固然可以应对确证中的基础论的两难困境，但是，对于困扰一般可靠论的三大困境中的恶魔困境以及变形的新恶魔困境和元不一致困境，可靠性的认知能力——理智德性似乎

---

① Sosa E，“The Raft and the Pyramid：Coherence Versus Foundations in the Theory of Knowledge”，*Midwest Studies in Philosophy*，Vol. 5，1980，p. 16.

② 关于随附性的解释，参阅 Dancy J，Sosa E，*A Companion To Epistemology*，Oxford：Blackwell，1992，p. 500.

无能为力。从这一情形出发，索萨提出了认知视角，确切地说是德性视角论。围绕德性视角这一中心，动物知识和反思知识、适切性和确证、首要确证和次要确证以及强弱确证等的区分都被提出来。

如果说从德性可靠论到德性视角论构成了索萨知识论立场的第一阶段，那么自 2000 年以来，围绕行为表现及其规范则构成了第二阶段。但是，第二阶段的行为表现也还是以德性为基础，因而这两个阶段之间存在必然联系，具有前后一贯性。如果认知并非笛卡儿式的玄思冥想，而是在主客体双方交流沟通的不间断过程中体现并归纳出的一种相对稳定的认知状态；那么索萨提出的德性认知视角就必然意味着将认知表现行为化的要求，而行为认知则首先必须具有相应的评价标准和规则。对这样的行为表现的一般规范及其评价标准，索萨是从射箭行为表现[①]中发现的。

当弓箭手瞄准箭靶射箭时，射箭这一行为一般可以从三个方面进行评价。

精准性（accuracy），即行为的执行是否成功地实现了目标。对于射箭而言，是射出去的箭是否射中箭靶。我们说这一箭是精准的，仅当这一箭成功射中了箭靶。所以，我们只关心一个问题，是否击中箭靶。对于如何射中、如何精准等问题暂且搁置。

熟练度（adroitness），即行为执行所表现的熟练性、娴熟度。对于射箭而言，是射出的箭所彰显的射箭者的技能。熟练当然也有程度之分，但是，索萨在此令人费解地解释说，在这一方面不关心熟练的程度问题，而只关心射箭这一行为"是否体现了相关技能，是否熟练"[①]。

适切性（aptness），即行为执行的成功（精准）是否一定是行为表现的娴熟技能的结果，而不是技能之外的偶然因素作用的结果。譬如，射出去的箭在脱离弓弦的刹那遇到了一阵疾风，使得箭矢偏离既定目标，但又一阵风使箭又恢复到既定轨道射中箭靶。这样一种射箭也准确地射中目标，从而是精准的，也是熟练的；但是，其准确不是

---

① Sosa E，*A Virtue Epistemology：Apt Belief and Reflective Knowledge*，Vol I，Oxford：Oxford University Press，2007，p. 22.

因为熟练，而是因为两次风的作用。所以，这样的射箭行为就不是适切的。行为表现的适切性在索萨看来具有三种不同类型[①]：第一层次的适切性和第二层次的适切性［元适切性（mete-aptness）］以及完全适切性（full aptness）。例如，弓箭手正确预测了射箭时所可能产生的风险，如风速风向以及风力大小的影响等，但是并没有射中箭靶，其行为表现就是元适切而非适切的。相反，如果弓箭手在射箭时过分冒险，例如饮酒后射箭并低估了风暴来临的可能，就很难射中箭靶，但是，当他执行射箭行为时，风暴停了，他成功射中靶心，则他的行为表现是适切而非元适切的。适切的行为表现规范只要求行为的成功是由于行为执行者的能力，而元适切的行为表现规范则是对行为执行风险的正确评估和预测。两种适切性对应于知识的动物知识和反思知识的划分，因而可以相互独立存在。如果两个层次的适切性相互依存而同时具备，就是完全适切——“只要行为表现的第一层次的适切充分源于行为人对成功机会的评估，则这一行为表现就是完全适切的”[②]。完全的适切对应于完全的确知（knowing full well）。

从“弓箭手案例”的射箭行为表现中，我们可以发现任何具有一定目的的行为表现的一般结构：精确——成功地实现目的；熟练——彰显了行为者的技能和能力；适切——实现目的是因为技能的熟练运用。从英语来看，精确、熟练和适切这三个概念的单词都以 a 开头，所以又被称为3A（精确、熟练和适切）结构。

索萨分析一般行为表现的 3A 结构模式的深层目的，是将认知规范看成一种行为表现规范。因此，他写道：“信念也是一种行为表现，是一种持久存留的行为表现。”[③]而作为一种行为表现，信念当然也应该归入 3A 结构。所以，“如果一个信念是真的（精确），就实现了第一层次的成功；如果一个信念因为能力或能力的熟练，就实现了第二

① “apt”中国大陆学者一般翻译为“适切”，而台湾学者翻译为“确适”，这一概念无疑是索萨德性知识论的核心概念，最早在 1991 年的《视角中的知识》（*Knowledge in Perspective*）的第 8 章第 144 页中出现，在此索萨比较了适切与确证的不同。在 2011 年的《完好之知》（*Knowing Full Well*）的第 1 章第 8 页进一步明确区分了适切和元适切（meta-apt），并在同一章又提出了完全适切性（full-aptness）。

② Sosa E，*Knowing Full Well*，Princeton：Princeton University Press，2011，p. 11.

③ Sosa E，*Knowing Full Well*，Princeton：Princeton University Press，2011，p. 23.

层次的成功；而如果信念的真彰显了信念者的能力，信念就是适切的”[①]。知识因为行为表现规范的适切性的两个层次的划分而相应地具有两种不同的规范形式：“作为行为表现的评价规范（或者说行为表现的结构）就一方面构成了动物知识的认知规范”[①]，另一方面构成了反思知识的认知规范。

从德性可靠论到德性视角论再到德性规范论（迄今，并没有称索萨德性知识论为德性规范论，但是从认识行为表现具有3A结构来看，这样的称谓很确切），构成了索萨德性知识论发展的一条完整线索。从最初简单地将理智德性定义为主要是可靠的感性认识能力，到增加反思的认识视角，最后落脚于行为表现规范，这一发展过程一方面反映了索萨知识论内在的矛盾和不足，另一方面也反映了索萨综合确证的内在主义与外在主义因素，以实现完善德性知识论的目的。这其中折射了索萨折中调和的倾向与努力。但是，在对理智德性的定义上，前后期并没有本质性的变化，这是索萨知识论引起越来越多的批评之根源所在。然而，或许正是在受到不停地批评和积极应对中，才更彰显了索萨知识论的吸引力，影响更多的学者在德性知识论上提出更多的创造性思想。格雷科就是其中受索萨影响最大的一位。

二、格雷科的德性可靠论

与索萨、扎格泽博斯基相比，格雷科在年龄上应该是德性知识论阵营中的后起之秀，但是影响似乎并不逊色。作为索萨的学生，格雷科在德性知识论总体倾向上追随他的博士生导师而反对扎格泽博斯基，这应该并不令人奇怪。从格雷科的德性知识论的发展历程来看，其思想主要经历了德性可靠论、主体可靠论和德性语境论三个阶段以及与之相应的三种主要理论形态。

---

① Sosa E，*Knowing Full Well*，Princeton：Princeton University Press，2011，p. 1.

当代很多著名知识论学者[①]在论及德性知识论中的德性可靠论与德性责任论的划分时认为，前者的主要代表人物有索萨、格雷科和戈德曼等，虽然这种划分并不意味着两种类型德性知识论之间的完全对立。格雷科作为近年德性可靠论中最活跃的学者之一，其思想的提出与发展的主要动力源于对其他人（包括索萨）德性知识论的批判和对怀疑论的回应。

1. 对德性知识论的批判

格雷科 1993 年[②]直接论述了德性知识论问题，这应该是他在这一问题上的最早公开表达。对于当时已受到广泛关注的德性知识论，格雷科总体上是肯定和接受的，但是并不排除他认为应该进行调整以应对所遭到的两种困境的批评。这两种困境就是德性知识论在满足知识的条件要求上太强又太弱。

阐释德性知识论的关键点和首要条件是必须回答什么是认知德性。在德性可靠论者的视角中，一种德性就是一种能力，而一种能力就是一种在一定条件下实现某种结果的稳定倾向。所谓稳定倾向，意味着取得这种结果不是偶然的，更进一步，实现目的的稳定倾向是主体所具有的稳定而可靠的特征。因此，我们就可以对认知德性进行如下精确定义：

> （V）产生或保持信念的一种机制 M 是一种认知德性，当且仅当 M 是一种在一定命题域中相信真命题避免假命题的一种能

① 先后论及德性知识论划分的论文主要有：Axtell G，“Recent Work in Virtue Epistemology”，*American Philosophical Quarterly*，Vol. 34，No. 1，1997，pp. 1-26；Greco J，“Two Kinds of Intellectual Virtue”，*Philosophy and Phenomenological Research*，Vol. 60，No. 1，2000，pp. 179-184；Fairweather A，Zagzebski L T，*Virtue Epistemology：Essays on Epistemic Virtue and Responsibility*，Oxford：Oxford University Press，2001，p. 4；Baehr J，“Character，Reliability and Virtue Epistemology”，*The Philosophical Quarterly*，Vol. 56，No. 233，2006，pp. 193-212；Sosa E，*Judgment and Agency*，Oxford：Oxford University Press，2015；Fleisher W，“Virtuous distinctions”，*Synthese*，Vol. 194，No. 8，2017，pp. 2973-3003.

② Greco J，“Virtues and Vice of Virtue Epistemology”，*Canadian Journal of Philosophy*，Vol. 23，No. 3，1993，pp. 413-432.

力，目标命题处于背景环境之中。[①]

因（V）而来的推论是：

（VE）S 的信念 P 具有肯定的认知身份，当且仅当 S 相信 P 是 S 的某一认知德性的结果。[②]

其中的认知身份即知识。格雷科将这样定义的德性知识论看成一种可靠论。因为可靠论将知识看成产生于可靠的认知过程的结果，德性知识论进一步认为，可靠认知过程的基础就是认知德性。所以，可靠论也就成为德性知识论。知识之所以是知识是因为知识是认知主体认知德性的产物。格雷科由此认为，上述定义的德性知识论具有很高程度的原创性的合理性：一是解释了为什么感觉和记忆具有积极的认知身份，而希望和迷信却没有；二是给予了我们回答怀疑论的基础。

德性知识论的第一个困境是知识要求太强。认知主体所相信且得到确证的信念源于不可靠的理智能力，这一情形似乎是有可能的。例如，在笛卡儿的邪恶精灵案例中，受害者所相信的信念并非源于自身可靠的理智能力，而是产生于邪恶精灵的控制；但是受害者却认为自己获得了确证的真信念。在这一情形下，很显然，受害者确证的真信念不是知识［根据（VE）］，但是我们同样也不能认为这些确证的真信念没有任何价值。因而，德性知识论对知识的要求过强。德性知识论如何处理这一问题呢？

普兰廷加的策略是，承认邪恶精灵的受害者的信念在主观确证上是不受谴责的，但是不违背认知义务对于知识的形成并不充分。知识还必须满足客观上产生于可靠的认知德性。索萨的策略是，使得信念的确证与环境相关："从当前的建议出发，适切性是相对于环境而言的。在实际环境 A 中，我们的经验信念自发机制就是能产生更多真、确证和适切性的德性。当然，相对于恶魔环境 D 而言，这样的机制就

① Greco J，"Virtues and Vice of Virtue Epistemology"，*Canadian Journal of Philosophy*，Vol. 23，No. 3，1993，pp. 414-415.

② Greco J，"Virtues and Vice of Virtue Epistemology"，*Canadian Journal of Philosophy*，Vol. 23，No. 3，1993，p. 415.

不是德性。因为这一机制既不能产生真，也不能产生适切性。”[①]也就是说，索萨认为，知识产生于可靠的认知德性必须具有相对于我们所生活于其中的环境的适切性。换言之，认知德性的可靠性必须在我们人类具体生活的环境下来定义。这样两种解决方案，格雷科都没有完全接受。普兰廷加正确指出了不违背认知义务对知识的产生并不充分，但是他没有清楚阐明遵守认知义务对知识形成的积极意义。索萨认为认知德性的可靠性必须在我们所生活的环境下来定义。那么如何定义我们所生活的“环境”呢？假设凯西是普特南语境下的缸中之脑——大脑被一台超级计算机所控制，她所形成的信念和正常人在正常环境下形成的信念一样。例如，我们看见我们面前的桌子上有一杯水，凯西在计算机的控制下会形成和我们一样的信念。但是，凯西如果不是在缸中之脑的环境下而是在我们正常人所处的正常环境下，她就缺乏产生正确信念的能力。对凯西而言，就如同高度近视者必须戴眼镜，耳聋者必须佩戴助听器一样；何谓正常的环境呢？所以，凯西的案例告诉我们的是，非常具体地规定信念形成于其中的具体环境是很难实现的。

德性知识论的第二个困境是知识要求太弱。具体来说，S 具有产生信念 P 高度可靠的认知能力，但是 S 在相信信念 P 时却并不负责。例如，脑瘤患者汤姆阴差阳错地产生了可靠的认知能力，这使得他相信自己患有脑瘤。但是，汤姆不仅没有支持这一信念的证据，相反却有很多反对这一信念的证据。因此，虽然汤姆的这一信念是真的，并且也产生于可靠的认知过程，但却不能认为汤姆的这一信念是知识。反对者很容易提出反对的理由：这个例子只能说明真信念是由一可靠的认知过程产生，但是可靠的认知过程并不能与认知德性相等同。从普兰廷加的恰当功能论出发，只有那些源于正确认知能力基础的认知过程才是认知上有价值的。因为这样的认知过程才是认知德性的体现。脑瘤例子中的可靠认知过程不是认知主体正确认知能力的体现。我们再看一个案例。为了避免人受到老虎的伤害，造物主为玛丽设计

---

① Sosa E，“Reliabilism and Intellectual Virtue”，In Sosa E，*Knowledge in Perspective：Selected Essays in Epistemology*，Cambridge：Cambridge University Press，1991，p. 299.

了通过自然进化形成的认知特征——对老虎所发出的电磁波非常敏感。尽管她并没有看见或是听到附近有老虎，但只要附近出现老虎，玛丽都会形成附近有老虎的信念。玛丽没有证据证明这一信念，也没有证据证明她有这一认知能力。相反，玛丽还有相关的反对证据。那么，从玛丽自身来看，她不应该相信这一信念。这一案例说明了什么呢？玛丽的信念是在恰当功能（即恰当德性能力）的基础上产生的真信念，所以满足普兰廷加的德性可靠论关于知识的要求；但是我们并不能认为玛丽关于附近有老虎的信念就是知识。格雷科由此认为，德性知识论不仅应该要求知识产生于可靠的认知德性，而且还应该要求满足主体认知的责任性。概言之，格雷科通过脑瘤的案例说明可靠的认知过程所产生的信念并不就是知识，而是应该使得这些可靠认知过程是由正当功能适当发挥的结果。玛丽的案例说明，即使可靠过程所产生的真信念是认知能力适当发挥的结果，也不足以成为知识，因为认知主体自身还需要充分相信的理由，也就是说，知识的确证要求第一人称的内在主义的视野。索萨最先提出了德性视角论的解决方案，但是格雷科认为索萨的要求太强。因为我们很少拥有关于自身认知能力和信念的内在主义的清晰视角。对玛丽而言，她的信念（附近有一只老虎）与她关于自身的认知能力的认知视野（她并不知道）相冲突。在反思的意义上，她的信念并没有得到确证。

因为德性知识论的困境，因为普兰廷加和索萨方案的不尽如人意，格雷科提出了经过修改的德性知识论关于确证的规范内在论（norm internalism）主张，并在确证的规范内在论基础上修正了德性知识论条件要求。

何为确证的规范内在论？

> （NI）S 在认知上是确证的，当且仅当 S 所相信的信念 P 与他所支持的认知规范一致，并且 S 信念的形成也与这些规范一致。①

① Greco J，“Virtues and Vice of Virtue Epistemology”，*Canadian Journal of Philosophy*，Vol. 23，No. 3，1993，p. 424.

规范内在论与索萨德性视角论有何不同呢？恰似投篮机投篮和投球手诺兰投篮之间的区别。投篮机能高速投篮是因为其德性的基础是内在本性，诺兰是因为遵守他所支持的投篮规范。前者相当于索萨的德性视角论，后者相当于格雷科的规范内在论。如果这样区分索萨与格雷科仍然使我们不得要领，请看以下案例。珍妮数学并不好，但她却将一个复杂定理的信念建立在支持这一定理的一组公理上。然而，珍妮并不清楚这组公理是支持定理的。所以，珍妮在相信定理上并没有得到确证。珍妮如果在相信这一信念上要得到确证，条件是什么呢？第一种建议是，珍妮必须对定理以及支持定理的公理之间的推论关系具有清醒的认识，但清醒的认识不容易说清楚。第二种建议是，珍妮必须相信她的结论是遵循她的证据的，但这一要求又太弱。第三种建议是，珍妮必须相信相关的一般推论规则是正确的，但这一要求又太强。如同索萨认知视角问题一样——我们往往对所持有的方法论原则等并没有更好或不好的认识。就推理规则而言，或许只有逻辑学家对一般推理规则才能做出合理与否的判断。格雷科的建议是，在我们的推论中必须赞成这些规范，尽管我们并没有关于这些规范的信念。格雷科的意思是，我们支持并遵守一种规范，并不表示我们理解这一规范。例如一个投球手遵守投球规范，但他不一定理解这一规范。所以，尽管我们确实遵守或支持某些规范，无论是认知还是行动；但我们并没有关于遵守的这些规范的信念。认知者在投篮机与投球手的投篮的对比中，更像诺兰而非投篮机，是因为投篮手投篮的德性的基础是与投篮的规范一致而不是内在本性。

其实，在论证与索萨德性视角论的差异时，格雷科不自觉地借鉴了维特根斯坦“遵守规则”的论证。维特根斯坦认为，遵守规则最根本的特征是凭借曾经所受到的训练顺其自然地行事，其中并不涉及理智上知道如何以及为什么要遵守规则的问题。“我盲目遵守规则”，“遵守规则像是不言自明的一样”，“遵守规则只行动而没有任何根据”①。维特根斯坦告诉我们，遵守规范与解释、理解规范不必然是

① （奥）维特根斯坦：《哲学研究》，李步楼译，北京：商务印书馆，2010年，第128页，第131页，第125页。

一回事。遵守规范不一定理解规范，理解规范不一定遵守规范。遵守规范是为生活形式所决定的盲目的、重复的习惯性行为，而理解规范是一种理智的、精神性的认识活动。格雷科因此认为，索萨的德性视角论将遵守认知规范和理解认知规范混为一谈，因而对知识的确证提出了过高的要求。

2. 内在主义的德性知识论

通过提出规范内在论以说明索萨的德性视角论的过犹不及，在此基础上，格雷科进一步将规范内在论应用于德性视角论，形成修正的德性知识论——内在主义德性知识论（virtue epistemology of internalism，VEI）。

> （VEI）主体的信念 P 具有知识身份当且仅当：
> （ⅰ）主体相信 P；
> （ⅱ）主体的信念 P 是主体可靠认知德性 V 的产品；
> 并且（ⅲ）主体的德性 V 在主体中的基础是其与主体所支持的认知规范一致。[①]

根据 VEI，知识就是源于认知德性的真信念。这些德性的基础是符合 S 所支持的认知规范。在 VEI 的意义上，"知识产生于德性"既具有主观意义也具有客观意义。具有主观意义是因为，知识从主体自身来看是正确的或是适当的信念；具有客观意义是因为，知识是符合主体所支持的认知规范的因而是一种可靠的认知能力的产物。并且这两种意义互相关联：知识是客观上具有德性的是因为知识是主观上具有德性的。换句话说，知识的客观可靠的认知德性的基础是知识与主体所支持的认知规范一致，可靠性源于责任性。反之亦然。

调整后的 VEI 能避免德性知识论的两个主要难题，因为 VEI 认识到了知识中的内在主义构件。首先，在关于德性知识论太强的恶魔受害者案例中，虽然认知主体的认知能力因为恶魔的欺骗而不可靠，但

① Greco J，"Virtues and Vice of Virtue Epistemology"，*Canadian Journal of Philosophy*，Vol. 23，No. 3，1993，p. 429.

是其认知过程从主观上看是遵守主体所支持的认知规范的。所以，受害者的信念虽然产生于客观上不可靠的认知过程，因而在客观意义上是不可靠的，但是并不能排除主观上的合理性。这就解释了受害者信念虽然不是知识，但是具有主观上的认知价值。其次，在德性知识论太弱的案例中，玛丽的信念虽然产生于恰当而可靠的认知过程，但是她缺乏对自己所具有的可靠认知能力的一定认知，即从她自己的观点来看的正确性和适当性。但是这一从认知者自身来看的适当性不是索萨的反思视角，而是遵守了所支持的认知规范的意念。总之，VEI 保留了德性知识论所有的优点，避免了德性知识论所有的不足。

3. 主体可靠论

在内在主义德性知识论提出五年之后，格雷科又提出“主体可靠论”（agent reliabilism）的立场。这两种立场虽然都属于德性知识论的大家族，但人们很难发现两者之间的关联性。毋宁说这两种理论针对不同的问题而发：内在主义的德性知识论主要是针对索萨的德性视角论，要修正很强的第一人称的反思视野；主体可靠论则是从休谟的怀疑论出发辩护德性可靠论。从格雷科在德性知识论上的一贯立场看，这两者之间当然还是具有某些共同点的——从总体上看，都隶属于德性可靠论的立场。格雷科认为，主体可靠论能避免一般可靠论的问题。

休谟的怀疑论论证显示，在我们的经验信念和证据之间不存在逻辑或类似逻辑的联系。换句话说，休谟的论证揭示，如果说我们的证据确实是我们的经验信念为真的可靠指示，那么这一可靠指示至多是关于人类认知的一种偶然事实的说明，而不是证据和信念之间或演绎或归纳的必然性联系的说明。因此，要避免经验知识的怀疑论，我们就必须接受一种同意知识是建立在偶然可靠的证据基础上的经验知识论。也就是说，我们不惜采纳某种形式的可靠论。

休谟的怀疑论涉及两种类型的知识：未观察事实的知识和感觉知识。休谟的论证使我们得出这样的结论：真实的经验信念与证据之间没有必然联系。经验知识的可靠是一种临时的偶然的可靠。这如何使得格雷科得出如下结论——任何非怀疑的知识论必须是可靠论的一种？

休谟认为，我们所有的经验推理都建立在自然齐一律的基础上。自然齐一律自身也是一个未被观察的事件。也就是说，这一规律自身被确证的方式来源于同样的对过去和现在的观察，即确证的推论建立在假设未来与过去和现在相似的基础上。自然齐一律的确证自身以齐一律的假设为基础，所以是循环论证。

我们将休谟的推论形式化[①]：

1. 我们所有关于未被观察事实信念的证据（a）首先依赖于过去或当前的观察；并且也依赖于（b）未被观察事实与已被观察事实相似的假设（A1）。

2. 但是（A1）自身也是一未被观察事实的信念。

3. 因此，假设（A1）的证据也依赖于其自身（A1）。

4. 循环论证不可能产生知识。

5. 因而（A1）不可知。

6. 我们所有关于未被观察事实的信念依赖于不可知的假设。

7. 依赖于不可知假设基础上的信念自身也是不可知的。

8. 因此，没有人认识任何未被观察的事实。

同样，我们可以通过构造一个与未被观察事实相似的怀疑论论证来说明已被观察现象的不可知性。其要点是，我们关于感觉信念的证据只能是感觉现象，但感觉现象与其信念之间只具有偶然的联系。或者可以这样说，感觉现象被认为是关于现实世界可靠的指示（A2），这一假设是所有已被观察事实推理所预设的前提，而这一预设本身证明又只有通过经验观察才能获得，也就是说又是建立在这一预设本身的基础上，因而也存在循环论证。

根据上述对休谟两种怀疑论论证的解释，无论是未被观察对象还是当下知觉现象，证据和信念之间如果具备确证的必然关系，就需要预设规律性的原则，而如此却又陷入循环论证的旋涡中；或者接受一种更常见的观点，主体必须敏感于知识所要求的证据和信念之间的确

---

① Greco J，“Agent Reliabilism：Noûs”，*Philosophical Perspectives*，Vol. 13，1999，pp. 274-275.

证关系的可靠性。然而，除非证据和信念之间的关系是必然性联系，否则很难理解这一敏感性。

现在假设：机械师 A 看见汽车的前部不断滴出绿色液体，因而推断是汽车的散热器破裂所致；另一位并不熟悉汽车的司机 B 发现了同样的现象并得出了同样的结论。在这两种情形下，机械师 A 很清楚绿色液体渗漏和散热器破裂之间的可靠性的指示关系；而司机 B 虽然也得出了同样的结论，但是他并不很清楚这两者之间的可靠性的指示关系。司机 B 的信念“散热器”破裂可能是猜测或者是类比过去相同现象的不可靠的记忆的结果。也就是说，司机 B 对于证据的可靠性缺乏充分的理解。

上述两种对比的案例充分说明：知识要求主体必须敏感于证据的可靠性。但是，证据与信念之间具有必然性联系才使得这种敏感成为可能。如果我们从这一点出发来理解经验知识，则将陷入怀疑论与循环论证二者必居其一的两难困境中。诚如上述，如果必然性联系是知识所要求的主体敏感于证据可靠性的必要条件，则证据必然包含规律性的原则，且这一普遍性的原则是为主体所知为真的。但这样的原则自身是经验性的，关于这一原则的推论不可能在非循环论证中进行。因而，经验信念所依赖的证据不是真的，怀疑论在经验知识的说明中如影随形。

休谟关于知识的怀疑论论证在当代知识论中极具影响，福摩同就是试图解决怀疑论对知识造成的困境的代表人物之一。同时，福摩同以赞成知识的敏感性要求知名。福摩同同意以下推论性确证原理（principle of inferential justification，PIJ）：

> 在命题 E 的基础上确证地相信命题 P，必须：
>
> （1）确证地相信 E；
>
> （2）确证地相信 E 可能产生 P。[①]

在 PIJ 中，对于“E 可能产生 P”这一假设，当 E 和 P 之间是经验性证据关系时，E 和 P 之间就是偶然性关系。很显然，建立在 PIJ 基础

---

① Greco J，“Agent Reliabilism：Noûs”，*Philosophical Perspectives*，Vol. 13，1999，p. 281.

上的推论将直接导致怀疑论。其推论形式与上述休谟怀疑论论证相似，这里不再重复。

因此，对于上述的怀疑论后果，有三种可供选择的替代性方案以对待经验信念及其证据之间的关系问题。第一种，放弃 PIJ 能支持可靠论的想法；第二种，接受怀疑论；第三种，认为 E 可能产生 P 能非推论性被确证。

对于这三种选择，唯一能合理被接受的只有第一种。接受怀疑论意味着人类理智的无能，接受第三种则使人类认知陷入心理主义和神秘主义的境地。但是对于一般可靠论不仅存在第一章所讲的三个基本问题，而且在试图回应休谟怀疑论困境时还存在忽视主观确证（subjective justification）奇怪和短暂过程（strange and fleeting processes）问题。

一般可靠论或通用可靠论（generic reliabilism），格雷科又称之为简单可靠论（simple reliabilism），核心观念是，知识是由使得事情正确或在绝大多数时间都是准确的认知过程中产生的。如果这一过程是信念赖以建立的证据，那么简单可靠论并不关心证据关系是偶然可靠还是必然可靠。并且，简单可靠论也不关心认知者是否对证据的可靠性敏感，或无论如何是否意识到证据的可靠性。

简单可靠论回应怀疑论的困境首先是认知主体对证据的主观确证问题。直觉上，我们一般认为，知识不仅要求产生于客观的认知过程，还要求认知主体敏感于证据的可靠性，即知识不仅要求客观确证，还要求主观确证。但是，很显然，简单可靠论并不要求知识的主观确证。也就是说，简单可靠论只要求知识产生于可靠的认知过程，而对主体是否敏感于证据的可靠性并不关心。另外，简单可靠论还面临奇怪和短暂过程问题。例如，对生物学所知甚少，但是凭着对人类行为确定性说明的狂热，查理对所看见的两个在同一天订相同水果饮料的人进行推论：这两个人在遗传学上是相关的。查理的这一奇怪的推论过程是可靠的，因为每个人在遗传学上都是相关的。但是，我们却不能据此认为这一推论是知识。再如，有一种非常罕见的脑损伤，令患者能意识到自己有脑损伤。假设 S 遭遇这种罕见的脑损伤，他会相信自己脑部受到了伤害，但是他没有任何证据证明这一信念，也没有意识到任何脑损伤的症状，并且医生也不能提供相关的证据。或者，我们还可以增加许多反对 S 这一信念的证据。很显然，S 的信念的产生过程是高度可靠的，但是 S 没有办法证实。这两个案例说明，奇怪却可靠的认知过程的知识的要求太弱，因为并非任何可靠的认知过程都能产生知识。所以，简单可靠论面临一种选择，如何调整以避免上述两类问题从而满足知识的要求呢？

简单可靠论之所以有上述问题的存在，是因为对可靠的认知过程规定过于简单。要避免上述问题的产生，就必须将可靠过程限制在能够成为知识基础的过程上，其中富有成效的方案就是索萨提出的德性知识论。顺应当时的德性知识论发展的大势，格雷科在索萨的德性知识论的基础上进行调整。德性知识论认为知识是以稳定而可靠的认知性格为基础的。这种性格包括认知主体习得性的习惯，也包括天赋的认知能力。也就是说，无论是天赋的还是后天习惯养成的，只要能稳定而可靠地产生知识，就是认知德性，或理智德性。调整后的简单可靠论格雷科称之为主体可靠论（agent reliabilism），因为调整后的倾向是主体的性格特征。具体的调整是：

> 对于认知主体 S 而言，信念 P 具有积极的认知身份，这是因为 P 产生于构成主体认知性格的稳定而可靠的倾向上。①

这样调整后的主体可靠论就能避免简单可靠论的问题。例如对于奇怪和短暂过程问题，脑损伤案例中的认知主体关于他脑损伤的信念不是产生于他稳定而可靠的倾向性的认知性格的，所以不是知识。

主体可靠论又如何能解决主观确证问题？何为主观确证，格雷科的意见是：

> （VJ）信念 p 是主观确证的，当且仅当 S 相信 P 是建立在当 S 在负责任思考时所体现出的认知倾向的基础上。②

根据上述关于主观确证的规定，一个信念只要符合 VJ 的条件，就是主观上确证和适当的。也就是说，从主体自身的性格和动机来看，这

① Greco J，“Agent Reliabilism：Noûs”，*Philosophical Perspectives*，Vol. 13，1999，pp. 287-288.

② Greco J，“Agent Reliabilism：Noûs”，*Philosophical Perspectives*，Vol. 13，1999，p. 289.

一信念是良好地形成的。

阿尔斯通的社会实践理论、普兰廷加的恰当功能论、索萨的视角论和扎格泽博斯基的新亚里士多德主义都是主体可靠论的一种，因为这些理论拥有共识：知识建立在组成认知主体理智性格的稳定而可靠的倾向基础上。问题的另一方面是，这些理论在有关性格特征（即稳定可靠的能力倾向）的本质上各不相同。这也正是当前德性知识论中各种主张纷争不息的主要原因之所在。概言之，我们可以得出如下结论：要避免休谟怀疑论，必须赞成某种形式的可靠论；而要避免简单可靠论两个众所周知的问题，就必须赞成某种形式的主体可靠论。

在 21 世纪前，格雷科在德性知识论上主要是提出了内在主义的德性知识论和主体可靠论。

4. 德性语境论

20 世纪八九十年代到 21 世纪以来，知识论中的语境论变得极为流行，但当前的势头却有所减弱。20 世纪 70 年代德雷兹克的“相关选择项”被认为是知识论语境论的最初形式，到目前为止，近半个世纪的发展，各种语境论的知识主张如雨后春笋，杂然纷呈：归因者语境论（其中最有影响的形式是语义学的或对话语境论）、索引论的语境论（indexialism contextism）、问题语境论（issue contextism）、原型语境论（proto-contextism）、维特根斯坦式的语境论（Wittgenstenian contextism）、认知语境论（epistemic contextism）和德性语境论等。这些不同的知识论语境论分享共同的理论起点：认为知识归因的真值是语境依赖的。正是在归因到具体何种语境条件的问题上，知识论的语境论产生了分歧。语境论知识论的产生是当代知识论围绕知识本质、特征、确证等问题分析日益深入和专门化的必然结果，也是为了解决知识论中一些最棘手的问题，如“臭名昭著”的怀疑论和彩票等问题的必然要求。格雷科的德性语境论正是在顺应知识论的这一发展趋势下产生的。格雷科认为德性语境论一方面能为解决知识论中的彩票问题提出更完备的解决方案，另一方面能为知识论中的德性和信用主张提供更普遍的理论基础。

格雷科在 2004 年明确提出了德性语境论[①]。从德性知识论出发，为什么这一理论又是一种语境论呢？这是因为德性知识论涉及因果说明。一般而言，因果说明都要求语境主义的处理。例如，起火是由于责任人的疏忽大意。但这并不是说，疏忽大意自行引起了火灾，而是说疏忽大意是其中最突出的部分（原因）。是什么决定了突出的原因部分呢？是语境。那么对于德性知识论而言，语境又是如何决定了其中最突出的说明因素呢？

4.1　能力也是德性语境论

在宽泛意义上看，德性知识论所坚持的基本主张是：知识是产生于理智德性的真信念。在此，需要略做说明的是格雷科对理智德性所做的与扎格泽博斯基等德性责任论者的不同理解——主张在超越亚里士多德关于理智德性的规定更宽泛的意义上理解理智德性，或者可以说，格雷科更主张从柏拉图的对话中（如《理想国》）来理解理智德性。柏拉图在《理想国》第一卷的 342 和 352 部分的论述中，确实有泛化德性的倾向，即将各种功能当成德性。例如在《理想国》第一卷的 353C-D 部分苏格拉底与色拉叙马霍斯有这样一段对话[②]：

> 苏：广义的德性，我们现在不讨论。我的问题是：事物之所以能发挥它的功能，是不是由于它特有的德性；之所以不能发挥它的功能，是不是由于有特有的缺陷？
>
> 色：你说得对。
>
> 苏：如果耳朵失掉它特有的德性，就不能发挥耳朵的功能了，是不是？
>
> 色：是的。
>
> 苏：这个说法可以应用到其他的事物吗？
>
> 色：我想可以。

因此，格雷科认为亚里士多德的理智德性的定义和解释没有普遍性，诸如扎格泽博斯基等德性责任论者误解并夸大了亚里士多德仅仅

---

① Greco J，“A Different Sort of Contextualism”，*Erkenntnis*，Vol. 61，No. 2-3，2004，pp. 383-400.

② （古希腊）柏拉图：《理想国》，郭斌、张竹明译，北京：商务印书馆，2010 年，第 41 页。

从性格特征来理解理智德性这一倾向。格雷科的这一解释符合“德性”一词的古希腊文化语境下的原初含义。从词源学上来看，在古希腊文化语境中，德性（arete）意味着功能上的卓越性（excellence）。最初的功能上的卓越性并非专指人，而是泛指一切功能及其实现。因此，刀有德性，只要它能发挥出削铁如泥的功能；马有德性，只要它能健步如飞，平稳如车；小偷也是有德性的，只要他盗窃技艺高超不为人所发现。直到公元前 5～前 4 世纪，古希腊人一般仍然认为德性是一种能力。例如，帮助他人的能力，赢得财富、权力和名声的能力，等等。正因为如此，亚里士多德才在《尼各马可伦理学》中总结道：“每种德性都既使得是其德性的事物的状态好，又使得那事物的活动完成得好。比如，眼睛的德性既使得眼睛的状态好，又使得它们的活动完成得好。同样，马的德性既使得一匹马状态好，又使得它跑得快，令骑手坐得稳，并迎面冲向敌人。如果所有的事物的德性都是这样，那么人的德性就是既使得一个人好又使得他出色完成他的活动的品质。”[①]在亚里士多德的这一解释中，品质和能力并没有实质性的区分，品质不过是稳定而潜在的能力，或者说是能力倾向。无论如何，格雷科认为，索萨和他自己等坚持的德性可靠论与以扎格泽博斯基为代表的德性责任论的根本分歧，是理智德性的本质与种类的分歧。德性责任论者仅仅将教导而形成的稳定的性格特征或品质看成德性，而他和索萨等德性可靠论者既认为性格、品质是德性，也认为先天的认识能力（如感觉、记忆等）是德性。并且格雷科认为，中世纪的托马斯·阿奎那也有同样的观点：“德性表明了某种力量的完美型……某些力量自身就有益于其活动，比如积极的天赋的能力。因而，这些自然力量自身就被称作德性。”[②]总之，阿奎那承认习得的习惯是德性，但有些天赋能力自身也是德性。习惯成为德性是因为，有些功能本质上不完善，需要一种好的习惯完善这一功能。从这一对理智德性的理解

---

① （古希腊）亚里士多德：《尼各马可伦理学》，廖申白译注，北京：商务印书馆，2003 年，第 45 页。

② Aquinasi St. T，*Teatise on Virtue*，Osterle J A（trans.），South Bend：University of Notre Dame Press，1984，p. 51.

出发，德性知识可以定义如下[①]：

（VK）在知识的案例中，S 相信一真信念是因为这一信念是由他的理智上的卓越性（一种认识能力或力量）产生的。例如，良好的推理能力、牢固的记忆力和准确的视力。

形如对“Y 的发生是由于（因为）X 的发生”的句子的解释和说明很显然是寻求前后相继的两事件的因果关联性的说明。也就是说，我们必须挑选出导致 Y 事件发生背后的系列因果链条中的最突出部分，即所发生的 X 事件。根据上述对德性知识论的定义，从因果说明的形式出发，“S 相信一真信念是因为这一信念是由他的理智上的卓越性（一种认识能力或力量）产生的”显然是一种因果说明。因果说明也就意味着通过各种具体的因果关系发生的条件来表明突出的说明因素，因而因果说明总是需要语境主义的对待。因此，格雷科称德性知识论是一种德性语境论。以索萨的话来说，S 的理智能力因果性地对他正确获得的真信念负责。

德性语境论的知识归因的语境影响，典型地体现于对话语境中。例如，一少年和他母亲的对话：

母亲：亲爱的，你是如何从音乐会现场回家的？

少年：搭上了我在那里遇到的一个家伙的顺风车。

母亲：你疯了吗？你怎么知道他不是一个连环杀手呢？

少年：妈妈，不要这样搞笑，我们谈了一个小时，我知道他是一个真正的好人。

母亲：我不相信！你这次没有抛尸荒野是你的幸运。

对于少年的信念是不是知识，母子俩分别表现出不同的信任态度。这表明母子俩在不同语境下对少年是否具有达到真信念的认知能力产生了相互对立的态度。因此，这种对话形式的语境论充分说明了知识归因是敏感于语境的。

① Greco J，“A Different Sort of Contextualism”，*Erkenntnis*，Vol. 61，No. 2-3，2004，p. 384.

4.2 德性语境论是一种不同的语境论

格雷科认为，德性语境论至少存在两个受支持的原则性理由：一是德性语境论扎根于更普遍的德性和信用理论中；另一个理由是德性语境论能提供对彩票问题更合理的解决方案。

信用理论（the credit thesis）在德性知识论中非常流行。简言之，信用理论意味着知识是认知主体值得信任的一种状态，而这种信任源于德性。在一般意义上，德性知识论都主张，知识植根于理智德性。或者说，在知识情形下，S 相信真信念可以归功于 S 的理智能力或力量。然而，知识归因中普遍存在语旨力：当我们将知识归因于某人时，意味着相信这人能正确认识事物。也就是说，他对真的相信是值得信任的，并非好运、偶然等因素所致。因而，知识归因在一定意义上也就等同于信用归因。即在知识情形下，S 对真信念的相信是值得信任的，因为 S 的相信建立在他自身的德性、能力和力量的基础上。我们可以更细致化德性知识论的知识归因的信用说明，表述如下[①]：

> S 相信与 P 相关的真信念是值得理智信任的，只要：a. S 相信真信念 P 具有理智价值，b. 相信信念 P 是真的是可以归因于 S 的；c. 相信 P 是真的，揭示了 S 的认知能力。一言以蔽之，S 的认知能力是使得 S 相信信念 P 是一组真的因果要素中的重要且必要的组成部分。

格雷科的这一知识信任归因理论受乔尔·范伯格的行为道德谴责归因理论的启发，将之普遍化，从而使得知识的信用归因具有更好的理论来源与理论基础。范伯格的道德谴责归因具有两个重要特点：第一，当我们因为某事的发生而谴责某人时，这样做的原因部分是我们认为这人应对事件的发生负因果责任。换句话说，当我们因为 X 的发生而谴责 S 时，意味着 S 在解释为什么 X 发生的一种正确的因果说明中占据着重要的位置。第二，当我们因为某一行为谴责某人时，意味着这一行为揭示了这人某一重要性格特征。也就是说，一个人的错误行为是可以追踪的，只要这一行为揭示这人在正在形成着的实际需

---

① Greco J，"A Different Sort of Contextualism"，*Erkenntnis*，Vol. 61，No. 2-3，2004，p. 391.

要方面是何种类型的人。总结范伯格对行为谴责的两点解释如下[①]：

> 主体 S 因为行为 A 受到道德的谴责，只要：a. A 是一种道德上的错误行为，b. A 是能归因于 S 的，并且，c. A 显示了 S 道德上的错误。

范伯格谴责归因说明理论由于两方面的原因可以被拓展。第一，道德方面的行为谴责与行为信任相对。因而，相应地，行为信任也具有行为谴责所具有的特征。我们可以据此从道德行为的信任消极与积极两方面来解释行为归因问题，从而将行为的道德谴责（属于行为的消极信任）归入行为的道德信任之下。第二，道德信任之外，还有其他类型的信任。例如，我们对运动员运动能力和技能的信任。据此，格雷科提出了信任归因的一般理论[②]：

> 行为主体 S 因为行为 A 值得某种信任 K，只要 a.行为 A 具有某种信任 K 的价值，b.行为 A 能归因于 S，并且，c.行为 A 揭示了 S 具有与 K 相关的性格特征。也就是说，S 与 K 相关的性格特征是使 S 产生行为 A 的整体因果链条中必然而重要的一环。

上述知识归因的信任理论的说明正是从这一行为信任归因的一般理论出发的，是行为信任归因理论的具体化和在知识归因上的具体运用。

从上述范伯格关于行为的道德谴责归因的说明中可以看出，谴责归因具有如同因果说明一样的语用学构成；或者更直接地说，行为的谴责归因本质上就是一种因果说明，因而是一种语境论的归因。一般而言，人类的任何行为都是各种因素相互作用的结果，其中包括了很重要甚至在通常情况下最重要的作用因素——人的性格特征。正因为如此，我们在说明人的行为时总是引证性格特征。认知活动是人最普遍而又最重要的行为活动，其归因当然也就是一种理智德性（即性格特征或能力）上的语境归因。

这种德性语境论与知识论中一般意义上的语境论有何不同呢？虽然两者都将知识的真值条件与归因的语境相联系，但是语境在两种知

① Greco J，“A Different Sort of Contextualism”，*Erkenntnis*，Vol. 61，No. 2-3，2004，p. 388.

② Greco J，“A Different Sort of Contextualism”，*Erkenntnis*，Vol. 61，No. 2-3，2004，p. 390.

识归因的说明中起作用的方式不同。根据标准语境论，归因的语境决定知识的标准；而在德性语境论中，归因的语境决定着起不同的因果作用的突出部分，因而决定着产生真信念的责任。

德性语境论固然有与一般意义上的知识归因语境论不同的特征；但是，德性语境论更能解决知识论中一些影响甚广的难题，如彩票难题。这一难题可以简要表述如下：一方面，我们认为，通过归纳推理能获得知识；另一方面，彩票持有者并不知道他不会中奖，即使他不会中奖有很高的概率支持。所以问题是，我们能通过归纳推理获取知识，但是在彩票案例中，一个人即使归纳推理能力再突出，对于所持有的彩票是否中奖也还是一无所知。

从柯亨、德娄兹等的归因者语境论①出发，解决思路很简单。由于知识归因是语境敏感的，所以知识的标准也是随着归因者的语境条件而变化的。在日常生活语境下，可以通过归纳推理获得知识。因为在大多数日常生活情景下，知识标准很低，因此能容纳更多的日常生活案例。例如，通过归纳推理，我知道扔进垃圾槽中的垃圾能滑到垃圾箱的底部，而不必认为它可能被卡在垃圾槽中，虽然这种可能性是存在的。然而，在一些特殊的情形下（例如案发现场、彩票案例等），由于知识的标准提高，所以简单依靠一般生活语境下的认识方式（如归纳推理）并不能满足较高标准的知识要求。彩票案例就是知识标准提高的一种情形，所以我们的归纳推理并不能满足预知是否中奖的要求。

格雷科对归因者语境论的这一解决方案提出了两点质疑。第一，从归因者语境论出发并不能说明为什么 S 不知道他不会中奖。归因者语境论根据归因者的语境条件的变化来说明知识标准高低的不同，但是彩票案例并不是知识标准的高低问题。如果我们假设彩票持有者归纳推理能力更卓越，他获得了更高的概率支持他不会中奖的信念，我们还是不能认为他知道他不会中奖。然而，现在假设，S 在报纸上读

---

① Cohen S，"Contextualist Solutions to Epistemological Problems：Scepticism，Gettier，and the Lottery"，*Australasian Journal of Philosophy*，Vol. 76，No. 2，1998，pp. 289-306；de Rose K，"Contextualism and Knowledge Attributions"，*Philosophy and Phenomenological Research*，Vol. 52，No. 4，1992，pp. 913-929.

到了他所买的彩票中另外一组数字中奖了，于是他知道他所持有的彩票没有中奖。为什么我们认为案例一中的 S 不知道他不会中奖（尽管他的归纳推理能力很强，有很高的概率支持他的信念），而案例二中的 S 却知道他不会中奖呢？很显然，归因者语境论不能很清楚地回答这一难题。第二，如果从归因者语境论出发，彩票案例中的 S 不知道他不会中奖，是因为在这一语境下知识的标准提高到不可错的程度；那么假设现在同样的 S 在同样的语境下认为他知道他手中持有一张刚买的彩票，S 的这一信念（他知道他刚买了一张彩票）能看成知识吗？从归因者语境论来看，同样不能。因为如果 S 不知道他不会中奖的原因仅仅是知识标准提高到不可错的程度，那么 S 的信念（他知道他刚买了一张彩票）同样不可能是不可错的。所以，S 在归因者语境论者看来应该是不知道他刚刚买了一张彩票。

彩票难题如果从格雷科的德性语境论出发就能获得很好的解决。德性语境论认为，当我们说“S 知道 P 时”，这意味着 S 相信 P 的真不是偶然的。或者是因为 S 的推理能力的适当发挥，或者是因为 S 的准确的感觉能力，或者是因为 S 的良好的记忆能力使得他能正确认识 P。总之，如果 S 确实正确认识了事物，那么这应该归功于他的认识能力，而不是任何偶然因素。因而，在彩票案例中，S 知道他不会中奖完全是偶然；而在垃圾槽案例中，S 知道垃圾袋会滑到垃圾箱底端则是由于他良好的推理能力。直接运用德性语境论对这两个案例进行分析就是：知识归因意味着对真信念的理智信任的归因，理智信任的归因则意味着某一真信念是 S 自身的理智能力所产生的。彩票案例中，突出的幸运破坏了理智信任；而在垃圾槽案例中，S 的真信念是能够归因于他的理智能力的。也就是说，虽然两个案例中 S 的推理能力都构成了说明真信念产生的必然要素，但是只有在垃圾槽案例中才构成真信念产生的突出部分。在彩票案例中，最突出的说明真信念产生的要素是幸运。

为什么彩票案例中幸运成为最突出的说明真信念产生的要素而在诸如垃圾槽等之类的案例中却是理智能力呢？这是因为这两类案例的性质不同，因而我们对这两类案例的思维方式不同。彩票案例展示的是一种运气、机会的特殊情形，运气、机会是幸运的一种形式。我们尽管会对彩票中奖进行推理，但推理的结果是否与事实相符并不能由推理能力的大小来决定。这在与垃圾槽一类案例的对比中会得到更充分说明。假设彩票持有者通过读报纸得知他没有中奖这一结果，在此，没有中奖的结果已被报纸这一可靠的信息来源确定，彩票持有者根据报纸推论他并没有中奖。在这一情形下，彩票持有者的推理能力构成说明他没有中奖的最突出部分，而不是幸运。

总之，归因者语境论并不能解释彩票难题。首先，归因者语境论认为因为中奖的可能性变得突出，因而知识的标准提高；但是归因者语境论并未能说明为什么 S 的推理能力不能符合提高的知识的标准。也就是说，如果我们是知识的可误论者①，为什么 S 的可错的证据不允许他知道他不会中奖呢？其次，归因者语境论者认为，所有的知识归因在彩票语境下都是假的；因为彩票语境下知识的标准提高到不可错的高度。这一认为彩票语境中我们将失去所有可错的知识的观点也很难成立，而且这将构成归因者语境论中的一个两难困境。或者我们认为可错的证据能使我们在彩票案例中充分知道彩票最终的结果，或者可错的证据不能使我们知道彩票是否中奖的结果。如果是前者，则我们不能说明为什么 S 不知道他不会中奖；如果是后者，则在彩票案例语境下，我们将得到一种 S 甚至不知道他买了一张彩票这一令人难堪的结局。

与归因者语境论相比，德性语境论确实具有两方面优点。首先，我们能将信任归因的一般理论应用于解释为什么 S 不知道他不会中奖，即突出的幸运要素破坏了理智信任。其次，德性语境论对彩票案例的说明并不意味着 S 在彩票语境下会失去所有可错的知识。也就是说，即使在相同的语境下，剥夺了 S 关于他不会中奖的知识的认知机制，并不会剥夺他其他方面的知识。

---

① 可误论是与皮尔士和波普尔密切相关的一种关于知识的观点。这一观点认为，我们人类任何关于外在世界或其他事物的观点都可能是假的。当代知识论者在某种程度上都是可误论者，因为人类的判断总是易于出错这一点是易于被知识论者普遍接受因而达成共识的。柯亨是当代知识论者中明确主张知识可误论者。他认为："知识论中的可误论实质上已被普遍接受，其原因主要是接受可误论能避免直接的怀疑论。任何一种赞成知识推论蕴含原则的知识理论都会陷入怀疑论深渊。可误论因为拒绝知识的推论蕴含而能避免怀疑论的结果。"引自 Cohen S，"How To Be A Fallibilist"，*Philosophical Perspectives*，Vol. 2，1988，pp. 91-123.

第二节　德性责任论的形成与发展

德性责任论是当代德性知识论中与德性可靠论并驾齐驱的两种主要的理论形式之一。究其原因，不仅是因为寇德、蒙特马奎特最先积极回应了索萨的德性知识论主张，而且更主要是因为后来的扎格泽博斯基的加入及其所产生的学术影响。除此以外，认知责任本身就是认知德性中的重要形式，是认知活动中不容忽视的构成要素。寇德、蒙特马奎特与扎格泽博斯基从认知责任出发来解释认知德性，正是认识到认知责任的重要性。这也是德性责任论成为当代德性知识论主要理论形式的一个重要原因。但无论如何，与德性可靠论相比，德性责任论无论在人数上还是在成果上都显得势单力薄，后继乏人。

一、寇德的德性责任论

寇德是最早对索萨的德性知识论进行回应的人之一[①]。索萨 1980 年在《木筏与金字塔：知识论中的融贯与基础》一文中提出德性知识论的初步设想，寇德 1984 年就撰文回应："索萨两种密切相关的思想对我具有特别意义。一是，他一再表明，对信念或知识的讨论就是对某人信念或知识的讨论。所以，不仅已知物而且认知者也具有认知意义。二是融贯论与基础论似乎都崩溃了，这与伦理学思想相似。由此得出了这样的结论，将知识论看成类似于伦理学的观点为融贯论和基础论提供了有用的替代性方案。"[②]寇德因此提出以"认知责任"为核心的另一种形式的德性知识论。

从索萨所揭示的基础论与融贯论的确证困境中得出的一个教训就是，认知主体及其环境而不是确证是知识论应该关注的焦点："在索萨

① Lorraine C，"Toward a Responsibilist Epistemology"，*Philosophy and Phenomenological Research*，Vol. 45，No. 1，1984，pp. 29-50.

② Lorraine C，"Toward a Responsibilist Epistemology"，*Philosophy and Phenomenological Research*，Vol. 45，No. 1，1984，p. 29.

对知识的基础论和融贯论的讨论中，他坚持认为，这两种理论最关键的问题是信念如何在特定心灵中密切相关；知识论家必须考虑拥有知识的条件、结构或者内容；在我们谈到知识和信念时，我们实际上谈的是特定时间内具体个人的知识和信念。索萨还认为，融贯论是一种认知主体信念之间相互关系的观点。”[①]知识论重心的这种转变是康德意义上的“哥白尼革命”，是索萨首先找到了发动这一转变的突破口——从与伦理学类比中发现契机：“传统的确证策略的困境，即融贯论和基础论的困境，使得我们有理由从伦理学中找到出路。”[②]这一出路具体说就是品质与性格上的认识理论。这一理论与伦理学上的义务论相似，将确证的基础建立在知识索取者的性格基础上。在伦理学上，一种行为不可能在所有可能世界的情形下被证明是绝对正确的。同样，一个信念也不可能在任何绝对的意义上被确证是真的、毋庸置疑的。地球是扁平的这一信念曾经具有合理性，虽然并不是不可错。这一信念本身及建立在这一信念基础上的其他信念，现在已丧失了合理性，但是其形成却并非不负责任的。

总而言之，重塑的知识论的核心观点就是稳定的理智倾向和理智德性。正如一个人的行为在很大程度上是依据一个人道德上的可靠性来判断的一样，认知活动及其结果的确证也必须参考可能认知者的认知可靠性来判断。这也就意味着必须认识到知识形成时的环境、条件等因素。尤其是，应该去信任谁？为什么？在伦理学上，行为的首要确证是道德德性——以某种方式显示出来的稳定的一贯的道德品性；次要确证是源于这一道德品性的具体行为。以伦理学的这一范式为知识论建构的模式，关键问题就是具体的信念的确证，而非抽象的一般意义上的信念确证。由于具体认知行为的发生总是不能脱离具体的社会环境和条件，因此有德性的认知行为的评价就不仅涉及这一行为本身，还涉及行为发生的社会维度。寇德由此而认为：“理智活动正如道德活动一样，关键是这样的（理智）个体应该被看成承担着各种义务

① Lorraine C，“Toward a Responsibilist Epistemology”，*Philosophy and Phenomenological Research*，Vol. 45，No. 1，1984，p. 30.

② Lorraine C，“Toward a Responsibilist Epistemology”，*Philosophy and Phenomenological Research*，Vol. 45，No. 1，1984，p. 32.

的社会存在，是团体的一部分。”[①]寇德提出的“认知责任”（epistemic responsibility）从所有其他德性中脱颖而出，成为核心。“正如快乐主义者，幸福是所有善的核心；对于康德而言，善是唯一的，其他德性都来源于此。”[①]

问题是为什么寇德与索萨分道扬镳，认为认知责任而非理智的可靠性是德性知识论的核心？寇德的理由是：“‘责任’这一概念强调了认知者或信念者活动的本性，而‘可靠性’概念不能。”[②]在寇德看来，“负责”的认知者认知活动的本性就体现在他能根据认知结构模型主动进行选择，并能说明进行选择的理由。但是“可靠”的认知者所凸显的特性就只可能是被动的经验记录。例如，我们可以说一台计算机可靠，却不能说它负责。人类的求知活动具有积极主动的创造性本质，所以应该根据认知责任来评价认知活动及其结果。

亚里士多德在《尼各马可伦理学》中认为理智德性主要包括：智慧、努斯和明智。其中，智慧被认为是最主要的理智德性。寇德认为认知责任才是首要的认知德性，基于几种原因：第一，智慧作为亚里士多德伦理学的核心，在其长期的传统中否定或者弱化了人类认知生活的积极主动本质；第二，智慧被规定为一种静态的品质，而忽视了其动态变化的过程；第三，智慧似乎是与年龄相应的一种品质，认知责任不是。

寇德同索萨一样，认为传统知识论对基础的偏好是无任何希望的探索，应该将知识论研究的重点转向理智德性。与索萨不同的是，寇德认为认知责任是比宽泛的理智德性更具体、更合理的认知品格，应该成为德性知识论确证的核心。

二、蒙特马奎特的德性责任论

20 世纪 80 年代德性知识论成为热点问题，对德性知识论的讨论逐渐成为一种潮流，蒙特马奎特也深入其中。当时德性责任论的流行

① Lorraine C，“Toward a Responsibilist Epistemology”，*Philosophy and Phenomenological Research*，Vol. 45，No. 1，1984，p. 34.

② Lorraine C，“Toward a Responsibilist Epistemology”，*Philosophy and Phenomenological Research*，Vol. 45，No. 1，1984，p. 39.

观点是将求真的意愿与认知责任相关联，代表性的陈述如下：

> 由求真的意愿控制的程度来衡量行为人的认知责任。①

从这一观点出发，只要认知主体尽其所能求真，那么他就是认知上负责的。正如在伦理学上，行为主体尽其所能做他认为正确的事，那么他就是道德上负责的。现在，我们很容易想象道德狂热分子（如极端的宗教激进主义者）是在道德上极端负责的却根本没有德性的案例。同样，我们也很容易设想完全没有德性却在认知上极端负责的案例，如极端教条主义者绝对相信他所拥有的真理。显然，认知上负责对认知上有德性并不充分。换句话说，认知上负责任的要求太弱，不足以构成或说明认知德性论的核心要件。

蒙特马奎特在认知责任之上添加了两类很重要的认知德性：公平德性与理智勇气德性。公平德性包括："对他人不同的观点开放的心态，与他人交流以及向他人学习的愿望，对他人观点的无嫉妒和偏见以及对自己（观点）的可错性不掩饰。"②理智勇气德性主要包括："孕育并研究具体所持信念的其他选择项的意愿，面对他人反对时的不屈不挠，探究甚至积极寻求反对自身假设的证据的波普尔式的意愿。"③这

---

① Kornblith H，"Ever Since Descartes"，*The Monist*，Vol. 68，No. 2，1985，p. 272.

② James A，Montmarquet，"Epistemic Virtue"，*Mind*，New Series，Vol. 96，No. 384，1987，p. 484.

③ James A，Montmarquet，"Epistemic Virtue"，*Mind*，New Series，Vol. 96，No. 384，1987，p. 484. 从亚里士多德的伦理学传统出发，蒙特马奎特对理智德性进行这样一种划分——认知责任、公平和勇气——似乎毫无理由与根据，显得随心所欲而很感性。众所周知，亚里士多德在《尼各马可伦理学》中将灵魂划分为非理性的和理性的两部分（1101a5-1103a10）。非理性灵魂又由"一个子部分普遍享有的、植物性的营养和生长灵魂"以及另一个子部分欲望和情感的灵魂构成。后一子部分虽然是"无逻各斯的，却在某种意义上分有逻各斯"。也就是说，欲望和情感的灵魂虽然本身没有理性，但可以被理性所说服，听从理性的指导。灵魂的理性部分也划分为两个部分：思考始因不变事物的部分和思考始因可变事物的部分，即理论理性和实践理性（是康德两种理性划分的源泉）。德性是灵魂的最佳状态，各部分灵魂的最佳状态就是各部分的德性。"德性的区分是与灵魂的划分相应的"（1103a5），既然灵魂划分为两部分，德性也划分为理智德性和道德德性（或伦理德性、品德德性）两类。道德德性是相应于欲望与情感那一部分的德性，理智德性相对于理性灵魂划分的两个部分也划分为理论智慧和实践智慧两部分。德性知识论中所涉及的认知德性是与理智德性中的理性智慧相关联的一种德性，因为认知活动是与政治活动、道德活动不同的思辨活动。思辨的认知活动是对初始因不变对象的思考，包含证明，证明的第一原理是不变与必然的。所以，在亚里士多德的伦理学中，尽管与实践理性相对应的实践智慧和与理论理性相对应的理论德性都属于理智德性，但两种德性迥然有别。实践智慧的对象是可变事物，理论智慧的对象是不变事物。公平与勇气在亚里士多德的伦理学语境中是属于实践德性的两种具体德性。如果我们从蒙特马奎特出发，赞成理论德性中也具有与实践德性相应的两种德性，为什么在认知责任之外再加上理智勇气和理智公平，认知德性就达到完备，蒙特马奎特仍然没有给出充分的令人信服的理由。参阅〔古希腊〕亚里士多德：《尼各马可伦理学》，廖申白译注，北京：商务印书馆，2003 年。

两类认知德性与认知责任论所要求的主要德性有何关联？以理智勇气为例，如果缺乏这一德性，也就缺乏认知责任。一些理智上懦弱的人，可能会尽可能逃避自己被反对的可能性。但他们所害怕的与其说担心这些反对的观点是真的，不如说担心自身无力避免被误导认为这些观点是真的。由此，理智上的懦弱也就造成了他认知上的不负责。因为懦弱而不愿意或者说无力面对认知上的反对观点。但是，蒙特马奎特所提出的理智勇气如果脱离实践智慧则很难定义。从道德实践上看，勇敢是鲁莽与懦弱的中道。同样，理智勇气也应该是理智懦弱和理智自负之间的中道。如果说理智懦弱者害怕被别人反驳，因为自己的理智无力战胜被反对的失败；那么理智自负则展现出对自身理智能力的高度自信，不可能也不愿意怀疑自己的信念承诺。例如，极端的教条主义者对自身所持有的信念原则高度自信，不容置疑。

概言之，首先，蒙特马奎特无非强调，认知责任必须受到另外一些认知德性（理智勇气、理智公平等）的限制，否则赤裸的认知责任是无力保证正确的认知方向以及认知功能的实现的；反而有可能使自身堕落到理智武断、懦弱以及其他理智邪恶中。也就是说，纯粹的认知责任无法对认知活动负责。其次，认知责任、理智勇气和理智公平无疑都是认知德性，而认知德性实质上就是被规则所规范的认知形式。最后，信念的确证过程就是有德性的形成过程，有德性形成就是认知上负责的过程，认知上负责就必须有其他认知德性（如理智勇气或理智公平）的参与。这就是蒙特马奎特关于认知责任的德性知识论的核心观念。

对于知识的德性责任论，蒙特马奎特认为比可靠论更合理：首先，德性责任论只涉及认知的性格特征，而没有对信念产生过程的可靠性施加普遍性的要求。其次，德性责任论只是要求认知性格特征与求真意愿适当相关，而不要求与获得真的可能性相关。因此，德性责任论并没有如同可靠论一样，坠入怀疑论的深渊。最后，德性责任论也在一定程度上比其时非常流行的内在论、融贯论和其他各种非戈德曼主义的观点具有合理性。例如，对于融贯论而言，我们现在知道，使得信念确证的不仅仅是信念之间的逻辑的或证据的关联性，而且还需要因果等解释性的关联性。

然而，对于蒙特马奎特所引以为自豪的德性责任论，我们至少可以提出以下问题。第一，对于德性责任论与可靠论相比的第一个优点，可靠性与性格特征本质性的区别是什么？如果区别微乎其微，则第一个优点也就不存在。在德性知识论中，认知责任是一种认知德性。对于德性责任论而言，作为认知德性的认知责任是一种稳定的认知品格或性格特征：具有产生与虚假信念相比的占压倒性优势的产生真信念的特征和潜在倾向性，也就是说具有可靠地产生真信念的品格特征。这与可靠地产生真信念的过程有何本质性的不同呢？如果说一般可靠论强调一般性的抽象的可靠过程，则德性责任论将这一抽象过程具体化为一种德性品格。但其本质上都对信念产生的可靠性施加了普遍性的要求。第二，认知责任是德性责任论的核心德性，为什么加上理智勇气和理智公平就一定是完备的呢？第三，更为重要的是，认知责任、理智勇气和理智公平作为认知德性，是被规范调节或控制的认知形式。调节和控制的规范本身又具体是什么样的规范呢？责任、勇气和公平本身就是规范，还是被其他规范调节和控制？如果是后者，则这些规范又是什么呢？所有这些问题在蒙特马奎特的论述中都没有得到很好的解释和说明。

三、扎格泽博斯基德性责任论*

扎格泽博斯基无疑是德性知识论的先驱性人物。虽然扎格泽博斯基对索萨的德性知识论的回应要晚于寇德和蒙特马奎特，她关于德性知识论有影响的思想著作是 20 世纪 90 年代中后期才陆续产生的；但是，扎格泽博斯基后来在德性知识论上无论是作品的数量还是理论观点的影响，显然是寇德与蒙特马奎特所不能企及的。寇德和蒙特马奎特在德性知识论上只发表了几篇文章和一部著作，而扎格泽博斯基自 1996 年的《心灵德性》（*Virtues of the Mind*）发表后，不断有新的著作产生：

---

* 本部分内容发表于《云南社会科学》2018 年第 3 期，题为《动机与知识：扎格泽博斯基理智德性的阐释与问题》，收入本书时内容略有修改。

《认知权威》《知识论》《神圣的动机理论》[①]。扎格泽博斯基自己说："理智德性的观念是被索萨引入知识论文献的，但索萨仅仅提及了与德性伦理学之间的联系。寇德和蒙特马奎特的作品更紧密地将知识论联系于德性伦理学，但是他们也都没有将认知德性从德性伦理学中推导出来或发现理智德性与道德德性之间的相似性。"[②]言下之意，扎格泽博斯基接下来的工作就是更深入地寻找理智德性与道德德性之间的关系，更深入地研究知识论和德性伦理学之间的相似性。除了迄今尚不能清晰而直接地阐明认知德性与道德德性之间的关系之外，从亚里士多德的传统出发，扎格泽博斯基认为，伦理德性本身就与认知德性具有先天的血缘关系，并且知识论中的某些困境通过德性伦理学很轻易地就能解决。这也是促使扎格泽博斯基极力主张并身体力行地探讨德性知识论的主要原因。要实现上述目的，扎格泽博斯基接下来必须完成两项工作：定义德性和理解理智德性和伦理德性之间的关系。

在一般意义上，一种德性被扎格泽博斯基看成"一个人所具有的一种深层次的、持久的、习得的卓越性"[③]。这一习得性的品性包含两种构成要素：产生某一预期结果的特有的一般性的动机（motivation）和产生某一具体动机结果的可靠的成功。这一一般意义上的定义具有四个特征。第一，德性是灵魂的一种习得性的卓越性；或者在现代术语的意义上，德性是一个人在深层次和持久的意义上的一种习得性的卓越。在这一意义上，德性与恶正相反，因为恶意味着灵魂的一种习得性的欠缺。第二，德性是通过占用主体的时间和不断努力而习得的。德性不是与生俱来的，但又不是完全没有天赋的倾向。因为如果一个人完全没有自然的因子，则如何教导与训练也不会具有德性。所以，德性不是自然的，但又不违反自然，是一种自然禀赋。第三，德

① 上述 3 部著作的英文版本分别是：Zagzebski L T，*Epistemic Authority：A Theory of Trust，Authority，and Autonomy in Belief*，Oxford：Oxford University Press，2012；Zagzebski L T，*On Epistemology*，Cambridge：Wadsworth，2008；Zagzebski L T，*Divine Motivation Theory*，Cambridge：Cambridge University Press，2004.

② Zagzebski L T，*Virtues of the Mind：An Inquiry into the Nature of Virtue and the Ethical Foundations of Knowledge*，Cambridge：Cambridge University Press，1996，p. 13.

③ Zagzebski L T，*Virtues of the Mind：An Inquiry into the Nature of Virtue and the Ethical Foundations of Knowledge*，Cambridge：Cambridge University Press，1996，p. 137.

性并不简单地是一种技能。德性具有内在价值，其本身就是目的，技能则具有外在目的，尽管两者在习得方式、应用领域等方面具有相同特征。第四，德性具有一般性的动机构成及实现动机要素结果的可靠成功要素。扎格泽博斯基对德性的定义与特征的描述糅合了亚里士多德的德性定义与心理学两种元素。

“德性”在古希腊文化中最基本的含义就是“卓越性”，亚里士多德伦理学中继承了德性的这一基本含义，同时进一步将德性解释为灵魂三种状态中的一种——品质状态（其他两种状态是感情和能力），是事物好的状态且使事物活动完成得好的状态。这样一种品质不是与生俱来的，而是通过后天的实践训练而形成的。其中的理智德性是通过教育而形成的，道德德性则是通过习惯而形成的。扎格泽博斯基的德性定义与特征可以概括为“卓越、习得、内在价值、一般动机”四个术语。从表面看，似乎扎格泽博斯基对于德性与亚里士多德并无太大的不同，至少前三个特征都因袭了古希腊与亚里士多德的传统，唯有最后一个特征“一般动机”是扎格泽博斯基的创造。但实际上，与亚里士多德强调理智德性与道德德性之间的区别相比，扎格泽博斯基更强调两者不可分割的关系。这种联系主要体现在四个方面：第一，两者只有程度的不同，而无本质的区分；第二，两者都属于意志领域；第三，两者在获得方式和本质上具有极强的相似性；第四，两者之间存在着逻辑与因果性的关系。理智德性如何与道德德性存在逻辑上的关联性呢？以正直为例，正直是一种道德德性，是要求人说真话的一种德性。但是，如果只是说出一个人碰巧所相信的真话，则这对正直德性的要求并不充分，因为正直同样要求理智德性的参与。对于所说出的真话，必须使得听者的相信和理解具有合理性。也就是说，正直者应该具有理智德性：使得他很细心，能克服困难，衡量证据，在感觉和理智上很敏锐。总之，道德上正直的人具有理智德性。为什么说理智德性与道德德性之间存在因果的关联性呢？道德上的缺陷会阻碍理智德性的获得。例如，一个以自我为中心的人会抗拒任何有关他的信念中错误的证明，拒绝阅读任何反对自己观点的文章；在涉及争论性的主题时，自我中心主义者只与赞成自己观点的人讨论问题。进一步看，许多德性本身就具有两种形式，或者说是同一种德性的两种不同运用，正如康德的理论理性和实践理性一样。许多道德上的德性诸如耐心、意志力和勇气也必然地因果性地为理智德性所拥有。或者更准确地说，诸如耐心、意志力和勇气同时为两种德性所拥有而没有本质上的不同。两种德性之间的同一关系通过“诚实”得以更清晰地展现。诚实是最重要的一种德性，因为诚实涉及自我的统一性或者完整性。所以，道德诚实和理智诚实之间存在着一种必然性的联系。既然诚实是一种真实自我的德性，则自我的单一性和一致性即一种功能上的统一性就不是只要求道德上的诚实性或理智上的诚实性，而是要求道德和理智德性总体上的诚实性。

如果说关于两种德性的关系的解释只不过是以亚里士多德来解释亚里士多德，那么从一般动机（motivation）来解释理智德性则是扎格泽博斯基超越亚里士多德的一种创造。一般动机是被某种具体动机（motive）所驱动的一种心灵内在的持久倾向性，是一种行为的力量。这种行为的力量被感情所引导。所以，动机首先是一种驱动行为的感情力量，其次还是一种为某种感情所驱动从而能取得成功的欲望。从亚里士多德传统出发，既然动机是一种具备欲望特质的感情，则与之相应的德性就是道德德性。在亚里士多德关于灵魂分为有逻各斯部分和无逻各斯部分的二分法中，无逻各斯部分又分为不分有逻各斯的植物营养灵魂和分有逻各斯的欲望灵魂。其中的欲望部分虽然本身没有逻各斯，但是能听从逻各斯的控制和指导。正是在逻各斯为所有德性所分有的意义上，亚里士多德认为道德德性从属于理智德性。然而，扎格泽博斯基却认为理智德性是道德德性的子集，也就是说，所有德性都是道德德性，而理智德性只不过是道德德性一个组成部分。扎格泽博斯基反其道而行之与亚里士多德针锋相对的理据源于对历史的考察。

将人类的认知和感情过程看成相对独立和自治的两个不同过程是中西方文化的共识。人类认识为实现尽可能如其所是展现外在对象的目的，必须客观、公正，以上帝的“第三只眼”来注视对象，决不能渗透感情。这样一种观点（即认识独立于感情）在历史上影响深远，至近代演变成“休谟之叉”——事实与价值的二分。事实与价值二分（事实是客观的，价值是主观的）从来就不乏相反的观点，尤其在20世纪以来更不断遭到挑战，以至于普特南宣称“事实与价值二分法的崩溃”①。

近代休谟的二分法提出之前，霍布斯和斯宾诺莎都从不同角度论证了认知和感情之间的一而二、二而一的亲密关系。在《利维坦》中，霍布斯认为，所谓的智慧就是一种推理的知识，通过专门的方法和教导获得。造成这种被称为智慧知识的个体差异的主要原因是激情（passion），激情不过就是一种权势欲②。要言之，在霍布斯看来，认识的动机是一种感情的动机，或者说是以感情动机为基础的。斯宾诺莎在《伦理学》中以神的名义，将感情和所有德性联系起来，认为这些德性都源于人类自我保存的单纯动机。《伦理学》第四部分（下同）命题21：“保持自我的欲望，就是要求快乐、要求良好行为和良好生活的欲望，同时也就是要求生命、行为和生活的欲望。”命题22：“自我保存的努力是德性的首先的唯一基础；没有自我保存的原则，我们不可能设想任何德性。”命题24：“绝对遵循德性而行，在我们看来，不是别的，即是在寻求自己的利益基础上，以理性为指导，而行动、生活、保持自我的存在。”命题26：“凡是基于理性的努力，除了乞求理解之外，不能乞求别的，而且当心灵运用理性时，除了按照它的判断，认为能促进理解的东西是有利的外，不承认别的。”③在斯宾诺莎看来，自我保存是人首要的德性；德性就是依照理性而行动；理性就是理解，运用知性。所以，德性就是理解，就是认知，即运用知性理解对象。

杜威在《我们如何思想》中没有直接讨论求知的动机，但是在他对实现行为目的的动机、为未来做准备以及摆脱自然控制的讨论中，

---

① 引号中文字为普特南成书于21世纪初的一部学术著作的书名，中译本2006年由东方出版社出版，译者为应奇。

② 这一部分关于霍布斯对认知与感情关系的思想的概括参考《利维坦》中的相关论述。（英）霍布斯：《利维坦》，黎思复、黎廷弼译，北京：商务印书馆，2014年，第53-54页。

③（荷）斯宾诺莎：《伦理学》，贺麟译，北京：商务印书馆，2007年，第186-188页。为了叙述的简洁，引文稍有改动。

都涉及求知的主题。“反思”（reflective thinking）——我们如何更有效地思想，思想的最好方式是什么——是实现求知的基础和前提。反思需要某些技能（skills）和态度（attitudes）。而且，相对于前者，后者更重要。“知识自身的方式并不足以充分说明知识的获得，必然存在运用求知方法的欲望和意志。但是，单独的欲望也不足以说明求知，必然存在理解的形式与技术。这些技术是态度最大限度发挥作用的通道。”[①]态度是什么呢？杜威认为，需要培养的态度主要是开放的心胸、专心致志和责任心。杜威无非强调非认知性的心理因素——动机——在求知中的重要性。杜威追踪了从动机到真相信的求知道路，追踪了从有效行动到形式化的态度以及使得我们运用思考和形成信念方法的理智德性的过程。杜威的结论是，理智德性的基础是一种动机——更有效思考的动机。

当代知识论中，科恩布利思（Hilary Kornblith）首先将动机引入认知规范意义上的认知责任的讨论。科恩布利思这样定义认知动机：“一个认知上负责的人希望具有真信念，希望具有产生真信念的过程而产生的信念；而他的行为则由这些（求真）愿望引导。”[②]科恩布利思并没有直接论及理智德性，但是也还是喻指：一种动机或欲望是评价认知主体的根本。蒙特马奎特也将动机与认知德性联系在一起，即将求知欲望和理智德性联系起来，认为这些德性是认知主体求知所必须具备的品性。蒙特马奎特的认知德性主要包括公正德性、开放的心态、理智的宁静、细心和理智勇气，而求知欲望就是认知责任心（epistemic conscientiousness），理智德性就是从中产生的。通过以心胸开阔、理智宁静和理智勇气为例，蒙特马奎特要证明，那些无论是被专家还是普通大众所看成有益于求真的品性的实现是有条件的。例如，理智勇气这一德性的实现，首先必须假设具有理智勇气的认知主体不仅听从他人的观点，而且承认他人的观点比自己的观点更正确。也就是说，我们不应该误认为蒙特马奎特是要证明理智德性是有益于

---

① Dewey J，*How We Think*，Boston：D. C，Heath and Company，1933，pp. 29-30.

② Kornblith H，“Justified Belief and Epistemically Responsible Action”，*The Philosophical Review*，Vol. 92，No. 1，1983，p. 34.

求真的。事实上，蒙特马奎特质疑这些品性的求真性，不过是要证明，这些品性应该从求知的动机上来理解。

由对以上诸人的引述，从霍布斯、斯宾诺莎，到杜威，到科恩布利思、蒙特马奎特，虽然学术风格各异，思想观点也相去甚远，但是在认为求知的动机是认知德性的根本这一点上却难得地一致。扎格泽博斯基无非表明，这也正是她自己想要表达的观点——理智德性产生于普遍的求知动机，并且和求知动机具有相同的目的，即知识。

理智德性不仅包含一般性的求知动机，而且包含实现动机目的的成功可靠性。以扎格泽博斯基自己的话来说，就是“认知个体的理智德性能通过求知动机和成功实现这一动机的可靠性两种元素来定义”[①]。这意味着，在理智德性的二元构成中，成功要素不同于一般性动机要素，自身即理智德性中的一个特征。因为理智德性的求知的动机使得认知主体遵循有益于求真的认知规范和信念形成过程。但是，这并不意味着求知的动机就能可靠地引导主体成功地实现动机目的。例如，一位人格上依赖性很强的女性，在独立的动机驱使下变得独立，但是很难说她从此以后就是独立的人。可靠、成功地实现动机目的的可能性取决于遵循有益于求知的认知规范和信念形成过程的稳定性以及具体动机目的实现的语境差异性（包括认知主体的个体性差异、情景差异、德性差异等）。遵循认知规范和信念形成过程的稳定性是成功的主要因素。如前所述，一般性动机是一种稳定的为具体动机所激发的行为倾向性，在此意义上，一般性动机实质上就是一组理智技能，一组有益于求知的认知规范性的程序。无论是从理智规范意义上还是从理智技能意义上，一般性动机是在习惯中获得的因而也就是德性自身。也就是说，德性只有在行为主体的性格中具有稳定性，才称为德性。简言之，稳定性是德性必然的特征，否则不足以成为德性。德性动机和德性行为越固定为习惯，就越能可靠实现德性的结果。但是，即使德性的动机要素普遍性地和成功相连，也不能称一个没有可靠地取得成功的人是有德性的。例如，一个心胸开阔的德性的

---

① Zagzebski L T，*Virtues of the Mind：An Inquiry into the Nature of Virtue and the Ethical Foundations of Knowledge*，Cambridge：Cambridge University Press，1996，p. 166.

主体，因为对方态度的激烈而无论其观点的正确与否而拒绝接受时，就并没有显示心胸开阔德性的存在。所以，如果他确实是心胸开阔的，那么他必须能接受新思想，并从改善的角度来探究新思想，而不是因为这些新观点不是自身原有的就排斥它们。

要言之，扎格泽博斯基的德性知识论建立在以德性伦理学为模式的基础上。一方面，将理智德性看成性格特征；另一方面，将可靠性看成德性不可或缺的构成要素。一种理智德性不仅具有动机构成，还包含实现动机目的的可靠性成功机制。使得一种理智德性是理智的是其中所包含的求真的动机倾向性，而使得一种理智德性具有德性的是其中所包含的成功实现动机目的的可靠性特征。所以，如果说上述两个方面是扎格泽博斯基德性知识论的突出特征，则对这两个基本特征的论证是以两个互相关联的思想论点为前提的。第一是道德德性和理智德性是包含与被包含的关系，两者之间在亚里士多德意义上的区分被抹平。正如扎格泽博斯基自己所说的，“不仅理智德性与道德德性之间的区分是非常主观人为的，而且理智德性和实践德性之间的区分也是非常主观人为的”[①]。第二是理智德性动机要素及其成功可靠性的要素。扎格泽博斯基是通过激情与欲望来定义一般性的动机构成的，所以从亚里士多德传统出发，一般性动机本身就是道德德性。因而，理智德性的动机及其可靠成功构成的说明，以理智德性和道德德性的不可区分性为基础。

扎格泽博斯基试图弥补以寇德、蒙特马奎特为代表的德性责任论和以索萨为首的德性可靠论各自的片面性与不足，将两者统一在“理智德性行为”这一基本概念的结构的说明中。一方面强调理智的求真本质，另一方面又强调求真目的可靠性成功的可能性。无疑，从表面上看，扎格泽博斯基的德性知识论与上述几位代表人物相比，其理论具有一定的超越性和合理性。从德性责任论的发展来看，寇德只是叙及知识论应该以责任为核心的必要性，而蒙特马奎特也只是论及认知责任必须联合理智公平和理智勇气才能更好地实现认知目标。他们都

① Zagzebski L T，*Virtues of the Mind：An Inquiry into the Nature of Virtue and the Ethical Foundations of Knowledge*，Cambridge：Cambridge University Press，1996，p. 179.

没有从整体一致性和统一性的高度上系统论及理智德性和道德德性之间在认识活动中的不可分割的关联性，也没有具体论及理智德性的构成和实现，这些工作是扎格泽博斯基最终完成的。从德性知识论的缘起来看，索萨固然强调并实现了知识论以德性伦理学为模式的德性转向，但是由于将理智德性只看作能力，所以索萨本质上的德性可靠论与德性伦理学意义上的德性缺乏理论上的必然联系。因为德性伦理学中的德性不是能力，而是与能力相并列的灵魂三种状态之一——品质。品质是在风俗习惯中通过教导而生成的，是既不出乎自然也不反乎自然的性格特征；能力当然可以是天生的，比如天才。对于德性可靠论的这些德性伦理学意义上的理论模糊与片面性，扎格泽博斯基也试图进行克服。

但是，扎格泽博斯基的德性责任论本身依然存在理论上的一些道不清说不明之处。首先，从理智德性与道德德性之间的关系看，扎格泽博斯基的论证与亚里士多德相比缺少进一步的说服力。从亚里士多德传统出发，欲望和情感本身不是逻各斯，但是因为可以接受逻各斯的控制和指导，所以灵魂这一部分相应的德性是道德德性且从属于理智德性。理智德性的本质是逻各斯，为包括道德德性在内的所有德性所共有。扎格泽博斯基则强调，理智德性和道德德性两种德性之间并无本质的不同，只有程度的差别。并且，因为“人类的知性不是一盏干燥的灯，而是浸润在欲望和感情之中”，所以认为理智德性只不过是道德德性的子集。扎格泽博斯基的这种仅仅从人类认识离不开激情与欲望出发，就认为理智德性从属于道德德性的观点其理由并不充分，至少不足以改变亚里士多德关于两种德性之间关系的观点。亚里士多德并不否认道德中的情感因子，强调意志、意愿在道德中的重要性，恰恰是亚里士多德调和以苏格拉底为起点的知识德性与智者学派感性德性之间对立的理论上的贡献。亚里士多德认为，与欲望和感情部分相应的灵魂的道德德性与理智德性中的实践智慧是不可分割的。他写道：“伦理德性是实践智慧的起点，实践智慧则使得伦理德性正确。”[①]伦理德性是灵魂的非理性部分，但分有理性的最佳状态，即伦理德性听从理

① （古希腊）亚里士多德：《尼各马可伦理学》，廖申白译注，北京：商务印书馆，2003年，第308页。

性即实践智慧的指导。所以，很显然，从这一意义上看，道德德性从属于理智德性，是由理智德性本性决定的，而不是相反。其次，从更深层次的意义上看，扎格泽博斯基与亚里士多德在关于两种德性之间的关系上的分歧涉及关于人的本质是什么的形而上学的问题。人是理性的动物，亚里士多德在西方哲学史上对人的本质的这一最初断言，成为后来我们理解人界定人一个不能逾越的常识。扎格泽博斯基同样没有令人信服地超越这一千年律条。最后，是理智德性的构成上的模糊之处。一般动机就是一组有益于求真的程序、规则或者技能。技能、规则与程序并无实质性区别，但是扎格泽博斯基有时混而为一，有时却又区分为二。例如，扎格泽博斯基写道："理智德性的动机不仅引导遵循可靠程序（procedures），也引导发展适合某一领域求知的具体技能（skills）。"很显然，这里的"程序"和"技能"不同。接下来，在同一段，她又说："理智技能就是一组有益于求知的程序，这组程序是通过习惯性的实践获得的，并可以应用于某一领域的求知。"①很显然，这里的"程序"与"技能"又合二为一了。诸如此类的论述上的前后矛盾处不一而足，这虽然从作者本身的角度看在哪一种理论解释中都难以避免，但是，从理论发展的整体看，一种理论的提出在最初总是不完善的，我们期待扎格泽博斯基在未来的研究中对以上方面能有所发展。

---

① Zagzebski L T，*Virtues of the Mind: An Inquiry into the Nature of Virtue and the Ethical Foundations of Knowledge*，Cambridge：Cambridge University Press，1996，pp. 176-177.

第三章　当代西方德性知识论两大阵营的划分与批评

从第二章可知，依据对理智德性的两种不同理解，德性知识论也相应地划分为两大主要阵营。然而，这同时造成了围绕何为理智德性所引起的各种争论。德性可靠论者与德性责任论者之间的争论也吸引了第三方学者的加入。因此，德性可靠论与德性责任论的观点，尤其是索萨和扎格泽博斯基的具体观点，受到各种不同程度的批评也就在所难免了。

第一节　两大阵营的划分与依据*

当前西方德性知识论整体上被划分为可靠论和责任论两大表面上对立实质上可能具有更多内在关联性的阵营，划分的根源在于对理智德性的本质存在两种不同的解释：天赋能力还是后天品质。索萨、扎格泽博斯基、格雷科、贝尔等都对这一划分进行过系统的论述。同时，围绕这种划分的依据形成了三种观点：理智德性是能力，理智德性是性格品质与调和前两种观点的观点。

一、德性知识论两大阵营的划分

索萨在《判断与行动》中谈到了两种德性知识论的区分：

---

* 本部分内容发表于《自然辩证法研究》2020 年第 8 期，题为《认知能力与认知品位二位一体——德性兼容论背景、问题与出路》，收入本书时内容略有修改。

> 存在两种不同形式的德性知识论，这是早已被接受的常识。一种形式的德性知识论与亚里士多德的道德德性联系密切，这种形式的性格知识论的责任论者将认知规范性说明建立在主体责任彰显的认知性格上。另外一种形式的德性知识论与亚里士多德的理智德性密切相关，同时认识到建立在感性、反省诸如此类功能基础上的广泛能力。①

从索萨的论述中可以看出，德性知识论中的这种正统的二分法由来已久，虽然索萨认为这种划分是对德性知识论的深层次误解。

扎格泽博斯基至少先后两次谈到两种德性知识论的区分问题：第一次是在她的德性知识论代表作《心灵的德性》一书中，第二次是在一部关于德性知识论的论文集的序言中。

在《心灵的德性》一书中，扎格泽博斯基强调，一种纯粹的德性理论就是将一种正确行为的概念从一种德性概念中推导出来的理论。"纯粹的德性理论根据德性和善关联的不同方式而有两种形式：以善为基点（good-based）的德性理论和以主体为基点（agent-based）的德性理论。如果一种幸福生活的概念或者一种善的概念是最基本的道德概念，并且一种德性概念是根据这一善的概念来定义的，那么这种纯粹形式的德性理论就被称为以善为基点的德性论。亚里士多德的伦理学很自然地就是这种德性理论的一种；以主体为基点的德性理论是将德性、动机以及主体其他的内在状态看成伦理学上更基本的状态。"②但是，"可靠论在结构上与结果论相似，不是德性理论"③。从扎格泽博斯基的阐述中，我们可以看出其中隐含的两种德性知识论划分的端倪。

2001 年，在《德性知识论：认知德性和责任性论文》中，扎格泽博斯基明确地论证了德性知识论划分为两大阵营：

> 可靠论是作为 JTB 的竞争性理论而进入知识论的。可靠论是一种自然主义的理论，因为这一理论认为规范化的认知特征能还

① Sosa E，*Judgment and Agency*，Oxford：Oxford University Press，2015，p. 34.

② Zagzebski L T，*Virtues of the Mind：An Inquiry into the Nature of Virtue and the Ethical Foundations of Knowledge*，Cambridge：Cambridge University Press，1996，p. 80.

③ Zagzebski L T，*Virtues of the Mind：An Inquiry into the Nature of Virtue and the Ethical Foundations of Knowledge*，Cambridge：Cambridge University Press，1996，p. 10.

> 原为自然的、非认知性特征。
>
> 除了可靠论，德性知识论还有另外一种形式是德性责任论。这一理论是由寇德和蒙特马奎特提出并形成的。将寇德、蒙特马奎特与德性可靠论者相区别的是，两人都从德性的经典模式出发将理智德性看成诸如思想开阔、理智公平等性格特征；两者都强调作为一个负责的、谨慎的信念持有者的重要性。①

扎格泽博斯基在该书的序言中提到了德性可靠论、德性责任论。从引文中可以看出，扎格泽博斯基虽然没有明确指出两种德性知识论的对立，但是她强调，寇德与蒙特马奎特的德性知识论与德性可靠论不同：这一不同主要表现在两人对理智德性的解释与德性可靠论存在差异。寇德与蒙特马奎特从古典德性伦理学的角度将理智德性看成性格特征，这与德性可靠论主要将理智德性看成包括记忆、视听等感觉能力形成对比。所以，这两种德性知识论从对理智德性不同的诠释上看，理论对立显然是存在的。

格雷科也曾经非常明确地谈到两种德性知识论形式的划分：

> 德性知识论标准地划分为德性责任论和德性可靠论，尽管这一划分的适当性还存在争论。根据这一分类，这两大阵营的不同体现在如何刻画理智德性上。德性可靠论者（即戈德曼、格雷科和索萨）将理智德性理解成包括诸如感觉、直觉和记忆在内的能力，称为能力德性（faculty-virtues）。他们的这种观点最好看成像早期简单过程可靠论这样的外在知识论的后裔。德性责任论者（即伯特利、寇德、胡克韦、蒙特马奎特和扎格泽博斯基）将理智德性理解成由教导养成的性格特征。这些性格特征包括责任心、思想开阔等，可称为性格德性（trait-virtues）。这一途径宽泛地与内在论者的知识论主张保持一致，主要关注认知者的伦理维度及其蕴涵。②

---

① Fairweather A，Zagzebski L T，*Virtue Epistemology：Essays on Epistemic Virtue and Responsibility*，Oxford：Oxford University Press，2001，p. 4.

② John T，Mark A，Greco J，“Virtue Epistemology”，*The Stanford Encyclopedia of Philosophy*，https://plato.stanford.edu/archives/sum2017/entries/epistemology-virtue [2017-06-16].

格雷科自述其划分源于阿克斯特尔（Guy Axtell）。众所周知，20世纪 50 年代，安斯康姆[①]（G. E. M Anscombe）主张复兴德性伦理学。因为启蒙运动以来的以规范性伦理学为核心的现代道德哲学存在固有的内在理论困境，无法解决古代将神话精神化以追求超越价值为旨归的德性伦理学消解后人类精神的无序化和价值的虚无化的道德问题，德性伦理学的复兴正是为了解决现代道德文化的这一困境与危机。自 20 世纪下半叶，德性伦理学的研究兴趣持续不减，以至知识论的研究也受其影响：理智德性成为解释知识的核心范畴。阿克斯特尔在 1997 年的回顾性文章中指出："当前的知识论常常根据德性、义务和后果主义这样的术语来刻画其特征。诸如此类的语言进入知识论非常迅速。"[②]在阿克斯特尔看来，德性知识论毫无疑问首先是被索萨引入知识论的，后来的发展形成了德性可靠论与德性责任论两种主要形式。因此，"为了关注德性知识论中的可靠论者与责任论者的区分"，阿克斯特尔首先考察了戈德曼的历史或发生过程论、普兰廷加的恰当功能论和索萨的德性视角论等早期德性可靠论的不同理论形式。对于德性责任论，阿克斯特尔认为首先的形式是寇德的认知责任，其次是蒙特马奎特的以"认知德性和信念责任"为核心的德性论，而迄今为止最大程度统一伦理德性与道德德性的德性知识论是扎格泽博斯基的德性责任论。

洛杉矶罗耀拉·玛丽蒙特大学（Loyola Marymount University）哲学系教授杰森·贝尔的主要研究领域是知识论与德性伦理学，然而德性知识论是他关注的主要领域之一。对于德性知识论的发展，贝尔表达了如下主张：

> 德性知识论标准界定被划分为两大阵营：德性可靠论和德性责任论。德性可靠论将理智德性看成可靠的认知能力或才能，然而德性责任论却将理智德性看成好的理智品性。作者认为，责任论者的性格德性有时候会满足可靠论者的理智德性的条件，其结

---

① Anscombe E. "Modern Moral Philosophy", in Haber J G, *Doing and Being: Selected Readings in Moral Philosophy*. New York: Macmillan, 1993, p. 263.

② Axtell G, "Recent Work in Virtue Epistemology", *American Philosophical Quarterly*, Vol. 34, No. 1, 1997, p. 1.

果是，德性可靠论和一般可靠论必须关注理智性格。[1]

总之，从以上几种论述中可以得出四方面结论。第一，德性知识论在当代的发展出现了许多不同形式的理论，但都不超越可靠论和责任论的范围。其他形式，如发生过程论、视角论、语境论、主体论都从属于这两大阵营的某一种，并且这些从属形式都没有产生如可靠论与责任论所具有的影响。所以，在这一意义上说，可靠论与责任论构成了德性知识论理论形式的全部。第二，这两种形式的德性知识论的对立是客观存在的。虽然某些德性知识论者（如格雷科和台湾东吴大学米建国教授[2]）认为两者之间存在着互补关系，但这并不能改变这两种德性知识论本质上对立的事实。第三，理智德性是所有德性知识论构成的核心要素，处于所有形式的德性知识论的关键地位。然而对理智德性的解释，从传统而来的只有能力德性和性格德性这两种。第四，这两种理论形式的对立主要是对德性以及理智德性的本质理解的分歧造成的。概言之，德性以及理智德性是能力还是性格特征或品质是造成两大派别对立的根源之所在。

二、是能力（才能）还是性格（品质）？

德性可靠论之所以被称为可靠论，就是因为可靠论者将理智德性看成可靠的认知能力，或者说可靠论者将知识解释为产生于理智德性的认识能力。德性责任论之所以被称为责任论，顾名思义，同样是因为责任论者将理智德性看成实现认知责任的卓越品质。所以，理智德性是双方争论的焦点。理智德性到底是性格品质还是认识能力或者既可以是能力也可以是性格品质，这是必须首先解决的问题。当前关于理智德性的本质问题存在三种观点：理智德性是能力，理智德性是性格特质，以及理智德性既可以是能力也可以是性格特质。

---

① Baehr J，“Character，Reliability and Virtue Epistemoliogy”，*The Philosophical Quarterly*，Vol. 56，No. 223，2006，p. 193.

② 米建国：《两种德性知识论：知识的本质、价值与怀疑论》，《世界哲学》2014 年第 5 期，第 21-22 页。

在此需要说明的是，主张理智德性是性格品质的德性责任论者，其理论关注的焦点不是听觉、视觉、记忆能力或才能，而是更强调理智性格特征，认为诸如认知责任、理智勇气、创造性、好奇心、推理的严谨和理智公平这些性格品质比其他类型的德性在认识上更有价值。但是，德性责任论者三位代表人物关于理智德性的论述后来并没有推进，寇德、蒙特马奎特以及扎格泽博斯基在这方面的论述非常有限，他们的基本主张我们已在第二章集中论述，所以，在此只集中论述德性可靠论和调和派的观点。

1. 理智德性是认识能力

宽泛地看，德性可靠论者都认为理智德性是一种认知能力。这首先应该归功于德性可靠论者自身的论述，尤其是索萨和格雷科旗帜鲜明的解释和论证。

索萨作为德性知识论的首倡者，最早定义了理智德性："处在某一环境 E 中的主体 S 因为拥有某一内在本质 I，所以对与 S 所处的条件 C 相关的领域 F 中的任何命题 X，S 都具有极大可能的正确性……其中的 S 代表人，I 代表拥有好的眼睛和好的、思维清晰的神经系统。"[①]这样一种内在本质就是理智德性，而"理智德性就是一种必然有助于超越错误最大化真（信念）获得的品质［技能（quality）］"[②]。索萨将技能（认知意义上的技能）划分为两类：从已经形成的信念中产生信念的能力和产生未形成信念的能力。前者称为"传递能力"（transmission faculties），逻辑推理和记忆力就是这一类能力。后者称为"生产能力"（generation faculties），各种感觉能力都属于这一类型的能力（如视觉就是产生形状和颜色的能力）。这里的能力（faculty），索萨说在"他的字典中就是 ability 或者是 power，因而在

① Sosa E，"Reliabilism and Intellectual Virtue"，*Knowledge in Perspective：Selected Essays in Epistemology*，Cambridge：Cambridge University Press，1991，p. 139. 其中的 E 代表 S 所生活的环境，C 代表 S 认知活动正常发挥的条件，F 代表与环境 E 相关的处于条件 C 之下的 S 的认知范围。

② Sosa E，"Reliabilism and Intellectual Virtue"，*Knowledge in Perspective：Selected Essays in Epistemology*，Cambridge：Cambridge University Press，1991，p. 225.

一般意义上首要的是指‘disposition’（‘性情’‘性格’‘气质’‘倾向’）”[①]。这种形式的能力要成为理智上有德性的就必须尽可能纯粹化和理想化，因为一般的认识能力总是容易出错的。“纯化的感觉要求包括内在和外在的正常条件，要求能阻止产生错觉或幻觉的不正常条件的形成。”[②]理想化或纯粹化后的“某种具体的感觉能力就是一种品质（quality），这种品质使得主体能精确反映相关范围内（对象）的特征或关系的呈现与缺乏”[③]。因此，“一种理智德性就能被看成以主体为基础的能力：在某一相关领域能正确无误或至少是可靠地从错误中辨别出真的能力”[④]。后来，索萨直接将认知能力和理智德性相提并论和相等同：“粗略地说，认知能力（faculty）或理智德性就是从与某一环境相关的命题域 F 中辨别真假的能力（competence）。”[⑤]这种能力的执行或表现（performance）具有 3A 结构，所以源于理智德性或认识能力的真信念形成就是执行了理智德性或认识能力的结果：“信念也归于 3A 一类结构中，就像一般的行为表现或执行一样。我们能在信念的准确性（accuracy，也就是信念的真）、信念的熟练性（adroit，即彰显认知德性或能力）、信念的适切性（aptness，信念的真是由于能力）之间进行区分。”[⑥]最近几年，索萨指出：“行为表现的 3A 结构的能力理论的提出就是为了适应德性知识论。其中的核心观念是适切信念——它的成功彰显了信念者相关的认知能力。”[⑦]

这就是索萨关于理智德性是能力说明的最主要的宣言书，也是可靠论者所信奉的基本信条和反对者所批评的主要目标。总结索萨关于

① Sosa E，“Reliabilism and Intellectual Virtue”，In Sosa E，*Knowledge in Perspective：Selected Essays in Epistemology*，Cambridge：Cambridge University Press，1991，p. 234.

② Sosa E，“Reliabilism and Intellectual Virtue”，In Sosa E，*Knowledge in Perspective：Selected Essays in Epistemology*，Cambridge：Cambridge University Press，1991，p. 229.

③ Sosa E，“Reliabilism and Intellectual Virtue”，In Sosa E，*Knowledge in Perspective：Selected Essays in Epistemology*，Cambridge：Cambridge University Press，1991，p. 230.

④ Sosa E，“Reliabilism and Intellectual Virtue”，In Sosa E，*Knowledge in Perspective：Selected Essays in Epistemology*，Cambridge：Cambridge University Press，1991，p. 242.

⑤ Sosa E，“Virtue Perspectivism：A Response to Foley and Fumerton”，*Philosophical Issues*，Vol. 5，Truth and Rationality，1994，p. 29.

⑥ Sosa E，*A Virtue Epistemology：Apt Belief and Reflective Knowledge*，Vol. I，Oxford：Oxford University Press，2007，p. 23.

⑦ Sosa E，*Judgment and Agency*，Oxford：Oxford University Press，2015，p. 95.

理智德性的说明，我们发现具有这样几个特点。第一，索萨对理智德性的说明总离不开“品质”（quality）、“能力”（faculty）、“能力”（ability）、“能力”（competence）和“性情（或倾向）”（disposition）这几个概念。第二，在索萨的论述中，可以梳理出关于这几个概念的关系：理智德性就是一种必然有助于超越错误最大化真（信念）获得的品质（quality）；这种品质也是一种产生信念的才能（faculty）；这种才能就是以主体为基础的从错误中正确无误或非常可靠地分辨真理的能力（ability）；或是一种在某一环境下辨别真假的能力（competence）。第三，能力（faculty）在最初也是最主要的意义上是指一种性情或倾向性（disposition）。第四，这些能力实质上就是一种行为的表现或执行，具有 3A 结构。这四个概念是否可以在认识意义上互用姑且不论，但至少倾向（性情）和品质与能力和才能在一般意义上属于两个不同层次的范畴。我们将在下一节具体分析这四个概念的异同并评价索萨定义理智德性的好坏，现在我们所关心的是索萨将理智德性理解成能力或技能或才能应该是确定无疑的事实。这成为德性可靠论发展的理论起点，也成为各种德性可靠论支持者与反对者所引证的主要依据。

对索萨关于理智德性是能力的解释的支持者，一部分来自德性可靠论阵营。格雷科是德性可靠论最初也是最坚定、最主要的代表人物之一。他说：“在一种重要的意义上，一种德性就是一种能力；而一种能力相应的就是在某一条件下实现某一结果的稳定的倾向。更深入地说，当我们说某一主体 S 具有实现某一结果的能力时，意思是 S 实现这些结果不是偶然的。”[①]所以认知德性就是在一组条件下，一种相信真命题和避免相信假命题的机制（mechanism）。一年后，格雷科再一次解释理智德性：“德性知识论的核心观念是知识产生于可靠的认知能力。一种认知能力就是一种在某一条件和相关领域中获得真理和避免错误的能力。”[②]格雷科进一步明确，定义某一种实现某一结果的能力

① Greco J，“Virtues and Vice of Virtue Epistemology”，*Canadian Journal of Philosophy*，Vol. 23，No. 3，1993，p. 414.

② Greco J，“Virtue Epistemology and the Relevant Sense of ‘Relevant Possibility’”，*The Southern Journal of Philosophy*，Vol. 32，No. 1，1994，p. 68.

“就是实现这一结果具有很高的成功概率”。因而，格雷科毫无疑问地坚持理智德性是能力这一立场。

另一部分对索萨理智德性是能力解释的支持者，其德性知识论立场并不十分明确。阿姆斯特朗、戈德曼、诺兹克、罗伯特和伍德都可以归于这一类。阿姆斯特朗求助于信念和事实之间的准规则性的关系来说明知识[①]，而这样一种准规则性关系就是认知主体在某一环境下一种准确认知某一真命题的本质，即认知个体主体在某一条件下做出关于某一对象准确判断的个体性格或品质。这样一种说明很显然就将对知识的说明引向了德性知识论。因为根据亚里士多德，理智德性就是认知主体所具有的实现理智目的（发现真理）的适当手段的那些品质和性格特征。阿姆斯特朗的准规则性关系作为信念和对象之间所建立的认识关系是以个人的性格特征或品质为基础的，也就是以理智德性为基础。当然，阿姆斯特朗似乎并没有认为理智德性就是能力。但是，考虑到阿姆斯特朗不仅是外在论的重要引领者，也是可靠论的重要创立者，我们也有理由认为阿姆斯特朗将理智德性看成能力。戈德曼一方面认为，“在德性可靠论与（他自己提出的）发生可靠论之间存在区别，其不同就在于前者试图根据主体值得信任的行为表现来详细规定非偶然性”[②]，从而将自己与德性知识论区分开；另一方面又将“确证的信念与通过运用理智德性（卓越）得到的信念相等同”[③]，并进一步认为“德性包括建立在视觉、听觉、记忆力和推理诸如此类的方式基础上的信念形成”[④]，从而把理智德性理解成能力并将自己的观点等同于德性可靠论。罗伯特和伍德同样将理智德性看成认知能力：

---

① 阿姆斯特朗对知识的德性说明倾向的相关思想，详细可参见：Armstrong D M，*Belief，Truth and Knowledge*，Cambridge：Cambridge University Press，1973，p. 166. 系统地了解阿姆斯特朗这方面的思想应该从第三部分知识开始到结论，即从第 137 页到第 222 页。

② Goldman A I，Olsson E J，“Reliabilism and the Value of Knowledge”，in Pritchard D，Millar A，Haddock A，*Epistemic Value*，Oxford：Oxford University Press，2009，p. 23.

③ Goldman A I，“Epistemic Folkways and Scientific Epistemology”，Sosa E，Kim J，*Epistemology：An Anthology*，Oxford：Blackwell，2000，p. 439.

④ Goldman A I，*Liaisons：Philosophy Meets the Cognitive and Social Sciences*，Cambridge：MIT Press，1992，pp. 157-158.

“一种理智德性就是获得一种卓越认知功能的基础。”①在这里，罗伯特和伍德似乎并没有直接将理智德性和能力相等同。他们只是认为，德性是在先天能力的基础上所获得的、能在面临挑战或重要的认知活动中使这些认知能力得以卓越发挥的基础。但是，罗伯特和伍德同时非常明确地说：“德性也可能是技能，或涉及技能。虽然并非所有的技能都是德性。”②并且，他们同时认为：“在理智德性和道德德性之间进行严格的区分是毫无益处的。”③这至少表明，罗伯特和伍德有支持理智德性是能力的倾向。

2. 理智德性既是能力也可以是性格品质*

有些研究者认识到，理智德性在人类认识活动中是统一的和协调一致的，因而越来越多的知识论者强调两种理智德性的不可分割性——主张理智德性既是能力也是性格品质。扎格泽博斯基、卡威格和贝尔都明确地表达过这样的立场。扎格泽博斯基说：“我的德性知识论很显然是建立在以德性伦理学为模式的基础上的。像寇德和蒙特马奎特一样，我也将理智德性看成诸如理智自治和勇气、理智细心和公平、思想开放。但是，我也像索萨和格雷科一样，将可靠性看成德性的一个构成要素……使得理智德性是德性的是其中所包含的实现求真目标的动机倾向，以及为德性成功构建所蕴含的可靠性。”④并且，扎格泽博斯基认为，理智德性本身就包含了道德德性，后者只是前者的一个亚种。因而，认知活动中理智上的性格品质本身就是理智德性一个不可分割的组成部分，是能力德性的必不可少的补充。在扎格泽博斯基关于理智德性的两个构成要件中，动机要素是认知主体内在可以

① Roberts R C，Wood W J，*Intellectual Virtues：An Essay in Regulative Epistemology*，Oxford：Oxford University Press，2007，p. 85.

② Roberts R C，Wood W J，*Intellectual Virtues：An Essay in Regulative Epistemology*，Oxford：Oxford University Press，2007，p. 59.

③ Roberts R C，Wood W J，*Intellectual Virtues：An Essay in Regulative Epistemology*，Oxford：Oxford University Press，2007，p. 60.

* 本部分内容发表于《当代价值观研究》2018 年第 6 期，题为《理智德性：能力或性格——贝尔对德性可靠论的批判》，收入本书时略有修改。

④ Fairweather A，Zagzebski L T，*Virtue Epistemology：Essays on Epistemic Virtue and Responsibility*，Oxford：Oxford University Press，2001，p. 5.

感觉到并可以把握的，但是成功实现动机目标的要素则是认知主体并不能明确意识到和无法准确把握到的。因而，动机要素是确证的内在论要求，成功要素则代表了确证的外在论要求。扎格泽博斯基于是认为："融合内在论和外在论两方面，是德性概念的题中之意。这也使得知识论具有数不清的优势，其中最明显的是避免了极端内在论和极端外在论。"[①]这诠释了扎格泽博斯基强调理智德性两种构成部分的初衷。扎格泽博斯基对理智德性的这种不同解释并非空穴来风，而是受到科恩布利思和德性伦理学的双重启发。科恩布利思说："知识的概念应该包括如下两种想法：一种信念应该是以客观上正确的方式形成的想法和一种信念应该是以主观上正确的方式形成的想法。"[②]而在德性伦理学中，拥有一种德性的概念总是将内在的可接近性和不可接近性的标准联系在一起。正是在这样的双重理论影响下，扎格泽博斯基形成了调和外在论和内在论的确证主张上的德性观点。

卡威格在狭窄和宽泛两种意义上理解理智德性。在狭窄的意义上，"理智德性是不包括理智卓越性在内的一种普通倾向（ordinarily disposition）——认知的主体以流行的方式不停地实现某一具体目标。这样一种倾向的范式案例指向方法论意义上的德性。然而，理智卓越性并不是一般的倾向，而是主体的一种能力或力量。这样一种卓越性首先指向一种基本的本质性的过程德性"[③]。在宽泛的意义上，理智德性既包括狭窄意义上的德性（普通倾向），也包括理智卓越（能力和力量）。卡威格说："我在宽泛的意义上使用'德性'这一术语，它既包括狭窄意义上的德性也包括卓越性。因而我们就能通过关注到德性既可以是倾向也可以是能力来开始对德性本质的说明。"[③]卡威格区分出理智德性的一般倾向和卓越性两方面内涵，这一区分与理智德性的狭义和广义的说明相对应。狭义上的理智德性更多地应该被理解成趋向真（信念或命题）的一种倾向性的特征，而广义上的理智德性既包

① Zagzebski L T，*Virtues of the Mind：An inquiry into the Nature of Virtue and the Ethical Foundations of Knowledge*，Cambridge：Cambridge University Press，1996，p. 332.

② Kornblith H，"Ever Since Descartes"，*The Monist*，Vol. 68，No. 2，1985，pp. 264-276.

③ Kvanvig J L，*The Intellectual Virtues and the Life of the Mind：On the Place of the Virtues in Epistemology*，Washington：Rowman & Littlefeld，1992，p. 112.

括狭义的倾向性，也包括被理解成与倾向相对的、体现理智德性的一种卓越能力。在这一区分中，作为一种与理智德性的卓越性——被明确地定义为能力——相对的狭义上的被理解成一般倾向的理智德性就只能是性格品质。所以，理智德性的定义在卡威格看来就应该是这样的：

> 某人 S 所具有的性格特征 C 是一种理智德性，其定义是：S 拥有 C，C 是 S 获得真信念的一种能力，或者 C 是 S 的趋向真信念的一种倾向。[①]

不难看出，这一定义能够体现出卡威格在理智德性说明中的或能力或性格特征的包容与调和的态度。

贝尔是所有主张在德性能力和性格解释对立中采取中间路线的最坚定者，他对为什么要兼容并蓄两种理智德性的做法进行了详细说明。贝尔认为，“德性知识论者都同意一种理智德性应该在知识论中起到重要的和基础性作用。但是，在什么可以看成理智德性上存在分歧。德性可靠论者将理智德性看成一个人所具有的任何可靠的或有利于求真的特性。他们举证的理智德性范式案例包括记忆、反省、感觉和推理等诸如此类的事情”[②]。贝尔因此认为，可靠论者不将性格德性看成与知识的哲学说明相关的一种理智德性当然是错误的。这是因为性格德性是与德性可靠论的知识说明真正相关的理智德性。德性可靠论一般认为，理智德性就是一个人的个体才能。这种才能在某一条件下有助于获得关于某一命题的真理和避免错误。也就是说，从德性可靠论出发，一种个体才能或能力只要在他获得真理中起到突出或关键作用，那么这种能力就是一种理智德性。反之，如果这一个体能力在获得真理中只起到很小的作用，就不是理智德性。这说明德性可靠论并没有将理智性格德性原则性排除在理智德性整体之外。也就是说，德性可靠论的形式定义并没有在相关意义上阻止性格德性成为理

① Kvanvig J L，*The Intellectual Virtues and the Life of the Mind：On the Place of the Virtues in Epistemology*，Washington：Rowman & Littlefeld，1992，p. 114.

② Baehr J S，“Character in Epistemology”，*Philosophical Studies：An International Journal for Philosophy in the Analytic Tradition*，Vol. 128，No. 3，2006，p. 479.

智德性。但是，在接下来的理智德性及其在知识中的作用说明中，可靠论者却排他性地聚焦于认识能力和才能，没有关注任何性格德性，这确实令人奇怪。

贝尔在《性格、可靠性和德性知识论》[1]一文中展开了他对德性可靠论者片面强调认知能力作为理智德性在认知活动中的作用批评。贝尔主要认为，从可靠论关于理智德性的定义和某些实际的认知活动出发，德性可靠论无法实质性地将性格德性排除在理智德性之外；知识因而是两种理智德性共同作用的结果。

“德性可靠论”和“德性责任论”这一对术语起源于寇德，但是很快被知识论学者所接受。这说明当代德性知识论学者在一些根本问题上还存在分歧。似乎和德性伦理学不同（虽然德性知识论源于与德性伦理学的类比与启发），后者在道德德性的基本结构和范式上达成一致，而前者却在理智德性的本性与结构上形成了两种对立的看法。德性责任论者将理智德性看成道德德性的对应物，理智德性应该包括诸如理智勇气、理智耐心、理智公平等性格特征；德性可靠论者则认为，理智德性是认知主体所具有的有助于求真的可靠的能力，包括听力、视力等感觉能力，以及记忆力、反省和推理能力等。这一分歧就导致了德性知识论表面上两种截然不同的方案。每一种方案都排他性地论及自身所认为的理智德性，而对另一方感兴趣的理智德性几乎不涉及或批判性地对待。

德性可靠论本质上否认德性责任论者的性格德性具有理智德性身份。例如，戈德曼就认为德性包括视觉、听觉、记忆和推理能力，以及建立在这些能力基础上的信念形成机制。当然，戈德曼是否应该算作德性知识论者并不很明确。有时候他将自己看成这一思潮的组成部分。但是，戈德曼无疑是可靠论的创立者和辩护者。他关于理智德性的说明意味着将理智德性看成某种认知才能或能力而不是性格特征。如果这并不能证明戈德曼非常明确地排他性地否认德性责任论的理智德性解释与说明，那么以下引文提供了戈德曼关于什么是理智德性主

---

① Baehr J，“Character，Reliability And Virtue Epistemology”，*The Philosophical Quarterly*，Vol. 56，No. 223，2006：193-212.

张的有力证据：

> 在道德语境中，日常语言在德性术语上还是非常丰富的。对比鲜明的是，几乎不存在理智德性的一般标签。那些现存的（理智德性）术语——理解力、透彻性和洞察力等——在当前语境下作用有限。我认为应该将理智德性看成信念形成的技能或能力，或者是一种对问题“X 是如何知道？”回答的过程。在对这种形式的问题回答中，一般的回答往往是“他看见”“他听见”“他记得”“他从这些那些证据中推论出来”等。信念建立在听、看、记忆和良好推理的基础上，这些（看、听等能力——笔者注）就是理智德性这一家族的集合。①

如果我们认为戈德曼的德性知识论立场模糊，不足以代表德性可靠论，那么格雷科、索萨的观点应该具有充分的代表性。毫无疑问，格雷科是可靠论与德性可靠论的最主要的支持者和倡导者之一，他像其他德性知识论者一样对知识做出了这样的解释：

> S 拥有与 P 相关的知识，当且仅当 S 相信与 P 相关的真命题是因为 S 相信 P 是因为理智德性。②

将格雷科及其他德性可靠论者区分开的是关于理智德性本质的看法。格雷科认为，扎格泽博斯基等德性责任论者是从亚里士多德的德性传统出发来定义理智德性的。但是，亚里士多德的理智德性定义太强而不能说明知识论中一些重要的问题（如前文分析的天才问题）。即使经过寇德、蒙特马奎特和扎格泽博斯基不断修正后的理智德性概念能说明知识论中的一些现象、解决知识论的某些问题，但是依然不能概括出关于知识本身的说明。所以，如何理解理智德性的本质应该从其能否有效解决知识论中的三个主要问题（怀疑论的挑战、葛梯尔问题和知识的本质与价值问题）出发来衡量，从性格模式来理解理智德

① Goldman A I，*Liaisons：Philosophy Meets the Cognitive and Social Sciences*，Cambridge：MIT Press，1992，p. 162.

② Greco J，“Virtues in Epistemology”，in Moser P，*Oxford Handbook of Epistemology*，Oxford：Oxford University Press，2002，p. 311.

性无助于上述知识论三个问题与其他传统问题的解决。例如，在对知识的分析中，主要的甚至唯一的目标是发现构成知识的充分必要条件，但是，格雷科认为我们能并不运用理智性格德性却常常获得知识，所以，性格德性并不是构成知识的充分条件。这似乎是格雷科反对性格德性的唯一理由（其实，格雷科这一反对理由同样适用于自己。有了感觉能力并不一定有真信念，因为感觉往往是不可靠的）。格雷科由此认为，我们应该拒绝德性责任论的理智德性观念，因为性格德性不能解决某些传统知识论问题，虽然不否认能解决其他知识论问题。

索萨是德性知识论的开创者，他对理智德性的看法无疑影响广泛。索萨在不同场合多次从德性知识论的角度定义知识。索萨的德性知识论的基本主张即，“认知者只要其信念 P 彰显了一种理智德性，或者彰显了一种获得真理避免错误的能力，则信念者在相信 P 上就初步得到了确证”[①]。这是索萨早期的理智德性的表达形式，后来德性知识论立场虽然不断改变，但这一基本立场则一以贯之。虽然在这一定义中索萨未明确否定性格德性的理智德性地位，但是可以从其他三个方面的相关论述中找到索萨理智德性本质的立场。第一，在索萨常常列举的被他当成理智德性的案例中，出现的是能力德性（如听力、视力等）而不包括任何性格德性。第二，他常常将“德性”和“能力”两个术语交互使用。这很自然地使我们认为，索萨的理智德性是指反省、记忆等认识能力，而不是指理智正直、理智开放等性格德性。第三，索萨常常将由理智德性产生的真信念描述成纯粹的动物式的、本能性的知识。很显然，这里的理智德性不可能是性格德性，而只能是视觉、听觉等天赋的认知能力。这些描述倾向与特征告诉我们，索萨将能力德性而不是性格德性看成理智德性。是否理智性格德性在知识的说明中不起任何作用？还是性格德性在知识的形成中根本就无足轻重？笔者认为，这主要取决于认识对象的复杂和简单程度及其重要程度。对那些只需要直接经验就能认识的命题，性格德性当然

① Sosa E,“Reliabilism and Intellectual Virtue”, In Sosa E, *Knowledge in Perspective: Selected Essays in Epistemology*, Cambridge: Cambridge University Press, 1991, p. 239.

就不能发挥太大作用，所谓杀鸡焉用宰牛刀。例如，天气晴朗的下午看见窗外十米处的一棵白杨树，只要认知主体视力良好，中间没有阻挡视野的障碍物，获得“这是一棵白杨树”这一真信念似乎轻而易举。不仅如此，与其他的感觉能力相应的直接经验的命题也具有相似的情况，反省、记忆力亦然。例如，我头疼，2+3=5，等等。理智性格德性在以上案例中并没有满足德性可靠论求真的理智德性所要满足的条件——没有在诸如此类的命题的求真中起到突出或关键的作用。

但是，有些知识对人类具有很高的认识价值，关乎人类整体生存发展的利益。这些知识的获得当然不仅需要能力德性，更需要性格德性。例如，获得关于历史的、科学的、哲学的或者宗教的真的信念，当然需要我们的认识能力发挥很好的作用，但是，要在这些领域获得基本的原则性真理，关键或者说突出因素是践行某种性格德性，例如理智专注力、忍耐力和创造力。

现从自然科学和社会科学两方面各举一例[①]予以说明。

1. 某一生物学家打算调查某一濒危鸟类的迁徙方式。单从研究时间上看，就要数年之久来搜集分析材料。最终生物学家经过不懈努力发现了这一珍贵物种改变迁徙路线的原因。

2. 某一历史学家因为一部研究美国一位建国之父的宗教信仰如何影响其政治立场的著作而受到广泛赞誉。但是，在后来的研究中，他发现了一些这位美国建国之父的未曾被关注的私人信件，从中看出与他的备受赞誉的那部已出版的著作的观点相冲突的证据。这位历史学家并没有因为顾及自己已获得的学术声誉而无视那些未曾研究的信件，而是仔细而彻底地检查这些信件，部分修正了他以前的结论。

由此可以看出，这两个案例以事实说明了获得真理并非易事。无论是生物学家还是历史学家，最终不是简单依靠或者主要依靠良好视力、听力或记忆力等能力德性就能获得相应领域一些真理性认识的，而是性格德性在解释为什么他们能获得真理中起到了突出的和关键的作用。例如，生物学家能发现濒危鸟类改变迁徙方式，是因为他的专

① Baehr J，“Character，Reliability and Virtue Epistemology”，*The Philosophical Quarterly*，Vol. 56，No. 223，2006，p. 199.

注力、耐心和学术创造力。同样，历史学家能自曝其学术错误并勇于改正，是因为他的理智勇气、理智公平和对真理的热爱。这两个实例由此也能证明，理智性格德性有时满足了德性可靠论者关于理智德性的定义和要求，因为它们在解释真信念的形成中起到了突出或重要作用。并且，有时获得知识要求认知者作为认知主体所起的作用更突出。有时一些重要的知识事关重大，意义非常，例如重大历史事件、自然界基本结构。如果德性可靠论者不关注这些理智性格，将不可能充分说明最重要的与人类发展息息相关的知识。

如果考虑到德性可靠论者往往回避在理智德性的讨论中对理智性格的讨论，那么他们也应该相应地在考察理智缺陷时回避对性格德性的讨论，而只讨论破坏注意力、远视眼、听力障碍等问题。然而，情形却与之相反。例如，戈德曼引用臆想、胡乱猜测以及忽视相反证据作为理智恶习的范例，索萨引用草率、格雷科引用迷信等作为与理智能力相对应的理智缺陷的范例。很显然，可靠论者所列举的这些理智缺陷并不是那种使他们感兴趣的理智能力或才能的缺陷，而是德性责任论者所感兴趣的理智性格上的缺陷。所以，德性可靠论者似乎犯了不遵守同一律的错误。他们一方面不承认积极的理智性格德性有助于求真，从而认为性格德性不具有理智德性的认识论身份；另一方面却又将理智性格上的缺陷看成阻碍求真的主要障碍。这说明他们在两种意义上理解性格德性：从正面将性格德性看成性格特征而否定它们的认识作用；从反面（能力缺陷）将它们看成认识能力的一种而实质上肯定性格德性具有认识作用。

从德性可靠论的理智德性定义（一种个体才能或能力只要在他获得真理中起到突出或关键作用，就是一种理智德性）出发，问题的关键是看理智德性（无论是能力还是性格特征）能否在认知主体获得关于某一命题的真信念过程中成为决定因素或突出因素，或者说成为这一真信念的可靠的来源。然而，性格德性到底是不是德性可靠论意义上的信念可靠的来源呢？这取决于如何理解信念来源这一概念。在非常宽泛的意义上，可靠论将信念形成的原因看成信念可靠的来源，德性可靠论由此将知识定义为由理智德性产生的真信念。所以，在宽泛的意义上，性格德性也是知识的可靠来源，因为它们是认知主体获得真信念的关键或者突出原因。然而，从狭义上看，知识的可靠来源应该是那些能产生独立的信念的原因或者是直接非推论性地产生信念的原因。这种理解比较符合德性可靠论者将各种感觉能力、直觉推理等看成能可靠产生真信念的理智德性的立场。而且，这一看法也成功排除了理智性格德性是可靠信念的来源。因为性格德性不能以能力德性的方式直接产生信念或非推论性的信念。

但是，这种从狭义上来理解信念可靠来源的看法至少存在两方面的问题。第一，排除了所有德性可靠论者都视为理智德性的某些理智德性。例如归纳和推理，可靠论者一般都将其视为理智德性的典范。然而，在宽泛的意义上，这些德性固然是信念形成的可靠来源，但是在狭义上它们被排除在理智德性之外。因为无论是归纳还是解释性的推理，都只是推理的方法，不能直接或非推论性地产生信念。这两种方法必须依靠第一序列的信念才能进行归纳和推理。第二，如果德性可靠论者将理智德性仅仅看成狭义上的知识可靠来源的认识能力，那么知识的范围将被局限在感觉、直觉、反省等直接经验上，从各种推论中所获得的间接知识将不可理喻。所以，为了避免激进的怀疑论，德性可靠论必须拒绝狭义上的可靠论者的信念来源的立场。

实际上，德性可靠论者所强调的知识的可靠来源是两种类型德性共同作用的结果。换句话说，性格德性在认识活动中的彰显是通过某种能力德性实现的。例如，上述案例中的历史学家接受与他之前的学术立场相冲突的新的观点，这应该是推理能力和性格德性交互作用的结果。历史学家对真理的热爱、对理智公平的追求等性格德性使得他改变自己原先的学术立场继续研究新的材料。在研究过程中，上述理智性格德性也促使他以更合理的方式进行思考（而不是保守的或者草率的方式），以得出更有效或合理的结论，并且使他避免一般人在这一处境中容易犯的逻辑错误。因此，很显然，明确区分推理能力和各种理智性格德性是不太可能的。因为历史学家并不是先展现了性格德性（如理智谨慎），然后以某种方式进行推理，而是理智谨慎这一性格德性本身就是推理活动的一个组成部分。

性格德性和标准的德性可靠论者的德性之间的紧密联系不仅体现在推理的方式和行为中，而且体现在基本的认识能力（如视力）所进行的活动中。例如，上述生物学家发现濒危鸟类迁徙方式细微而关键的改变，可以从生物学家的理智细心来说明，但是他的理智上的细致入微是通过运用他的视觉能力体现出来的。也就是说，生物学家某种性格德性的运用是通过某种能力德性的运用实现的。性格德性和能力德性之间的紧密联系还体现在对两者的说明中——对能力德性的说明不可避免地涉及性格德性。例如，索萨在讨论能力德性的可错性问题时就说，认识能力的可靠性是能被他的理智品性所影响的。总而言之，上述两种德性的基本区分是没有理由和根据的。一种性格德性常常是通过运用某种能力德性来彰显的。而且，正如索萨所认为的，能力德性的可靠性也常常意味着某种或几种性格德性。所以，德性可靠论者认为是能力德性而不是性格德性是真信念的可靠来源，并以此为理由将性格德性排除在理智德性之外注定是要失败的。

贝尔认为德性可靠论常常忽视了理智性格的重要性，所以建议可靠论者在自身的理智德性表中增加性格德性。他还认为，这一建议牵涉其他三个问题。第一个牵涉就是德性可靠论的一般范围和方向。德性伦理学总是认为现代伦理学理论错误地忽略了道德生活中人的作用，所以强调回到道德哲学中的德性观念上去。受此启发，德性可靠论者同样认为知识论忽视了认知主体的相应作用，所以他们倾向于赋予认知者高度机制化和客观化的特征，以至他们将理智德性看成一种有助于求知的信念形成机制或信息输出-输入装置。甚至可以说，认知者就是温度计——类似于人体与环境热量交换的装置，诸如此类。这一点特别鲜明地体现于格雷科的主体可靠论中——特别强调自然化的认识能力而不是认知者实际的特征。格雷科的主体可靠论对认知可靠性的说明当然是不充分的。因为认知可靠性不仅是基本的认知功能发挥作用，而且也包括认知性格发挥作用。所以，德性可靠论必须扩展自身的说明焦点，将认知主体的性格特征包括进去。

第二个牵涉是德性知识论的一般结构问题。德性知识论被划分为德性可靠论和德性责任论两大主要阵营。但是，由第一方面的牵涉可知，德性可靠论必须关注认知主体的认知性格，这意味着要重新思考两种方式的联系以及德性知识论的整体结构。

第三个牵涉是可靠论的理论充分性问题。任何充分的可靠论知识论的一个基本要求是，能说明任何有益于求知（求真）的特征或过程的可靠性。遗憾的是，索萨等其他可靠论者只是说明了能力德性。性格德性在结构上不同于能力德性，所以结果是现存的可靠论模型都不适用于性格德性。可靠论所着重强调的能力德性并非无条件的，而是与某种环境条件、命题域和某种类型的真理相关。关于某一命题的听觉能力是可靠的，相关的条件因素是声音、对象的空间位置等，不相关的因素是颜色、形状和气味；与视觉命题域相关的条件是形状和颜色等。因此，根据命题内容，就可以具体规定相关命题域的认知条件。具体的命题域和各种具体德性能力之间具有对应关系。性格德性在这方面与能力德性根本不同。具体的性格德性并不像能力德性那样与具体的命题域具有非常明确的对应关系，性格德性与命题之间与能力德性相比具有非常普遍的相关性。也就是说，对具体性格德性来说，提供关于某一命题域的详细规定是不可能的。这是由性格德性本身所具有的一些特征所决定的。在一般情况下，我们很难通过命题内容来具体确定需要哪一种性格德性实现对命题的真理性认识。明确一点说，一种性格德性与某一具体命题域的相关性不是由命题自身的内容决定的。

要充分理解性格德性的可靠性，还有一系列问题需要解决：第一，性格德性的可靠性是领域相对的吗？也就是说，在不同认知领域，性格德性的可靠性相对不同吗？如果是，那么这些领域是如何被决定的，并且它们是什么？如果不是，那么对刻画性格德性的可靠性，什么参数是有用的？第二，性格德性在什么条件（环境）下是可靠的？与某一环境相应的能力德性是可靠的，这似乎不言自明。例如，在正常条件下，视力在良好光线环境中是非常可靠的。这说明，与某一具体能力德性相关的环境条件能参照这一能力的自然或正当功能被规定。那么，在什么条件下性格德性有可能是可靠的呢？往往当能力德性被环境或形势因素阻碍不能发挥正当的作用时，正是其发挥自身应有的作用之时。而且，外在因素阻碍越大，性格德性就越能发挥作用。但是，具体在什么条件下性格德性最有利于获得知识，还需要进一步研究。第三，是性格德性的统一性问题。与能力德性非常不同，性格德性只有在与其他的性格德性联结中才能很好地发挥作用。例如，思想开放、理智谨慎或者理智坚持在孤立的情况下都不可能非常有利于求知。一种性格德性作用的发挥往往在与其他性格德性的联合中。例如，要做到理智公平，同时必须是理智谨慎和理智上有耐心的，这反过来又要求认知主体必须是理智上专注和有决断的。

第二节　关于对索萨和扎格泽博斯基的批评

在所有德性知识论所受到的批评中，对索萨的批评尤为集中和激烈，其次是对扎格泽博斯基等德性责任论者的批评。除此以外是在德性责任论的整体意义上的批评，也就是说间接涉及德性责任论者的最初两位代表人物：寇德与蒙特马奎特。

一、对索萨德性可靠论的批评

因为索萨是德性知识论的开拓性和领导性人物，并且德性知识论一直占据着索萨学术思考的中心地位，他一直不断完善自己的德性知识论的各种观点，所以对索萨的各种批评也最集中和激烈。这些批评集中于以下方面。

第一，批评索萨对理智德性的解释。德性可靠论与德性责任论根本的理论分歧就在于将理智德性看成认识能力。索萨开创性地提出了这一关于理智德性的迥异于亚里士多德传统的理解并一以贯之地坚持的观点。索萨的这一主张正是各种批评者首先攻击的目标。奥迪认为[①]，亚里士多德的理智德性是在时间中通过不断的教导而形成的，具有历史构成性的维度。惟其如此，理智德性才具有被肯定、称赞和

① Greco J，*Ernest Sosa and His Critics*，Oxford：Blackwell，2004，p. 7.

钦羡的积极正面的认知价值——拥有它们能在认识活动中可靠地取得成就，有把握地实现目标。越是那些需要付出艰苦努力并对人类具有重要意义的认知目标，就越能发挥和体现理智德性的认知作用和价值。如果索萨将理智德性解释成主要是感觉的认识能力、记忆和想象等心理认识力量，那么这些主要的先天形成的认识能力或力量将无法承载积极的认知价值评价。

第二，对于索萨的视角论，也同样集中了诸多批评。奥迪认为，索萨的德性视角论至少存在两个问题[①]：一是环境如何适当地与源自理智德性的信念相关？二是认知德性如何从他自己的观点来看是内在相关？对于第一个问题，奥迪指出，有些记忆命题而非直接经验命题并不具有直接的环境相关性。例如，有些记忆中的数学知识或逻辑知识就并不具有密切的环境相关性。第二个问题在奥迪看来是，索萨所提供的描述更难以让人理解。索萨将稳定而可靠地占压倒性优势产生知识的信念过程看成德性，而将产生错误的信念的比例超过正确信念的过程看成认知上的邪恶。但是，对这一过程如何内在地为主体所接近，索萨并没有具体规定。例如，假设我在日常生活的场景中形成了关于周围空气中所含二氧化碳比例的一个正确信念，但是我忘记了是如何形成这一信念的，也就是说，我的记忆中已无法追踪到形成这一信念的最初方式。在此案例中，能说这一信念形成过程就是理智德性正常发挥的结果吗？

格雷科认为[②]，索萨在一般可靠论中增加认识视角这一条件是为了解决困扰可靠论的一般性问题和元不一致问题。但是，索萨的方法根本是徒劳的。因为从认识的德性方案出发就能解决一般可靠论的两个问题，没有必要再增加认识视角。并且，认知视角是所有反思知识的一个普遍条件，也就是说，如果反思知识才是人类所需要的真正知识，那么知识就必须要求具有认知视角。但是，如果要求所有的人类知识都暗含认知视角，那么就会产生心理合理性困境（psychological plausibility objection）。这是因为，在知识产生的典型性案例中，认知

① Greco J，*Ernest Sosa and His Critics*，Oxford：Blackwell，2004，p. 9.

② Greco J，*Ernest Sosa and His Critics*，Oxford：Blackwell，2004，p. 97.

主体并没有任何关于信念的信念或是关于信念来源的信念。也就是说，在知识产生的典型案例中，认知主体没有关于知识信念如何产生以及从哪里产生的反思信念即认识视角。

艾伦·哈比（Allen Habib）和基思·莱勒（Keith Lehrer）认为[①]，索萨的德性视角论并不意味着一个融贯系统就是信念确证的必要条件，因而对知识的产生——特别是反思知识的产生——无所增加。索萨一方面认为信念之间的融贯性在知识系统中发挥着极其重要的作用，另一方面又认为即使这些融贯的信念是真的也不足以构成知识。“可以充分地说，由一个人所相信的真信念所伴随的具有最完备的融贯性也仍然不能看成知识。”[②]所以，索萨认为融贯性必须附加德性视角才足以支持知识系统的确证要求。在索萨对德性视角论的论证中，为知识提供确证支持的是关于作为理智德性的认识能力可靠性的信念，而“认知能力是可靠性的”这一信念是通过我有一个由视觉、听觉等感觉能力或记忆、推理能力产生的真信念获得的。例如，假设在非常正常的视觉情形下，我看见地毯上有一只猫。我相信这一信念是可靠地为真的，因为我相信我的认识能力是可靠的。问题是我关于我的认识能力是可靠的信念又源于何处呢？所以，索萨对德性视角的循环论证是显而易见的。索萨自己也承认循环论证的不可避免性，但是他认为通过合理融贯性，即便是循环论证也能增加知识系统的解释有效性。也就是说，他关于德性视野的循环论证能产生更具整体性的融贯性。他说：“一旦拥有一个可靠地源于我们所接受的前提关于 W 中的论证 A，我们就将对 W 世界可靠性的信念置于包括论证前提在内的更完备的融贯性系统整体中。必须承认，这样的论证会产生好处。”[③]但是，哈比和莱勒与索萨的看法正好相反：任何循环论证都无助于充分支持知识所要求的确证。他们说：“循环论证不具有任何确证

① Habib A，Lehre K，“Sosa on Circularity and Coherence”，in Greco J，*Ernest Sosa and His Critics*，Oxford：Blackwell，2004，p 109.

② Sosa E，“Philosophical Skepticism and Epistemic Circularity”，*Proceedings of the Aristotelian Society*，Vol. 68，1994，p. 268.

③ Sosa E，“Philosophical Skepticism and Epistemic Circularity”，*Proceedings of the Aristotelian Society*，Vol. 68，1994，p. 283.

性的作用，因为循环论证无力抗衡一个怀疑论者。一种循环论证也无益于与一个怀疑论者的辩论，它不能改变一个虚夸的对手，因为它求助于对手所摒弃的结论。”[①]

但是，并非反驳怀疑论就是评价所有知识和确证理论的主要杠杠，我们也可以从所能提供的解释力来评价一种知识和确证理论的优劣。果真如此，则知识论就失去了解释确证作用的动机以及反对循环论证的动机。

第三，批评索萨所划分的两种知识之间的关系。首先，有些批评者认为，在对某些认识能力进行认识意义上的积极评价时，就无法在两种知识之间进行明确的划分。索萨在谈到对德性与态度的“称赞”时说：“要称赞一种表现是熟练的，或者一种行为是正确的，或者一种判断是明智的或适切的；坦白地说，就是不仅要评价这一行为或者判断，也要评价其中反思的态度或性格或智力。”[②]奥迪认为[③]，索萨的这一论点无法适应诸如直觉和想象这样的认识行为。我们具有理智上的一些直觉，在认识活动的关键时期往往发挥着重要的作用，但我们可能对这些理智直觉无法进行动物知识和反思知识的区分，更无法进行德性上的诸如称赞一类的积极评价。

其次，有些批评者指出，索萨的两种知识之间是一种循环论证关系。柯亨首先提出了这类批评[④]，他从索萨的这段论述中看出了两种知识之间的循环论证关系。

> 建立在动物知识（由可靠的适切的能力保证）之上的反思知识，在整合信念成为更融贯的统一体上恰恰超越了动物知识。反思知识能做到这一点是通过认知视角实现的。在这一认知视角

---

① Habib A，Lehre K，“Sosa on Circularity and Coherence”，in Greco J，*Ernest Sosa and His Critics*，Oxford：Blackwell，2004，p. 109.

② Sosa E，“Reflective Knowledge in the Best Circles”，*The Journal of Philosophy*，Vol. 94，No. 8，1997，p. 420.

③ Sosa E，“Reflective Knowledge in the Best Circles”，*The Journal of Philosophy*，Vol. 94，No. 8，1997，p. 12.

④ Sosa E，“Reflective Knowledge in the Best Circles”，*The Journal of Philosophy*，Vol. 94，No. 8，1997，p. 18.

下，对象层次上的动物知识就最具基础性意义上的可靠性。[①]

索萨为我们描绘的认识过程是这样的：第一步，认识主体在对自己的认识能力的可靠性毫无认识的情况下首先获得了动物知识；第二步，在获得动物知识后，认识主体从这一知识的获取中感受到关于产生这类知识的能力的可靠性的视角；第三步，这一视角（反思知识）保证了认识主体整体知识框架的可靠性。因此，两种知识间的循环论证是显而易见的：索萨一方面认为反思知识是以动物知识为基础的；另一方面认为动物知识的可靠性又是通过反思知识来保证的。此外，柯亨认为反思知识（关于认识能力可靠性的知识）的获得从直觉上来看太简单，产生了所谓的“简单知识的问题”（the problem of easy knowledge）[②]。例如，我看见面前的这张桌子是红色的，从索萨的观点来看，我知道这一信念是真的，是因为我相信这一信念是安全的。由此，我们所要问的是，索萨凭什么认为这一信念是安全的呢？有可能，我所看见的这张红色桌子本身不是红色的，而是一张白色的桌子在红色灯光照耀下而显得是红色的。索萨之所以认为认识主体的信念是可靠的，是因为预先假设了认识主体的认识能力的可靠性，然后通过闭合推理得出了我的信念也是可靠的。柯亨因此批评索萨，认为索萨对具有重要认知意义起基础作用的认识视角知识的处理太简单。

戈德曼认为[③]，索萨的反思知识本质上还是动物知识。因此，如果反思知识不能从根本上在索萨的知识论系统中与动物知识相区分，并且索萨又认为一阶的动物知识是典型的人类的低级知识；那么通过增加本质上还是一阶的动物知识的二阶反思知识并没有提升人类知识的等级。例如，让我们假设，S 有一个动物知识 P，这意味着 S 有一个可靠形成的真信念 P。相应的反思知识则是：S 有一个可靠形成的真信念 P，并且 S 还有一个可靠形成的关于他的真信念 P 可靠形成的真信念。S 这一关于一阶的信念很显然就是索萨所说的反思知识，也

① Thomas R，Cleve J V，Emmanuel S，*The Modern Philosophers：From Descartes to Nietzsche*，Oxford：Blackwell，2000，p. 72.

② Greco J，*Ernest Sosa and His Critics*，Oxford：Blackwell，2004，p. 19.

③ Greco J，*Ernest Sosa and His Critics*，Oxford：Blackwell，2004，p. 87.

就是 S 所采取的认识视角。从上述索萨关于两种知识之间的关系的论述可知，动物知识的可靠性是由反思知识（认识视角）获得的，而认知视角又是建立在动物知识的基础上的，所以本质上还是动物知识。因而，戈德曼批评索萨试图通过反思知识提升知识等级这一做法最终归于失败。

格雷科认为[①]，从两种知识的划分中可以解读出索萨两种矛盾的知识立场。索萨是这样描述动物知识和反思知识的：

> 如果一个人关于其环境、过去和自身经验的判断和信念是对这些影响的直接反应——也就是通过感觉和记忆——没有反思或理解的参与，那么这些知识就是动物知识。
>
> 如果一个人的判断和信念所彰显的不仅是对所知事实的直接反应，而且也彰显了对这些知识和信念在更宽泛的整体中位置的理解以及它们是如何产生的理解，那么这个人就拥有了反思知识。[②]

与这一划分相关的是索萨随之而来的对这两种知识的不同评价：

> 不可否认，存在一种可以被恰当称为缺乏广泛的融贯性的“知识”，正如我们所能称呼的那样——动物知识。唯一要肯定的是，在“动物知识”之上，我们人类，特别是那些哲学的或至少是善于反思的人渴望更高级的知识。[③]

索萨似乎不太满意动物知识，他认为动物知识不足以被恰当地称为人类知识，只是纯粹动物知识。之所以称为知识，只是一种隐喻的（metaphorical）描述，因为找不到更合适的词语表达。关于动物知识，索萨所表达的更一般的立场是：

> 那么一个人如何能排除其自身的任何真信念自动被确证这一结果的出现呢？在我看来，关键是要求命题域 F 和条件 C 必须是

---

① Greco J，“How to Preserve Your Virtue While Losing Your Perspective”，in Greco J，*Ernest Sosa and His Critics*，Oxford：Blackwell，2004，p. 97.

② Sosa E，“Reliabilism and Intellectual Virtue”，In Sosa E，*Knowledge in Perspective：Selected Essays in Epistemology*，New York：Cambridge University Press，1991，p. 240.

③ Sosa E，“Perspectives in Virtue Epistemology：A Response to Dancy and BonJour”，*Philosophical Studies*，Vol. 78，No. 3，1995，p. 233.

在这一认知主体的认知视野范围内能达到的（需要注意的是，这要求将机械的和所谓的动物式的知识看成是更低级的知识，或者将知识归因于隐喻的一类东西。除非我们愿意承认这类知识是我们认识视野自身所具有的）。[①]

从中我们发现了索萨关于两种知识的对立的立场：索萨摇摆于其中，模棱两可，亦是亦非。索萨认为，一方面，我们绝大多数知识都是非反思的动物知识，反思知识是人类能达到的相对珍贵的特殊成就；另一方面，反思知识是真正的人类知识。非反思的动物知识是我们在宽泛的意义上使用“知识”这一术语，真正来讲，动物知识达不到正确人类知识的要求。

二、对扎格泽博斯基及其他德性责任论的批评

对扎格泽博斯基的批评主要来自格雷科与贝尔。前者的矛头集中于一人，后者则涉及对包括扎格泽博斯基在内的所有德性责任论者的批评。

1. 格雷科的批评

格雷科对扎格泽博斯基的批评主要是从德性可靠论出发，强调理智德性的先天能力倾向，刻意淡化德性责任论者所突出的理智德性的性格品质特征。但是，格雷科的批评理由并不充分。

格雷科主要是从柏拉图的《理想国》中寻章摘句地寻找反驳扎格泽博斯基对理智德性的解释的资源的。他指出《理想国》中至少有三处谈到德性是能力，分别是第一卷的 342、352 和 353 中的部分内容。在这三处，前两处将德性理解为能力的论述并不充分，最后一处恰恰说明了德性不是能力，至少德性不能简单等同于能力。

这三处突出体现与德性或能力相关的论述分别引证如下[②]：

---

① Sosa E，*Knowledge in Perspective：Selected Essays in Epistemology*，New York：Cambridge University Press，1991. pp. 274-275.

② （古希腊）柏拉图：《理想国》，郭斌、张竹明译，北京：商务印书馆，2010 年，所引用的三处内容分别为第 23-24 页，第 40 页和第 41 页。

苏：医术本身是不是有欠缺呢？或者说，是不是任何技艺都缺某种德性或功能，像眼之欠缺视力，耳之欠缺听力，因此有必要对它们提供视力和听力的利益呢？（342A）

苏：我正在考虑，请你告诉我，马有马的功能吗？

色：有。

苏：所谓马的功能，或者任何事物的功能，就是非它不能做，非它做不好的一种特有能力。可不可以这样说呢？

色：我听不懂。

苏：那么听着：你不用眼睛能看吗？

色：当然不能。

苏：你不用耳朵能听吗？

色：不能。

苏：那么，看和听是眼和耳的功能，我们可以这样说吗？

色：当然可以。（352E）

苏：我们能不能用短刀或凿子或其他家伙去剪葡萄藤？

色：有什么不可以？

苏：不过据我看，总不及专门为整枝用的剪刀来得便当。

色：真的。

苏：那么我们要不要说，修葡萄枝是剪刀的功能？

色：要这么说。

苏：我想你现在更加明白我刚才为什么要问这个问题的了：一个事物的功能是否就是那个事物特有的能力。

……

苏：你是不是认为某一个事物，凡有一种功能，必有一种特定的德性？举刚才的例子来讲，我们说眼睛有一种功能，是不是？

色：是的。

苏：那么眼睛有一种德性吗？

色：有。

苏：耳朵是不是有一种功能？

色：是的。

苏：也有一种德性吗？

色：有。

苏：不论什么事物都能这么说吗？

色：可以。

苏：那么我问你：如果眼睛没有它特有的德性，只有它特有的缺陷，那么眼睛能发挥它的功能吗？

色：怎么能呢？……

苏：我的问题是：事物之所以能发挥它的功能，是不是由于它特有的德性；之所以不能发挥它的功能，是不是由于有特有的缺陷？（353A-C）

342A 的论述对理解“德性是能力”没有帮助，352E 部分只是告诉我们任何事物都有自身特有的功能，也没有直接说明功能就是德性。353A-C 部分较之前两处展开了相对充分的关于德性和功能之间关系的论述，但是这一论述恰恰说明了德性和功能是不同的。每一种事物都有一种功能，相应地每一种事物就有一种德性。德性就是使事物特有功能得以很好发挥的一种品性，丧失了相应的德性，功能也就发挥不出来。这三处论述说明了柏拉图的德性观：德性不同于能力（即功能）。索萨和格雷科如何从中得出“柏拉图认为德性就是能力”，我们不得而知。

无论如何，格雷科认为，是扎格泽博斯基而不是他和索萨误用了德性这一伦理学中的术语。因为扎格泽博斯基将亚里士多德关于德性的定义普遍化，而至少在柏拉图的对话录中，诸如视力、听力都可以分别看成眼睛和耳朵的德性。[①]

从对柏拉图关于德性和能力之间关系的错误理解出发，格雷科从两个方面反对扎格泽博斯基对理智德性的解释：一是认为扎格泽博斯

① Greco J，“Two Kinds of Intellectual Virtue”，*Philosophy and Phenomenological Research*，Vol. 60，No. 1，2000，pp. 179-184. 在这篇文章中，格雷科的原文是：在我看来，正是扎格泽博斯基犯了术语上的错误。特别是，她混淆了亚里士多德对道德德性的说明与一般德性的定义。正如索萨所注意到的，柏拉图将视力称作眼睛的德性，将听力称作耳朵的德性。（参见《理想国》，卷一，342-352）。这一段译文源于这篇文章的第 180 页。

基类型的行为德性于知识并非必要；二是扎格泽博斯基类型的行为德性对知识也不充分。

为什么认为扎格泽博斯基类型的德性行为并非知识所必需的？现在假设一位数学天才，他并没有实施扎格泽博斯基意义上的理智德性行为，也没有扎格泽博斯基意义上的德性动机，但是，他在数学方面取得了创造性的成功。很显然，我们不能说这一数学天才没有知识。为什么扎格泽博斯基类型的德性行为对知识也不充分呢？格雷科认为，扎格泽博斯基理智德性的两个构成因子之间并没有必然的包含关系，也就是说动机要素并不意味着一定能成功实现动机目的。这使得扎格泽博斯基的德性知识论有可能遭遇与早期过程可靠论一样的困境。扎格泽博斯基的理智德性两个构成因子之间没有必然的包含关系，这种理解在一定程度上倒是符合扎格泽博斯基的本意。但是，这并不意味着格雷科接下来的理解就是符合扎格泽博斯基的。格雷科说："应该还记得，扎格泽博斯基类型的德性行为并不要求主体具有这一德性，而是具有某种德性 A 的人可能在这一条件下所要进行的行为。这就使得扎格泽博斯基的德性知识论遭遇与过程可靠论类似的问题。"[①] 可靠论的问题已于第一章有所论述，这里格雷科又提出了所谓早期过程可靠论的"短暂过程问题"（the problem of fleeting process）。短暂过程问题的产生是因为早期的可靠论在根据可靠过程来定义知识时，并没有对可靠认知过程进行有效限制。例如，一个数学不好的学生，偶然采用了一个具有很高可靠性的运算法则成功解决了问题。但是，这个学生几乎从没有采用一种正确的法则解决问题，这次是个例外，完全偶然。在这种情况下，我们认为这个学生具有相关的数学知识当然是不合理的。扎格泽博斯基关于知识的定义很显然也将遭遇类似的困境。因为她并不要求认知者实际拥有任何理智德性，所以，格雷科由此认为扎格泽博斯基类型的德性行为是短暂过程行为，扎格泽博斯基产生于这一德性行为基础上的知识也就将遭遇短暂过程的困境。

---

① Greco J，"Two Kinds of Intellectual Virtue"，*Philosophy and Phenomenological Research*，Vol. 60，No. 1，2000，p. 183.

格雷科的上述结论非常勉强，也很草率。扎格泽博斯基固然认为，认知个体的理智德性能通过求知动机和成功实现这一动机的可靠性两种元素来定义，并且成功要素不同于一般性动机要素，求知的动机并不一定能可靠地引导主体成功地实现动机目的；但是，扎格泽博斯基同时强调，理智德性中的一般动机是一种以求知为目的的稳定的理智倾向，因而本身就是德性，也就是说，作为一种理智德性，一般的求知动机构成是在长期的认知实践中形成的、能可靠实现求知目的的性格特征。正因为如此，扎格泽博斯基说："理智德性的动机使得认知主体以某种方式来引导信念形成过程。这些德性动机使得他接受被他所属的认知团体看成有益于求真的认知过程，并驱使他运用；即使这意味着要克服相反的倾向。"①所以，扎格泽博斯基的德性责任论并不会轻易遭受短暂过程论的问题。

格雷科对扎格泽博斯基的误解源于两个方面的原因。首先，格雷科追随索萨将德性理解成能力，但是，格雷科自认为这一源自柏拉图的论证的立场本身就造成了对柏拉图理解的偏差，并且，即使从格雷科自己所举的数学天才的案例出发，其理论说服力也并不充分。天才人物固然先天具有某方面如数学的特殊才能，但是这并不意味着天才就不需要经过长期教导在实践中培养其与生俱来的突出才能。王安石为方仲永感到惋惜，正是感叹纵然一个天赋远超于一般的人，如果得不到后天良好的教育和学习，也将沦为与常人无异的可悲境地。其次，格雷科没有正确理解扎格泽博斯基的理智德性两种构成要素之间的关系。他认为，扎格泽博斯基的成功要素可以从两个方面来理解：一是成功要素可以根据某一德性所具有的性格特征所应取得的结果来定义。例如，心胸开阔的德性就是能可靠地成为心胸开阔的人。二是德性能成功实现终极性的求真的结果。他也认为，成功因子的第一个方面并不必然包含第二个方面。因为诸如勇气、心胸开阔这类品格并不必然是有益于求知的。这将产生如下问题：如果我们从第一个方面来理解扎格泽博斯基的德性行为的成功，则这一行

---

① Zagezbski L T，*Virtues of the Mind：An inquiry into the Nature of Virtue and the Ethical Foundations of Knowledge*，Cambridge：Cambridge University Press，1996，p. 176.

为可以是有德性但并不可靠的，主体可靠性缺乏问题仍然存在。如果我们将成功要素理解为包括第二个方面的构成，则不可能执行德性行为并且这一行为也是不可靠的，于是第一个方面主体缺乏的问题就会避免。主体的可靠性起了作用，却与扎格泽博斯基类型的德性行为没有关系。也就是说，执行德性行为的人具有知识是因为他是可靠的，而不是因为他彰显了任何扎格泽博斯基类型德性的其他构成要素。

格雷科对扎格泽博斯基的上述批评显然有些强词夺理。首先，他批评扎格泽博斯基的理智德性成功要素缺乏主体性；其次，他认为，既然成功要素的第一个方面（德性的性格特征所应取得的结果）并不必然包含第二个方面（实现终极性的求真目的），则求知行为与德性行为不相容。就第一个方面而言，强调德性就意味着主体没有践行这一行为，因而行为就不可靠，这似乎毫无道理。德性是主体的德性，德性本身就是稳定的可靠的成功倾向，为什么强调德性就使得行为变得不可靠呢？格雷科并没有进一步地解释。譬如杂交水稻研究人员，难道强调了他们的卓越理智德性，他们就不能可靠地培植高产优质杂交水稻了吗？就第二个方面而言，求知行为固然与其他的德性行为并不具有必然的从属关系，但这是否就意味着二者一定是不相容的？理智勇气、思想敏锐等理智德性虽然并不必然意味着求知的成功，但是从直觉上看，这些德性也是有益于求知的。因为这些性格特质本身就是认知主体求知的可靠保障，就是主体认知可靠性的构成部分。为何认为从成功要素包括实现求知目的上来理解，扎格泽博斯基类型的德性就不可能执行德性行为，只是主体的可靠性而不是扎格泽博斯基类型的德性才成功地实现了求知的目的？实在看不出这两者之间具有怎样的逻辑关联性。如果格雷科要强调主体可靠性与扎格泽博斯基类型的理智德性之间的对立，那么格雷科的主体可靠性又是由什么构成的呢？即使从格雷科认为德性就是一些先天的认识能力（记忆力、视力、听力等）出发，扎格泽博斯基类型的德性也是这些能力很好发挥的有益保证。

2. 贝尔对扎格泽博斯基以及其他德性责任论者的批评

贝尔对扎格泽博斯基的批评[①]主要从两个方面展开：首先是针对扎格泽博斯基的知识构成的批评，其次是对知识形成条件的批评。同时，贝尔也附带批评了寇德和蒙特马奎特的德性责任论观点。

2.1 对知识形成的分析

理智性格德性（诸如公平、开放和理智勇气）在传统的知识论问题的解决中并没有起到关键作用，所以问题是，它们到底在哪些方面起作用，又起到什么作用呢？

知识分析的一个主要目标是充分说明知识的确证或保证的构成及其条件。也就是说，哪些或什么条件添加到真信念中，就能使之成为知识。因而，确证问题是当代知识论领域最根本、最关键的问题。当代知识论学者往往从信念形成和持有的方式上来定义确证，例如，可靠论和证据主义就分别是在信念的形成和持有这两方面进行确证的代表。德性知识论当然也是信念形成和持有的一种方式，因而理智性格德性也就顺理成章地被认为在知识论中发挥着重要作用。特别是在知识的分析以及在确证的分析中，理智性格德性分析是有关这些分析的重要依据。扎格泽博斯基的德性知识论就是试图将理智性格德性置于知识分析的核心的一种尝试。扎格泽博斯基的德性知识论的影响当然不容置疑（应该说可以和索萨的影响比肩而立，超过格雷科以及其他德性责任论者），因为扎格泽博斯基不仅革新了令人感兴趣的知识分析的方式，而且她的德性知识论的观点也渗透到其他知识论立场和问题中。因此，考察扎格泽博斯基的德性知识论及其理智性格德性就非常必要。

扎格泽博斯基的德性知识论的主要论点包括以下几个方面：第一，扎格泽博斯基将德性定义为“一种深层的和持续的习得性的卓越，涉及产生某一理想结果的性格动机和产生这一结果的可靠成功”[②]。这一定义包含两方面重要的内涵：一方面，德性是值得称赞

---

① 以下分析主要参考了 Baehr J S，“Character in Epistemology，” *Philosophical Studies：An International Journal for Philosophy in the Analytic Tradition*，Vol. 128，No. 3，2006，pp. 479-514.

② Zagezbski L T，*Virtues of the Mind：An Inquiry into the Nature of Virtue and the Ethical Foundations of Knowledge*，Cambridge：Cambridge University Press，1996，p. 137.

的性格特征，而不仅仅是可靠的认识能力或力量；另一方面，理智德性由动机构成，包括两部分——产生某一结果的性格动机和可靠实现这一结果的成功机制。例如，一种真正勇敢的人，会被这一动机所激励而无畏于敌人的强大，并成功地消灭敌人救出自己的同志。其中的理智德性是勇敢，而勇敢表现在救人动机上的大无畏，以及成功可靠地消灭了敌人救出自己的同志。第二，动机特征是扎格泽博斯基德性定义的首创，是对传统德性定义的超越。动机有一般动机（或动力）与具体动机之分。一般动机（动力）是一种具有某种具体动机的倾向和趋势，具体动机就是发起行动的指向性激情。因此，拥有一种德性，一个人就具有了一种发动和引导趋向这一德性特征结果的激情。第三，理智德性和道德德性的区别在于终极目标不同。理智德性的终极目标是实现现实的认知关系（包括理解、知识和真理）的结果。但是，扎格泽博斯基并没有具体阐明道德德性的终极目标。如果从亚里士多德出发，道德德性的终极目标是幸福生活。第四，区分具体个人的理智德性的是直接目的或结果。例如，理智勇气和理智开放这两种德性的直接目的各不相同。前者要求一个人勇于放弃曾经受到较强支持的信念，后者则要求一个人公平对待那些与自己观点相对立的人。第五，在理智德性基础上分析知识。对扎格泽博斯基而言，知识只不过是执行了一种理智德性行为的结果，所以问题首先是，理智德性行为是什么？这是扎格泽博斯基所必须解释的。

> 一种行为是某种理智德性 I 的行为，只要这一行为是由 I 的动机驱使的，只要这一行为是一个具有德性 I 的人在一般环境下都会进行的行为，并且成功地实现了 I 的直接结果，即由于这一行为的基本特点而获得了真信念。[①]

我们从中可以看出，从理智德性行为到知识的产生需要完成以下四个步骤：首先，拥有某种性格德性的动机特征；其次，执行具有这一德

① Zagzebski L T，“Precis of Virtues of the Mind Virtues of the Mind：An Inquiry into the Nature of Virtue and the Ethical Foundations of Knowledge”，*Philosophy and Phenomenological Research*，Vol. 60，No. 1，2000，p. 175.

性的人在通常环境下所要完成的行为；再次，实现这一德性的直接目标；最后，获得知识。

对于扎格泽博斯基对上述知识的分析，贝尔提出了两点质疑，其中一点与格雷科的批评相似。第一点质疑是，扎格泽博斯基的知识定义冗繁而不简洁。知识就是产生于理智德性行为的真信念，没有必要将其描述成产生于理智德性行为的真信念的一种状态。第二点质疑是，扎格泽博斯基的知识论意味着认知者确实具有某种理智德性。如何理解这一问题呢？假设一理智德性平庸的人，在某一时刻突然具有理智灵感，具有某种理智德性动机，履行了相应的理智德性行为，最终获得了真信念。第一点质疑无关理论问题，只是陈述表达上的欠缺。第二点质疑虽然涉及理论问题，但是这一批评很难成立。扎格泽博斯基的德性是深层的、持续的习得的卓越。从对德性的这一解释出发，理智德性平庸的人突然具有某种理智灵感、理智动机、理智德性，完成某种德性行为，实现求真的目的，等等，根本不是扎格泽博斯基意义上的理智德性。因为突然产生和出现的肯定不能看成德性，德性的形成需要长时间的教导和不断践行。

如果说贝尔对扎格泽博斯基知识定义的批评无关痛痒，无法撼动扎格泽博斯基的德性知识论的根基；那么在对扎格泽博斯基的理智德性与知识产生之间关系的条件分析中情形又如何呢？

2.2 对知识构成条件的批评

贝尔认为，扎格泽博斯基所提出的知识构成的条件既非充分也非必要的。首先，四个方面的独立的理由说明扎格泽博斯基的知识构成条件不是充分条件。第一，扎格泽博斯基的知识定义容易遭遇“短暂过程”问题的困扰。可靠论者认为，知识是通过可靠的或者是有助于求真的方式获得的。如果这一获得知识的可靠过程非常短暂，那么我们就不能认为获得了知识。况且扎格泽博斯基并不要求一个执行了某种理智德性行为的主体确实具有这一理智德性，所以也会遭遇与可靠论类似的“短暂过程”困境。实际上对这个问题，格雷科和扎格泽博斯基之间曾经有过论战。格雷科列举出以下情形批评扎格泽博斯基的德性知识论遭遇“短暂过程”的问题。

> 在一偶然情况下，某人执行了具有德性 A 的人在这一环境下所要进行的行为，但并不具备按照这一方式行动的一般倾向。即使我们同意，按照这一具体方式所执行的行为具有高度的可靠性，行为人自身也不是可靠的。他也不存在按照可靠方式行动的德性倾向，因而在这一罕见情形下行为人按照这种方式行动并没有获得知识。[①]

扎格泽博斯基如何回应?

> 没有最小限度地满足知识可靠性的必然要求，一个行为人能满足我的知识定义吗？要在我的意义上执行理智德性行为，行为人就必须在动机驱使下获得真信念，成为思想开放、理智公平等的人。他必须执行真正拥有性格德性的人在他的认知环境下所进行的行为。他必须是因为这些行为及其动机才获得这些真理的。[②]

扎格泽博斯基的回应简而言之就是，理智德性的行为不仅是德性行为，也是德性动机行为，所以短暂过程困境就会消失。但问题似乎并没有解决，有可能动机行为也是短暂过程行为。例如一名懒散且资质平庸的学生，有一堂课上得非常认真，在老师的启发下，突然产生了解决某一化学难题的动机和灵感，并在动机的驱使下成功解决了一般人很难解决的化学难题。在这一情形下，这一学生的行为满足扎格泽博斯基的德性行为的所有条件，但是我们依然不能说其避免了短暂过程问题。实际上，回应短暂过程问题最好的方式是从德性的定义出发，抓住德性深层的、持续的、习得性的特征，短暂过程的困境就能迎刃而解了。在扎格泽博斯基的理智德性的两个构成要素中，动机要素有一般动机（或动力）与具体动机之分。一般动机是对真理的深层次的热爱，这一持续而稳定的动机是在长期的认识活动中形成和培养

① Greco J，“Two Kinds of Intellectual Virtue”，*Philosophy and Phenomenological Research*，Vol. 60，No. 1，2000，p. 183.

② Zagzebski L T，“Responses Virtues of the Mind：An Inquiry into the Nature of Virtue and the Ethical Foundations of Knowledge”，*Philosophy and Phenomenological Research*，Vol. 60，No. 1，2000，p. 210.

出来的，是不容易改变的。短暂而突发的灵感乃至产生对解决某一问题的兴趣的动机，并不是扎格泽博斯基意义上的德性动机。就本案例而言，学生突发对某一化学问题的兴趣和解决问题的动机，显然不属于扎格泽博斯基的理智德性动机。在日常生活中，每个人都有偶来之趣、偶发之兴，难道我们都认为这是德性动机吗？如果是这样，某一天，好友毕至，某君本无酒量，但在此情形下，豪兴大发，酒量突增，且能赋诗一首。我们难道认为某君有喝酒和作诗的德性？

抛开上述格雷科对短暂过程的批评正确与否不论，贝尔以格雷科的批评为依据，认为扎格泽博斯基的德性知识论存在短暂过程问题的困扰，这本身就显得贝尔在这一问题上很盲目与盲从。因为正确的、较为理智的做法应该是，先审视格雷科批评的合理性，然后再决定自身取舍的标准。

第二，贝尔批评扎格泽博斯基认为她的德性知识论能避免葛梯尔问题的挑战。

葛梯尔问题的产生，在扎格泽博斯基看来是因为两次幸运，其中的坏运气被好运气抵消。例如，我看见客厅里的时钟是 12 点，但我不知道的是，时钟已经于午夜 12 点停了。虽然真正的时间也是中午 12 点，但显然不能说我知道现在的时间是 12 点。在这一典型的葛梯尔案例中，扎格泽博斯基认为，是知识的确证条件和真理条件之间存在断裂。也就是说，确证的信念可能由偶然因素产生。解决这一问题的方法，就是扎格泽博斯基的德性知识论。根据扎格泽博斯基的观点，执行某一理智德性的行为，其中自然包含了理智动机以及成功要素。所以，执行了这一行为，自然就获得了这一行为结果的真信念。因而，按照这种方式，知识确证的条件就蕴含了真理的条件。

然而，贝尔认为，事实却和扎格泽博斯基所说的相反，她的理智德性及其动机构成也不能免于葛梯尔问题的困扰。设想一位思想开放、谦虚的研究中世纪问题的学者，想要确定一部 13 世纪神秘主义的英语著作的作者。他查阅的几乎所有二手材料以及绝大多数证据都支持男性作者。在进一步的研究中，他求教于许多同行。他所不知道的是，他的这些同行最近都受一种激进宗教的影响。这一宗教宣称，男人在精神上是不完备的，不可能真正产生神秘经验。所以，他的这些同行都很自信地告诉他，这部神秘主义著作的作者是女性。他谦虚和思想开放的德性使得他能接受与自己立场相反的观点，于是他改变以前的看法，认为这部著作的作者是女性。碰巧的是，这部著作的作者真的是女性。因此，还能认为扎格泽博斯基的知识论能避免葛梯尔问题吗？

这位中世纪研究者的信念符合扎格泽博斯基的知识的条件。他拥有理智德性动机，按照这些德性而行动，实现了直接目标，获得了真信念。但是，同样很清楚的是，这位学者不知道著作的真正作者是女性。因为两次运气破坏了确证与知识之间的有效联系。这一反驳的说服力在于抓住了人的有限性弱点。也就是说，与全知全能的上帝相比，人是有限的生物，无论是感觉能力，还是理性品德，在认识过程中都会犯错。

第三，附带于中世纪研究者案例中批评的理由，同样证明了扎格泽博斯基的知识的条件是不充分的，即在可靠论者看来，研究中世纪问题的学者的信念是以不可靠的方式形成的。因为仅仅被某一性格德性引导所形成的信念并没有得到确证。例如在上述案例中被学术公平、谦虚等品格所驱动，这一学者可能低估自己观点的可信度，不充分地批评了其他人的观点。从而，他所形成的信念并不能被看成知识。

第四，内在论者一般认为，知识要求拥有充分的理由和证据。由此而论，研究中世纪这位学者的绝大多数证据都指向了某位男性作者，所以，这位学者相信作者是女性理由不充分。从而也证明，扎格泽博斯基的知识条件不是充分条件。

针对上述四个方面的批评，贝尔提出一种修改扎格泽博斯基方案的建议。主要观点就是，相对于某一环境下的理智德性的运用是整体性的运用，而不是某一种理智德性的孤军奋战。例如，中世纪研究者只是执行了理智公平与理智谦逊两种德性，而没有践行理智仔细、理智自信以及理智坚持等德性。所以，如果扎格泽博斯基调整自己的知识说明，规定知识应该产生于与环境相关的充分范围内的理智德性的行为，那么就能避免葛梯尔问题、内在论的批评以及可靠论关于信念形成方式的不可靠的指责。但是，短暂过程问题依然存在。

其次，贝尔认为至少有两种情况——认知者虽然获得了知识却并不满足扎格泽博斯基的条件——说明扎格泽博斯基的德性性格条件对知识形成而言也不是必要条件。

第一种情况是白痴天才案例。最典型的就是格雷科的“数学天才”[①]案例。数学天才问题上文已有所论述，现在的问题是，格雷科如何认定一个白痴般的数学天才不具备扎格泽博斯基意义上的性格德性，也并没有扎格泽博斯基意义上的性格德性动机呢？我们知道，扎格泽博斯基意义上的性格德性有两个构成要素：一般动机（求真的愿望）与实现这一愿望的成功。一般而言，某一方面（如数学）的天才往往对人类知识的某一领域具有罕见的敏感性、强烈的兴趣和极高的准确性等特征。这些特征就应该是扎格泽博斯基意义上的性格德性。因为这些与生俱来的认知特征至少符合扎格泽博斯基德性定义中的深层次的卓越性特点，也符合强烈的求真动机与可靠成功方面的要求。唯一存在疑虑的方面是，扎格泽博斯基的德性是习得性，而天才似乎是先天的。其实，从亚里士多德而来的德性养成是既不出乎自然，也不反乎自然的。不出乎自然，是说德性的养成需要时间（理智德性通过教导养成，道德德性由习惯养成）；不反乎自然，是说自然赋予我们接受德性的能力需要通过习惯或教导而完善。因此，一个天才如果不经过后天的教导和培养，最终不会还是天才。这已经为无数的历史事实所证明。就此而论，格雷科的案例中数学上的白痴天才不可能不运用理智德性行为，不可能没有理智德性的性格动机。所以，通过这一案例反驳扎格泽博斯基的知识条件必要性问题不充分。

贝尔对此做出的解释是，在不能了解这一案例细节的情况下，大致可以认为，这一案例描述了一个在某一领域能展现突出认知精确性的白痴天才，却不知道他自己是如何获得这些真信念的。很显然，如果这样理解这一案例，它就没有成为反驳扎格泽博斯基观点的反例。因为扎格泽博斯基并不要求认知者具备内在主义的反思视角，要求德

---

① Greco J,“Two Kinds of Intellectual Virtue”, *Philosophy and Phenomenological Research*, Vol. 60, No. 1, 2000, p. 181.

性视角的是索萨。扎格泽博斯基自己认为，格雷科的白痴天才并没有知识，因为太过纯粹机械性的可靠性获得的真信念对知识而言是不充分的。

第二种情况是普通感觉知识。这种类型知识的形成真正构成了对扎格泽博斯基德性知识观点的挑战。普通感觉知识是我们最熟悉也是最直接的知识，获得这方面的知识似乎并不需要执行扎格泽博斯基意义上的理智性格德性行为。例如，我走进教室，看见教室的灯是亮着的。没有人怀疑我的这一信念的真实性。也就是说，一般人都认为我是知道这件事的。但是，在这一过程中，我并没有展示任何理智德性及其动机，我只是简单地一瞥，就发现了教室的灯是亮着的。扎格泽博斯基该如何回应这一问题呢？她可能会认为，要了解灯是不是亮着的，就必须具有相应的愿望（动机）以及相应的去看的行为（可靠成功），因此可以认为诸如日常生活中的普通感觉知识体现了底端的理智性格德性，如注意力和好奇心等。

对于扎格泽博斯基的这一回应，贝尔提出了三点质疑。

第一，如果动机是一种感情（当然这种感情并不一定为拥有者所感觉到），那么我去了解（去看）教室的灯是不是亮着的，并没有多少感情渗透其中。贝尔由此认为，扎格泽博斯基应该重新定义她的动机概念，令它并不必然包括一种感情。其实，贝尔的这一批评未必能站得住脚。感情有强弱之分。去看（是不是教室的灯确实亮着这一动机）就渗透了一些好奇与一丝求真的热爱，这就是感情。

第二，根据扎格泽博斯基的性格德性说明，认知主体的性格德性是解释获得知识的突出或关键因素，但是在日常感觉知识中，无论多低端的动机都不是解释认知主体具有某一真信念的突出或关键因素。所以，在日常生活中的大多数情况下，由于各种基本感觉功能的正常运用产生相应的真信念，所以认知主体并没有满足扎格泽博斯基的性格德性条件。扎格泽博斯基的性格德性的知识条件并不是必要的。

第三，理智德性行为是具有这一理智德性的人在相似的环境下所必然要实施的行为。贝尔认为这是扎格泽博斯基的一种误解，因为并没有任何特殊的德性行为方式。或者说，德性行为方式并没有任何特殊之处与非德性行为方式相区别。扎格泽博斯基进行了如下回应：

> 当一个人在感觉经验或者记忆基础上形成信念时，这一具有理智德性的人如何行动呢？我们可以假设，绝大多数时间他都不会怀疑甚至反思他的感觉或记忆信念。因为他坚信这一情形下信念的真实性，除非他有另外的理由。这样一种坚持的态度本身就是一种理智德性。如果以其他方式行动，就是一种理智偏执的体现。[①]

联系扎格泽博斯基关于理智德性的动机构成解释，具有理智德性的人这样一种坚持感觉信念的可靠性是基于获得真理这样一种求知的愿望的。贝尔认为，问题就出现在这一求知愿望（德性的一般动机）上。如果具有理智德性的人因为这一求知的一般动机而相信自己的感觉和记忆信念，那么这恰恰说明他不是一个认知上有德性的人。因为他忽视了感觉的可错性，忽视了极端的认知不确定性的怀疑论的危险。一个具有理智德性的人恰恰会考虑到各种不利的认知因素，包括笛卡儿邪恶精灵极端认识论怀疑的场景。所以相信自身的认知能力并不意味着就具有理智德性。一个人如同扎格泽博斯基所认为的那样，坚持自己的感觉信念可靠性的假设，恰恰是没有理智德性的，没有满足理智德性行为的相关条件。所以，我们可以得出结论，扎格泽博斯基的知识条件并不是必要的。

但是，即使扎格泽博斯基能重新考虑她的理智德性行为解释以应对第二方面的批评，依然有其他案例证明她的知识条件并非必要。例如，某一个深夜，我正坐在桌前工作，房间里突然漆黑一片，什么也看不见。于是我立即形成一个信念：停电了。我形成这一信念似乎没有任何理智动机和执行理智德性。在日常生活中，这样的情形太多。这说明生活中太多的事例只是通过认识能力的正常功能发挥就获得了真信念，其中并没有践行任何德性行为或理智动机。这一类案例其实就是第二类案例，即日常生活中的常识知识。

---

① Zagezbski L T，*Virtues of the Mind：An Inquiry into the Nature of Virtue and the Ethical Foundations of Knowledge*，Cambridge：Cambridge University Press，1996，p. 280.

2.3　其他德性责任知识论问题

通过对扎格泽博斯基知识说明的考察，我们可以看到扎格泽博斯基的知识条件既非充分又非必要的。这一结论具有普遍性，对任何德性责任论的知识分析都同样有效。对于知识论中的基础论和融贯论之争问题、葛梯尔问题、怀疑论问题以及传统知识论中的唯理论和经验论关于知识来源之争问题，扎格泽博斯基的德性知识论都无能为力。贝尔认为，这主要是因为，作为理智德性的性格德性不是知识的本质特征。但是，也有可能还存在着独立于传统知识论的其他问题，对这些问题的解决需要诉诸知识论。或者，理智德性自身就是必须关注的实质性问题。这意味着，理智德性即使与传统知识论方案不相关，在知识论中也发挥着重要作用。所以理智德性无论如何是知识论的重要论题。

寇德和蒙特马奎特的德性知识论的主要思想已在第二章有所论述，在此简要述评其理论特征与问题。寇德是较早在知识论语境中探究理智德性的学者之一。她非常明确地将理智德性看成理智性格，并且认为理智性格应该是知识论研究的主要焦点之一。但是，寇德的目的不是论证理智德性在传统知识论问题（如知识的分析）中的核心作用，而是考察认知活动中的个体、社团与社会因素的作用。也就是说，她的兴趣在于，在一个认知者共同体中，一种认知性格特性是如何影响他的整体认知发展的。问题在于，她并不能仔细阐明理智德性在知识论中的主要作用。相反，她关注的是不直接与理智德性相关的问题，或者说是并不需要进一步讨论的问题。以下两段引文将证明寇德主要关注的问题。

> 理智德性主要是关于世界、求知的自我以及作为世界一部分的其他自我取向的问题。这些问题的核心是对实在论规范性的尊重。这种态度涉及一种让事物自身显示的意愿。这是一种对经验世界的谦虚——抑制将人的认知结构强加于世界之上。理智正直就构成了两种要素之间的良好平衡关系，形成了世界和自我之间的交互作用。

> 然而，我们如何更准确地区分理智德性性格的本质呢？具有理智德性的人赋予知道和理解事实真实性以价值。他们抗拒已充分发展的事实的片面解释，他们抗拒迷狂的、梦幻的或者虚化的世界图景，要考虑更好地去认知。尽管迷狂或虚幻的生活能使人更舒适和自得。①

寇德对理智德性本质和作用的探讨，并没有将上述人类对认知的理论诉求引向更丰富、更深入的哲学研究境地，也没有阐明尚未揭示的理智德性需要进一步哲学研究的必要性，当然也没有证实理智德性在知识论中的重要作用。

蒙特马奎特以另一种方式处理理智德性问题。他所感兴趣的是道德责任的基础问题，特别是行为主体因为某种行为而受到谴责，但是从其自身来看，这一行为却有道德上的正当理由。例如，某人有种族歧视倾向，但他自己却认为这一种族确实比较低劣。蒙特马奎特认为，这类人因为他们的行为可以受到指责，只要他们被指责是因为他们的行为是为其信念所许可的。相反，如果主体所认可的某一行为的信念源于某种理智德性的运用，而且理智德性被理解成理智性格，那么这一主体就可以因为这一错误行为免于被指责。

蒙特马奎特在对理智德性性格问题的哲学探讨上似乎做得比寇德成功。这些问题大部分是关于道德和信念责任之间的关系问题。但是，蒙特马奎特的讨论依然没有触及理智德性在知识论中的重要作用问题。这主要是因为，首先，蒙特马奎特所讨论的问题至多只是和理智德性间接相关，而不是理智德性本身的问题。这些问题主要包括信念的责任和信念的意愿的本质和范围等问题。对这些问题的澄清和回答并没有直接参照理智德性。其次，蒙特马奎特在明确讨论理智德性之处，与其说是知识论的讨论，还不如说是伦理学的讨论。

总之，贝尔认为，蒙特马奎特确实讨论了与理智德性相关的实质性哲学问题，但是并没有揭示这些理智德性在知识论中的作用。要做到这一点，必须以一种不同的方式对理智德性进行探讨。所以，对于

---

① Code L，*Epistemic Responsibility*，Hanover：University of New England Press，1987，pp. 58-59.

德性知识论者而言，无论他是可靠论者还是责任论者，都还有许多需要认真探讨的问题。甚至，对于所有进行知识论问题研究的人而言，问题似乎永远在路上。

具体而言，对德性知识论来说，问题存在于这些方面。首先，理智德性在知识论中占据了很重要的位置，为此，就必须理解理智德性的本质以及理智德性如何有助于良好的理智生活。具有理智性格德性的人比起平庸的或者有缺陷的理智性格的人具有较好的理智生活，这似乎是不言自明的。但是，理智德性如何有助于一种好的理智生活呢？它只是一种实现这种生活的手段，还是它本身就是好的理智生活的一种构成呢？其次，还存在与理智德性是实现其他认知优点（如理解）的手段直接关联的问题。这些问题包括：第一，理智德性的哪一部分或哪一方面有助于认知的可靠性呢？第二，当我们考虑理智德性可靠性的限度时，就产生一些更复杂的问题。例如，当拥有一种单一的理智德性（如视野开阔、理智坚持）时，这个人因此更有可能取得真理避免错误吗？诸如此类，不一而足。

三、余论

扎格泽博斯基和其他德性知识论者的真正区别是对理智德性这一概念的本质的不同解释。扎格泽博斯基认为，索萨误解了古希腊传统意义上的德性观念——索萨心目中的理智德性是诸如视力、记忆等能力，根本就不是传统德性意义上的德性，这就意味着，他的理智德性概念与经典意义上的理智德性概念没有本质上的联系。在扎格泽博斯基看来，既然德性知识论是从与德性伦理学的类比中受德性伦理学的启发而产生的，那么我们也理所当然地要从德性伦理学中找到所需要的理论资源，亚里士多德的德性伦理学也理所当然地成为我们理解理智德性的出发点和源泉。牢记这一点，将有助于理解扎格泽博斯基的德性责任论与索萨、格雷科的德性可靠论之间的根本分歧，也有助于理解两种理论之间的优劣。

在知识论之外，宗教哲学和伦理学也是扎格泽博斯基主要的研究领域，这也反映在她所承担的学术角色上：俄克拉荷马大学宗教哲学和伦理学教授，伦理学中的德性理论本身就构成扎格泽博斯基一个长期而独立的研究方向。因此可以看出，扎格泽博斯基对德性问题的研究要比索萨和格雷科等人具有更深厚和系统的伦理学专业背景的支持。这也就为我们理解扎格泽博斯基与索萨、格雷科等人在理智德性问题解释上的分歧提供了线索。如果说扎格泽博斯基主要是从亚里士多德德性伦理学出发来解释理智德性的，那么索萨、格雷科等人则主要是从柏拉图的著作中汲取了不多的说明资源。这种解释渊源上的差别也在一定程度上证明了扎格泽博斯基与索萨、格雷科等人关于理智德性概念的两种不同解释。稍具伦理学常识的人都知道，德性伦理学虽然是从苏格拉底开始的，但是经过柏拉图，德性理论并没有系统化、理论化而发展成一门独立的科学，这一工作是由亚里士多德最终完成的。所以，《尼各马可伦理学》成为德性伦理学的经典之作也就顺理成章了。扎格泽博斯基从亚里士多德出发解释理智德性比索萨、格雷科等从柏拉图出发具有更充分的理论上的依据，更符合德性伦理学发展的历史。

所以，尽管扎格泽博斯基和索萨一样遭到了批评和质疑，但是从上述格雷科和贝尔的批评中，我们可以看出，这些批评很难比扎格泽博斯基本身的德性责任论给予我们更多的合理性。这应该主要归功于扎格泽博斯基的德性责任论具有更充分的传统德性伦理学的理论基础，更具有理论上的合理性。

词典》中有 7 种解释：美德，英勇，（神的）灵异和奇迹，（土地、马、公民的）优良，（形态的）优美，（为某人立下的）功劳，荣誉、美名和光荣。这 7 种含义实际上总结了古希腊有史以来德性的内涵的变化，确切地说是对从公元前 12 世纪荷马时期开始到公元前 1 世纪古罗马帝国建立这一历史阶段的德性内涵的概括。本质上，arete 最初最普遍的含义也是任何事物所具有的功能或特长的卓越，《希英大辞典》的解释是 goodness，excellence of any kind。包括人在内的所有自然物和人工物都具有自身所固有的功能、品性和用途，失去这些功能、品性，事物也就相应地失去了自身的本质和存在的价值与意义，事物也就不成其为自身了。例如，战马的品性是载着勇士奔跑，猎狗的品性是准确地发现猎物并迅速追逐猎物。战马和猎狗的德性各不相同。同理，房屋和战船的功能也各不相同。所以，德性在最原初与最广泛的意义上意味着事物自身所具有的功能或特长的卓越，是任何事物区别于其他事物的本质性标志。

上述关于 arete 用法的传统最初可追溯至公元前 12 世纪初的荷马时期，这一时期又被称为“黑暗时期”[①]，因为唯一有据可查的并被大多数当代学者认可的描写黑暗时代早期（公元前 12 世纪前后）古希腊社会生活及其发展的文字材料，是荷马的两部史诗《伊利亚特》和《奥德赛》。

---

① 欧洲历史上至少有两个历史时期被称为“黑暗时代”，分别指古希腊的公元前 13 世纪至前 9 世纪和中世纪公元 6 世纪西罗马帝国灭亡至公元 8 世纪加洛林王朝复兴这两个历史阶段。之所以被称为黑暗时代（dark age），是因为传统文化的积累与传承不能正常进行，被各种战争、动乱、饥荒、瘟疫和自然灾害等破坏，文明中断。古希腊时期的黑暗时代鲜有考古遗迹留存。尤其是公元前 11 至前 10 世纪，在考古学上无迹可寻。所以迈锡尼文明的衰落与最终崩溃以及随后而来的两个世纪的发展，没有在历史上留下有价值的线索。文学上描述这一时期的素材是跨越几个世纪后的民间口头相传的“荷马史诗”与赫西俄德的《神谱》《工作与时日》（也译作《田功与农时》）两部著作。这是最早的描述黑暗时代的古希腊文学作品。但是，早在公元前 4 世纪，围绕着荷马其人的有无以及两部史诗的形成方式就产生了所谓的“荷马问题”。至于两部史诗所反映的时代也存在争论，大多数学者认为反映的是迈锡尼时期的社会状况。相比较而言，赫西俄德及其两部著作在当前学术界虽然也存在争论，但多可以明确。赫西俄德大约是公元前 8 世纪上半叶的人，两部个人著作所反映的也是这一时期古希腊社会的发展情况。而且，《工作与时日》是西方第一部现实主义作品，其历史价值可想而知。

在《伊利亚特》中，阿喀琉斯对阿尔戈斯人说：

> 众所周知，我那两匹战马最优秀（俊美）。
> 它们是不死的战神，波塞冬把它们送给
> 我父亲佩琉斯，我父亲又把它们送给我。[①]

接下来，在原诗的373-375行又有这样一段描写：

> 急速奔驰的战马很快跑完一程，
> 折向灰色的大海，每个人都开始显露
> 自己的才华，赛程开始催促战马。[②]

在这两处，原诗分别在276行和374行都出现了αρετη，用来形容战马卓越的功能——善于奔跑。这样的用法后来出现在各种诗歌中，意指各种事物功能或用途的突出。例如，橄榄树有橄榄树的arete，葡萄酒有葡萄酒的arete。一直到公元前5至前4世纪的古典时期，这种用法都还被保存在各种著述中。希罗多德在《历史》的第三卷第106节描写印度的一切生物都比其他地方要大，其中有一种野生的长在树上的毛（棉花），比羊毛穿在身上还要暖和，因而这种毛具有arete。修昔底德在《伯罗奔尼撒战争史》中描写土地的肥沃[③]认为是拥有arete，土地贫瘠认为是缺少arete。柏拉图的著作中也谈到关于arete的情形。例如，马和修剪葡萄藤的凿子的功能就被认为是arete[④]。arete同样用来指人的特长。《伊利亚特》第15卷谈到迈锡尼人佩里菲特斯奔跑、战斗和智慧的arete都超过同城邦的人；第20卷描写特洛

---

① （古希腊）荷马：《伊利亚特》，罗念生、王焕生译，上海：上海人民出版社，2013年，第四册，第1190-1191页，原诗第23卷第276-279行。荷马史诗目前有众多译本，本书所采用的译本的两大特点一是希腊文和中文的对照，二是由古希腊文学专家罗念生和王焕生从古希腊文译出。可参见洛布古典丛书1976年版。以下引文中的原文均参照洛布古典丛书系列。

② （古希腊）荷马：《伊利亚特》，罗念生、王焕生译，上海：上海人民出版社，2013年，第四册，第1196-1199页。

③ （古希腊）修昔底德：《伯罗奔尼撒战争史》，徐松岩译，上海：上海人民出版社，2012年，第36-37页。此书中译本卷次章节的划分与希腊原文一致：第一卷下第一章中的第二节第三段和第四段。

④ （古希腊）柏拉图：《理想国》，郭斌、张竹明译，北京：商务印书馆，2010年，第40页，352E-353A。

伊王最小的儿子波吕多洛斯的 arete 是善跑[1]。同样，在柏拉图的《理想国》中也用 arete 来指称人视力、听力功能的良好[2]。

由上所述，arete 在最原初的意义上是指事物所固有的先天本性，这一天然的本性是事物间相互区别的标志。失去了这一本性，事物也就失去了其本质性的存在，也就不成为该事物了。正是在这一意义上，土地的本性应该是肥沃，棉花的本性是柔和与温暖，马的本性是善跑，人的本性就是善良。这一最原初意义上的本性是与生俱来的先天禀赋与才能，与后来伦理学意义上被翻译为美德（英译为 virtue）的 arete 显然不同。伦理学意义上的 arete 从自然属性转向了社会属性，从先天禀赋转向了后天培养。所以，伦理学意义上的 arete 与最原初的 arete 相比，内涵发生了三个方面的变化。首先，伦理学意义上的 arete 更强调本质性功能所具有的社会价值和作用，最初意义上的 arete 注重自然属性的天赋才能及其价值；其次，与之相应，伦理学意义上的 arete 更强调自然禀赋的后天潜移默化的培养；最后，arete 从最初泛指各种事物的本质性天赋才能，转变为主要指人的品德。arete 这种从自然禀赋意义上的先天才能到也需要后天教导和培养的品德意义上的转变，发生在公元前 6 至前 5 世纪的智者运动形成时期。至此，我们至少可以看出 arete 具有两种不同的含义——才能和品德。从先天的自然能力到需要后天成长的品德的转变，表明 arete 的内涵是在历史发展中不断转变的。这恰好证明了麦金泰尔在《伦理学简史》中的观点："事实上，无疑的是，当社会生活变化时，道德概念也变化。"[3]所以，智者学派之后，随着社会的进步，城邦的发展进入古典鼎盛时期。此时，由于社会交往日益频繁，社会关系日益复杂，arete 中的社会属性和社会价值越来越重要。因此，arete 最初的天赋才能逐渐为需要教导与培养的品德所取代。正因为品德日益重要，所以围绕品德的

---

① （古希腊）荷马：《伊利亚特》，罗念生、王焕生译，上海：上海人民出版社，2013 年，第三册，第 802-803 页。原诗第 15 卷第 642 行；第四册，第 1066-1067 页，第 411 行。

② （古希腊）柏拉图：《理想国》，郭斌、张竹明译，北京：商务印书馆，2010 年，第 40 页，352E-353A。

③ （英）阿拉斯代尔·麦金泰尔：《伦理学简史》，龚群译，北京：商务印书馆，2004 年，第 22 页。

形成问题展开了是否可以传授与可以教导的争论。

柏拉图的《普罗泰戈拉篇》直接讨论了美德是否可教育的问题①。苏格拉底代表美德不可传授的一方，普罗泰戈拉则代表美德可传授的一方。但是，对话并不是以双方展开平等的论战的方式进行的，而是以苏格拉底向普罗泰戈拉请教的方式进行的。苏格拉底认为，涉及政治上的美德“这种事情是不可教的”②。讨论建筑工程或制造轮船事务时，必须听取建筑师或造船师的建议，但讨论国家的统治问题时，则建筑师、鞋匠、诗人、农夫都可有建议权。究其原因，建筑、造船之类的技艺是可教的，政治智慧之类的美德是不可教的。正如苏格拉底所说的：“普罗泰戈拉，基于这些事实，我认为美德不可教。”③普罗泰戈拉回答说，美德是可教的。他认为美德不是天生的也不是自发产生的，而是约定俗成的，因而可教。这一点在城邦的政治生活和公民的日常生活与教育中处处都能发现。在政治生活中，人们会训斥甚至惩罚那些不虔诚、不勇敢或鲁莽、轻率冒失等方面的言论与行为；但是人们不会指责、惩罚那些天生长相有缺陷的人。关键原因就在于，政治生活中的“那些好品质被认为是通过关心、教导和实践获得的”④。但是，相互尊敬和公正是宙斯赐予每一个人的，所以是所有人天生都具有的美德，目的是维护城邦的发展和正常秩序。人们正是根据相互尊重和公正制定了各种道德和法律，由此进入文明社会。对于普罗泰戈拉的回答，苏格拉底并没有立即直接反驳，反而给予很高的评价。但是苏格拉底提出了美德是不是一个整体的问题，确切地说，美德是一个像人脸由眼睛、鼻子和嘴巴组成的有机整体还是像金子一样各部分都一样的整体？苏格拉底之所以提出这一问题，是因为他真正关心的是美德是否具有绝对的客观的共同的价值标准。从他和

① （古希腊）柏拉图：《柏拉图全集》（第一卷），王晓朝译，北京：人民出版社，2002 年，第 440-449 页，319B-328E。

② （古希腊）柏拉图：《柏拉图全集》（第一卷），王晓朝译，北京：人民出版社，2002 年，第 440 页，319B-319E。

③ （古希腊）柏拉图：《柏拉图全集》（第一卷），王晓朝译，北京：人民出版社，2002 年，第 441 页，320C。

④ （古希腊）柏拉图：《柏拉图全集》（第一卷），王晓朝译，北京：人民出版社，2002 年，第 445 页，323D-323E。

普罗泰戈拉的谈话中，我们可以看出，苏格拉底自身也相信美德可教，只是他不同意普罗泰戈拉认为美德可教的理由。普罗泰戈拉因为美德是约定俗成因而是可教的观点，在苏格拉底看来正是他所极力反对的。因为他认为美德可教出自人所共有的理智本性。人灵魂中的理智本性即努斯（νουσ）是神将自身的本质赋予我们，因而人的心灵就具有了高级理智活动的能力，人才能获得具有普遍性的、绝对的知识——智慧。“美德即知识”这一苏格拉底道德哲学的基本命题，所表达的只不过是人的理智本性贯穿于认识和道德领域，意味着人的理智本性和道德本性的统一性。

总之，在公元前 5 世纪前后，arete 的含义发生了根本性的变化，尽管这一变化开始时或许并不为人所知。这一变化就是，arete 的内涵重心从原先的先天能力转向后天教导和培养的美德（或品质）。所以，关于美德是否可教的问题在当时是一个普遍的话题，引起了当时思想家的广泛关注与讨论。这一争论的盛况不仅反映在柏拉图的著作中，也体现在公元前 5 世纪前后的普罗泰戈拉、德谟克利特的著作中。虽然苏格拉底之前哲学家的著作几乎全部失传，但是我们还是可以在二手研究性或传记性材料中发现这方面的线索。例如第欧根尼在《名哲言行录》中提到普罗泰戈拉的主要著作中有一部就是《论德性》，德谟克利特同样也有一部名为“论德性”的伦理学著作[①]。

围绕美德是否可教的问题，正反双方就维护与反对 arete 的传统解释进行了针锋相对的论战[②]。正方从维护 arete 的传统定义出发，认为美德既不能传授也不能学习。理由有五个方面：第一，如果美德可教，就像赠予受教者某种礼物一样，带给对方一瓶葡萄酒，你自己就失去了品尝的机会；第二，如果美德可教，就像教几何学一样，必须有美德教师；第三，如果美德可教，则像智慧这样一种最重要的美

① （古希腊）第欧根尼·拉尔修：《名哲言行录》，马永祥、赵玉兰、祝和军，等译，长春：吉林人民出版社，2011 年；普罗泰戈拉的《论德性》见该书第 497 页，德谟克利特的《论德性》见该书第 490 页。

② 记述美德是否可教的论战据国内学者考证，出现在题为“Double Argument”的文章中，原文作者已无法确定，原文也没有相应的英文和中文译文。本文这一部分的写作主要参考：汪子嵩、范明生、陈村富，等：《希腊哲学史》，北京：人民出版社，2004 年，第 156-158 页。

德，城邦公民都会将它像一门技艺一样传授给自己的下一代；第四，如果美德可教，那么那些在自诩的智者门下学习的人为什么没有取得预期的发展；第五，没有跟随有智慧的人学习的人却具有超越一般人的美德。反方从捍卫 arete 内涵的历史发展出发，认为美德既可教也可学习。反方也提出了五个方面的理由反击：第一，正方的第一理由逻辑混乱。因为知识的传授和物质礼品的馈赠是两种不同性质的交换。有形物质的互通有无固然会因此而“失彼”，但精神思想上的交流只会使双方都受益，而不会是顾此失彼。教师教授知识不会使自己失去知识，反而会增加自己的知识——教学相长。第二，已经有传授美德的教师，智者就是美德的传授者。第三，古希腊城邦中就有教授自己子女智慧的人。第四，任何跟随教师学习的人虽然有教师的指点，但并不一定都有进展。就好像学习任何一门技艺的人进步有大小之分一样。第五，许多没有跟随教师学习的人进步是因为其他人的教授，如父母或者朋友的教育。

美德的论战问题在当时并不被认为是一个全新的论题，说明美德可教问题在公元前 5 世纪前后就已经很普遍。文德尔班在《古代哲学史》中写道：“在公元前五世纪，整个希腊都产生了对教育的渴望，一方面为了实际需要，另一方面也为了好奇心……这些公开科学的教师就是‘智者’。”[①]到公元前 4 世纪，亚里士多德哲学系统总结了公元前 5 世纪以来，以雅典为中心的古典哲学与此前古希腊哲学的不同——从对自然的关注转向对人的关注，人的本性、人的特长、人的实践及其品质因此都成为哲学关注的重点和核心。所以，最初的 arete 的含义发生转变：不指人的天生的特长和功能，而只指人在社会生活和政治生活中为人处世的品德。当然，这样一种品德不仅指在认识上求真的优秀，也指行为上的卓越。因此，德性也就被区分为理智德性和道德德性（或伦理德性）两类。总之，伦理学作为一门研究人的行为规范的道德哲学在亚里士多德的天才的创造力下就应运而生了。在亚里士多德的《尼各马可伦理学》中，arete 无论是作为理智德性还是

① （德）文德尔班：《古代哲学史》，詹文杰译，上海：上海三联书店，2009 年，第 99 页。

作为道德德性，都只是德性（virtue），而不再是天赋能力（nature faculty）。所以，德性（无论是理智德性还是伦理德性）不是自然的，而是在后天行为中养成和获得的。亚里士多德说：“没有什么德性是自然赋予我们的”[①]（1103a18-20），“德性有两类：理智德性和伦理德性。前者通过教导形成和培养，因此需要经验和时间；后者相反是从习惯中产生的”[①]（1103a1-17）。并且，亚里士多德进一步将德性看成灵魂的三种状态之一：“既然灵魂现象有三种：性情、能力和被称作品质的稳定品格，德性必属其中之一。”[②]（1105b18-20）其中，性情就是各种具体的情感总称，如欲望、愤怒、恐惧、自信、嫉妒、愉快和同情等；能力是对情感的感受性，如能使我们感受悲伤或怜悯之类的状态；品质是正确处理情感的稳定倾向。德性不是情感和能力，它只能是品质。因为情感和能力都不是评价善恶的标准，只有德性才是评价善恶（一个人是好人还是坏人）的标准。同时情感也不是自主决断的行为（一个人是否生气或愤怒并不是事先能由自己决定的），德性却是自主决断的行为；而能力是自然禀赋，德性却必须在行为中不断形成和完善。所以，德性是一种稳定的品质——以中庸为目标根据理性进行选择的品质，是一种使得德性载体达到卓越并使其功能达到完善的品质。通过以上规定，亚里士多德非常明确地向我们表明，德性不是天赋能力。换句话说，德性不是视力、听力等自然能力，至少不是这些能力自身，而是能力的卓越的状态。要使一种天赋能力达到卓越的状态，当然必须在后天的实践中不断培养和完善。所以德性应该是源于自然而高于自然的能力，是将天赋能力不断完善于后天的形成和培养中，使之不断趋于卓越。

这里需要特别指出的是，原文在论述德性和自然能力之间的关系时，似乎前后矛盾。如果不是翻译的问题，就是原文存在令人费解之处。有理由认为，应该不是翻译的问题，因为国内三种不同的有影响

① （古希腊）亚里士多德：《尼各马可伦理学（注释导读本）》，邓安庆译，北京：人民出版社，2010年，第76页。

② （古希腊）亚里士多德：《尼各马可伦理学（注释导读本）》，邓安庆译，北京：人民出版社，2010年，第85页。这里的能力指“自然禀赋”，如视觉、听觉等。——原著译者注

力的翻译版本[1]都做了近乎相同的处理。因此，应该可以认为是原文的错漏所致，或是亚里士多德本身的论述不严谨。原文是这样论证德性和自然能力之间的关系的："所以德性既非出于自然本性而生成，也非反乎自然本性而生成，而是自然地接受了它们，通过习惯而达到完满。"[2]（1103a25）从这段话看，如果德性的形成首先接受了自然本性，那就顺理成章地表明，德性是源于自然，只不过这样一种自然本性在后来的实践中不断被强化，以至形成了一种固定的行为倾向与习惯。

总之，古希腊的德性概念从最初的天赋的卓越的能力或突出的功能，到古典时期转向突出后天培养和锻炼的意蕴，是社会发展的必然，体现了时代的要求。亚里士多德之后，没有产生直接论述德性本身的著作，至少没有产生对德性进行如同亚里士多德一般的形而上学式的系统探讨的著作。各思想家及其所代表的学派更多的是对具体德性的论述。例如，伊壁鸠鲁派简单地将德性看成实现快乐的工具，认为"德性是实现快乐的必要条件，即缺少它快乐也就不会存在"[3]，此外再也没有可供我们思量的关于德性本身更直接的论述，而对于各种具体德性的论述却很周全。中期斯多葛派的代表西塞罗在反对伊壁鸠鲁派的德性思想时，就引用了之前各学派关于至善、快乐、智慧、勇敢和公正等方面的诸多论述[4]。因此可以说，亚里士多德之后的德性概念都没有超出亚里士多德在公元前 4 世纪对德性内涵的概括和总结，基本上是在亚里士多德所揭示的德性的内涵道路上来运用的。例如，斯多葛派就特别突出了亚里士多德德性概念的理性本质。他们认为，德性就是过与自然相一致的生活。而自然就是神、

① 国内关于《尼各马可伦理学》中文翻译版本最有学术影响力的分别是：廖申白译注本，商务印书馆，2003 年；邓安庆译注本，人民出版社，2010 年；苗力田译注本，中国人民大学出版社，1999 年。

② （古希腊）亚里士多德：《尼各马可伦理学》，苗力田译，北京：中国人民大学出版社，1999 年，第 27 页。

③ （古希腊）第欧根尼·拉尔修：《名哲言行录》，马永祥、赵玉兰、祝和军，等译，长春：吉林人民出版社，2011 年，第 579 页。

④ （古希腊）西塞罗：《论至善和至恶》，石敏敏译，北京：中国社会科学出版社，2005 年，第 2 卷，第 35-94 页。

逻各斯，就是宇宙理性。这样一种作为理性的德性是“倾向于使整个生命相和谐的心灵状态”[①]。这种状况直到中世纪也没有实质性的改变。

2. 中世纪德性：关于神的德性

一般而言，古希腊的思辨理性精神和希伯来的启示信仰文化共同构成了西方文化的源头和核心。公元 1 世纪前，古希腊文化是主流；罗马帝国建立后，希伯来文化逐渐上升并取代古希腊文化占据了西方文化的主导地位，古希腊理性哲学沦为启示神学的婢女。正如早期经院哲学最主要的反辩证法代表人物达米安所说的：“哲学要像婢女服侍主人那样恭顺地为信仰效劳。”[②]德性思想作为西方文化的重要组成部分，也必然经历了与整个西方思想文化发展相一致的过程。到斐洛（Philo，公元前 20—50）和奥古斯丁时期，西方德性思想已逐渐演变为服务于信仰上帝的理论工具。经院哲学时期，这一倾向进一步在托马斯的德性论神学思想中得到加强。

2.1　斐洛的德性思想

斐洛是罗马帝国建立时期的犹太哲学希腊化的代表人物，是两种思想（古希腊与希伯来）交融汇通的创立者和推动者之一。当然，斐洛是从希伯来文化的视野来理解古希腊哲学思想的，因而也是向神学转变的过渡时期的关键人物。对于斐洛而言，如何将犹太教思想解释成概念性的智慧体系，是时代赋予古希腊哲学的根本任务，也是他的神圣使命。受斯多葛派隐喻式解释神话的启发，斐洛综合柏拉图、斯多葛派，间杂亚里士多德的思想，提出了所谓的“寓意解经法”，用以解释摩西教义。斐洛在《论沉思的生活》中这样解释“寓意解经法”：

> 圣经用寓言表达内在含义。对这些人来说，整部律法书就如同一个活生生的生命，字面规章是给躯体的，隐藏在措辞里面的

① （古希腊）第欧根尼·拉尔修：《名哲言行录》，马永祥、赵玉兰、祝和军，等译，长春：吉林人民出版社，2011 年，第 369 页。

② 张志伟：《西方哲学史》，北京：中国人民大学出版社，2010 年，第 169 页。

> 无形的思想则是给灵魂的。正是在无形思想中，理性灵魂开始沉思与它自身类似的东西，并如同通过一面镜子那样看到语词概念之大美，展示并除去象征的外衣，让思想显明给那些心有灵犀的人，他们能够通过外在的可见的东西辨明内在的隐秘。[①]

从对神启的坚定信仰出发，斐洛通过寓意解经法将柏拉图体系中的最高理念“善”改造成绝对的超越者——上帝。作为绝对的超越者，上帝超越了一切规定性，超越了人类的一切观念性指征，超越了人类的德性和智慧。上帝因善而创造了世界，以自身的无限权能而统治这个世界。上帝的权能一方面体现为柏拉图的“理念”，另一方面又意味着犹太教中的“天使”，二者最后统一于逻各斯。人作为上帝所创造的万物中的一分子，存在着作为永恒传承逻各斯的精神与可朽的肉体之间的对立。人自身之罪唯有通过上帝才能获救。途径是，节制欲望（源于斯多葛派的不动心伦理训条），通过理智德性获得真理以净化灵魂（亚里士多德的伦理主张），最终达到被上帝所吸纳的最高幸福的出神（εκστασιs）状态（柏拉图的用语）。因此，在斐洛看来，犹太教对上帝（或神）的信仰生活其实就是古希腊哲学所积极倡导的依赖于理智德性的哲学沉思生活。由于没有运用寓意解经法，非犹太人不能真正理解《圣经》字面规章之下的理性灵魂所沉思的无形思想，因而不能理解犹太教信仰的实质就是古希腊式的哲学生活，不能理解犹太教对上帝信仰其实代表着理智德性的最高峰。换句话说，古希腊哲学所称道的纯粹而高贵的精神生活方式只有在犹太教的信仰中才能真正实现，古希腊哲学的理性主义特质只有在犹太教的启示文化中才能得到真正的表征。

斐洛的德性思想是围绕对上帝的信仰这一根本目的而展开的，特点是以德性为根据解释《圣经》中的律法以及践行这些律法的犹太教发展历史中的人物。例如，对犹太教《旧约》中的亚伯拉罕、以撒和雅各，斐洛认为根据寓意解释，这三人体现了借教导、本性和践行所共同展现出来的崇高德性，并且，这三人也各自表现出不同的卓越德

---

① 汪子嵩、范明生、陈村富，等：《希腊哲学史》，北京：人民出版社，2010 年，第四卷下，第 1423 页。

性。根据所存文献，我们唯一能确定亚伯拉罕一生所表现出的崇高德性是对上帝的虔敬——对上帝命令的无条件服从。上帝命令他离开自己的国家，离开故土，亚伯拉罕不假思索地执行，踏上寻找新的家园的征程。上帝命令他献出自己的独生子以撒，他也毫无怨言。所以，亚伯拉罕的一生就是热爱上帝，跟随上帝和服从上帝的一生。以至斐洛评价说，亚伯拉罕本人就是律法，一部不成文的律法（奉献自己的一生服务上帝的律法——笔者注）[①]。除此以外，斐洛在对犹太教摩西十诫以及其他律法进行寓意解释时，还专门论证了公正、善良、勇敢与改过迁善等具体德性。因而，斐洛的寓意解经法其实就是德性解经法，德性思想贯穿于他对希伯来律法解释的方方面面。

2.2　奥古斯丁的神学德性

奥古斯丁是系统构建神学德性的第一人。这种系统性不仅体现在他对德性本身以及善恶来源问题进行了形而上学的论证，还体现在他从神学信仰的角度论证了古希腊的四主德以及第一次根据《圣经》提出信、望、爱神学三德。首先，从德性本身来看，奥古斯丁认为，“美德不是那些基本的善（本身），因为德性是后来发生的，是通过教育引入的。但德性是人类诸善（人的一切善来源于上帝）中最高的善，其作用是持久地与来自人内在的邪恶做斗争”[②]。也就是说，德性对于人的积极意义是，指导人正确对待一切事物（无论善恶）以臻完美。“美德之所以是美德，仅在于它能指导一切被它善用的善物，和一切被它善用的恶物，以及它本身，走向我们和平得以完善的目的地，这个目的地如此完善与伟大，以致不会再有更好或更大的地方了。”[③]

其次，通过对德性的本性与作用的描述，我们知道德性只是善用万物与内在的恶（内心的恶、灵魂的恶）做斗争，本身还不是基本的善，那么善恶又是什么且产生于何处呢？奥古斯丁认为，善源于万能之主上帝，所以善是永恒不变且单纯的。“所以凡善的东西，无论大

---

① （古罗马）斐洛：《论摩西的生平》，石敏敏译，北京：中国社会科学出版社，2007年，第14页。

② （古罗马）奥古斯丁：《上帝之城》，王晓朝译，北京：人民出版社，2006年，第907页。“德性”在奥古斯丁著作中被翻译为“美德”，引用译文时保留“美德”一词的翻译，他处稍有改动。

③ （古罗马）奥古斯丁：《上帝之城》，王晓朝译，北京：人民出版社，2006年，第918页。

小，只能从上帝而来。”[①]而恶只是善的缺乏，奥古斯丁说：“我们所谓的‘恶’究竟是什么？它无非是善的缺乏。正如在动物身上，所谓伤病无非是健康的缺乏，当身体痊愈时，先前的‘恶’，即伤病，并非离开身体寄居他方，而是完全不复存在。”[②]恶是善的缺乏，说明善是可变的，有时存在，有时不存在。上帝的善是永恒不变的大善，万物的善虽然源自上帝，“但因它们不像其造物主那样至善而恒善不变，所以它们的善可以消长”[③]。“每一存在都有一种善，不可败坏的是大善，可败坏的是小善。”[③]人的善是一种可败坏的小善，所以人具备作恶的可能。上帝允许恶的存在，“因为在将善与恶做对比的同时，我们就会更加欣赏、珍视善”[④]。恶作为缺乏，在奥古斯丁看来都是上帝创造万物的完善秩序中的缺陷，共有三类：物理的恶、认知的恶和伦理的恶。物理的恶是万物不完善的本性造成的恶，例如，人的生老病死，自然灾害。认识的恶是人的理智上的不完善造成的恶。认识的恶在对人的影响上远甚于物理的恶。伦理的恶是由于“人离弃那属于上帝的真正永存的事，而趋向可变不恒定之物”。这类恶的真正根源在于人的自由意志的错误选择：“背离了不变的和共同的善，追求个人的善，即外在于自身、低于自身的善。”[⑤]总之，对于人而言，恶的产生有两方面的根源：第一是人作为可变之善的受造者离弃上帝的不变之善。“我们享有一切善的根源是上帝的善，而众恶的根源则是可变之善的受造者离弃了创造者的不变之善——先是天使，后是人类。”[⑥]第二是人的无知与贪欲。由于人的善的初次丧失，“对责任的忽视和对有害事物的贪求便悄然潜入了人的心，这甚至有违人自己的意志。接踵而

---

① （古罗马）奥古斯丁：《恩典与自由》，奥古斯丁翻译小组译，南昌：江西人民出版社，2008年，第64页。

② （古罗马）奥古斯丁：《论信望爱》，许一新译，北京：生活·读书·新知三联书店，2009年，第33-34页。

③ （古罗马）奥古斯丁：《论信望爱》，许一新译，北京：生活·读书·新知三联书店，2009年，第34页。

④ （古罗马）奥古斯丁：《论信望爱》，许一新译，北京：生活·读书·新知三联书店，2009年，第33页。

⑤ 转引自赵敦华：《基督教哲学1500年》，北京：人民出版社，1994年，第168页。

⑥ （古罗马）奥古斯丁：《论信望爱》，许一新译，北京：生活·读书·新知三联书店，2009年，第45页。

来的是人的谬误与痛苦。人在意识到谬误、痛苦逼近时，心便蜷缩，这就是所谓的惧怕。当人心达到贪求的目标时，无论这目标何等有害或虚妄，谬误却使人不能认识它的真相，或者人病态的锐念此时胜过了他的知觉，愚妄的快乐于是使人自鸣得意”[①]。

最后，奥古斯丁从维护基督教信仰的角度改造了柏拉图提出的“四主德”，并且根据《圣经》首次提出了“信望爱”三种神学德性。在智慧、勇敢、节制和正义的四主德中，奥古斯丁认为节制就是节制欲望，止息身体和灵魂的纷争，确保心灵处于本然状态。也就是说，奥古斯丁认为，德性作为持久和邪恶做斗争的品质，首先表现在“情欲和圣灵相争”中。“这种美德约束肉身的欲望，防止它们把心灵拖向罪恶，确保心灵的判断。”[②]如果寻找柏拉图和奥古斯丁之间的四主德对应关系，则智慧在奥古斯丁的论述中变成了审慎。审慎这种德性的作用就是让我们正确区分善恶：“对这种被称作审慎的美德我们该说些什么？她的全部精力不都用在分别善恶，使我们在求善避恶时可以不让谬误潜入吗？而审慎本身不是在借此检验居住在邪恶之中的我们或居住在我们中间的邪恶吗？”[③]正义这种德性，奥古斯丁沿用柏拉图的解释，就是“使一切事物各得其所”。因此，“人自身就有某种天然的公正秩序，灵魂服从上帝，身体服从灵魂，而身体和灵魂都服从于上帝”[③]。对于柏拉图所说的勇敢，奥古斯丁没有直接论及，是否因为勇敢和信仰上帝之间缺乏直接的关联性？或者我们可以将在《上帝之城》第十九卷第四章中所论及的坚忍这种美德看成古希腊的勇敢。坚忍在奥古斯丁看来，是在我们受到疾病或其他精神上的痛苦折磨时，不放弃生命的一种德性。

对于这四种德性，奥古斯丁特别强调它们的神学意义和价值。他说：“没有真正的宗教，就没有真正的德性”，“心灵看起来似乎拥有它所向往的美德，借此统治身体和德性，但若与上帝无关，那么它实际

---

① （古罗马）奥古斯丁：《论信望爱》，许一新译，北京：生活·读书·新知三联书店，2009年，第45页。

② （古罗马）奥古斯丁：《上帝之城》，王晓朝译，北京：人民出版社，2006年，第907页。

③ （古罗马）奥古斯丁：《上帝之城》，王晓朝译，北京：人民出版社，2006年，第908页。

上是真正的恶德，而不是美德”[1]。所以，奥古斯丁提出了信仰、希望和爱三种神学德性。“‘主祷文’和《使徒信经》示范出信、望、爱这三种恩赐究竟是什么：信是相信上帝，望和爱则是向上帝祈求。”[2]这三种德性相互区别又相互依存。概言之，信指信仰、相信与信心，这三者都指向上帝：信仰以相信为前提，信心也是信仰坚守的前提和条件。望指希望、盼望，盼望与上帝同在，过上永恒的幸福生活。爱当然也是爱上帝。但是，在信望爱三德中，奥古斯丁最强调爱，因为爱是比前两者更大的恩赐。“比信与望更大的恩赐是爱，是圣灵将爱浇灌在我们心里。”[3]奥古斯丁更强调爱，还因为爱就是上帝的化身或上帝本身：人只有靠这种爱才能遵守律条、诫命，爱上帝，爱上帝之所爱，最终获救。

2.3 托马斯·阿奎那的神学德性论

托马斯·阿奎那是整个基督教哲学中最伟大的神学家，是经院哲学中最杰出的代表人物。这不仅是因为他构建了最系统的经院哲学神学体系，还在于他开创性地将亚里士多德的思想以及其他古希腊理性哲学的思想融合于神学体系中，实现了基督教哲学从以柏拉图思想为基础的奥古斯丁主义到以亚里士多德思想为基础的托马斯主义的转变，完成了对基督教神学的理智主义的改造。托马斯·阿奎那是基督教神学哲学的集大成者。

德性思想是托马斯神学体系的重要组成部分，有的学者甚至认为“托马斯的神学在一定意义上就是神学德性论”[4]。姑且不论这种看法是否正确，单从《神学大全》这部鸿篇巨制的内容构成来看，所论非虚。十七卷本的《神学大全》，直接论及德性主题的从第四卷一直到第十卷，占据全书的三分之一还多。正因为如此，著名学者江畅认为，托马斯神学“是迄今人类历史上最系统的基督教神学德性伦理学”[5]。笔者认为，这一系统性可以从托马斯神学的内容、结构、目

---

① (古罗马)奥古斯丁:《上帝之城》，王晓朝译，北京：人民出版社，2006年，第945-946页。
② (古罗马)奥古斯丁:《论信望爱》，许一新译，北京：生活·读书·新知三联书店，2009年，第30-31页。
③ (古罗马)奥古斯丁:《论信望爱》，许一新译，北京：生活·读书·新知三联书店，2009年，第112页。
④ 江畅:《西方德性思想史(古代卷)》，北京：人民出版社，2016年，第509页。
⑤ 江畅:《西方德性思想史(古代卷)》，北京：人民出版社，2016年，第510页。

的、性质、理论来源与构成上得到证明。从内容和结构来看，托马斯·阿奎那首先形而上学地论证了德性的形成、本质、主体和构成，然后论证了各种具体德性（更确切地说是将奥古斯丁所提出的神学三德与亚里士多德德性论中的四种德性[①]结合起来，形成后来被教会认可的神学“七德”），遵循了系统性构成的逻辑要求：从抽象到具体，从普遍到特殊。从目的和性质上看，托马斯·阿奎那的德性论以使人皈依上帝从而最终获救为目的，所以他的德性思想是以神学为出发点和归宿的德性论。也就是说，托马斯是将德性看成实现神学目的的工具。因而，德性论也就构成了托马斯整个神学思想的一个有机组成部分。从理论来源与构成上看，托马斯的德性思想乃至他的整个神学思想都建立在亚里士多德德性论的基础上，同时吸收了奥古斯丁的德性思想，将两者有机地融合在一起。更确切地说，托马斯·阿奎那针对13世纪基督教所面临的新的异教思想以及内部的异端思想的严峻形势，创造性地从亚里士多德的哲学出发重新论证和解释奥古斯丁的正统神学思想，使之更具思想基础和理论的合理性，更适应当时启示神学发展的需要。例如，关于上帝存在的证明问题，托马斯放弃了奥古斯丁对上帝的理性证明以及安瑟伦的上帝本体论证明，转而从亚里士多德的形而上学思想（即从亚里士多德关于存在的变化思想：四因、潜能与现实）出发，对上帝存在进行宇宙论的后天证明。这一证明形式，既没有放弃奥古斯丁的神学立场，也没有放弃安瑟伦的理性证明模式，同时将亚里士多德的经验论的认识思想渗透其中，从而体现了托马斯神学德性论思想的系统性。

托马斯·阿奎那是整个基督教哲学中第一个也是唯一明确而系统地探讨德性本身是什么的神学家。在《神学大全》中，托马斯系统探讨了[②]德性的本质、德性的主体、德性的分类、德性的原因和德性的

① （意）圣多玛斯·阿奎那：《神学大全（第九册）》，胡安德译，台南：碧岳学社，2008年，第168-173页。第二集第二部，第61题第1-3条。对应的英文原著标示：Summa Theologiae，Ⅱ（Ⅱ），Q. 61，art1-3.

② （意）圣多玛斯·阿奎那：《神学大全（第五册）》，刘俊余译，台南：碧岳学社，2008年，第55页。第二集第一部，第55题、第56题、第57题、第63题、第64题。Summa Theologiae，Ⅱ（Ⅰ），Q. 55-57/63/64.

特点这五个问题。就第一个问题，托马斯认为，德性的本质首先应该是“人的一种习性”[①]。习惯有行动之习惯和存在之习惯两种，“人的德性是行动的习性”[②]。而人行动的习惯又有向善和作恶两种可能，作为人行动习惯的德性只能是为善的行动习惯。因为每一事物的德性是这一事物能力的极限，因而是善。恶意味着亏欠，是极限具有的反面。具有了这种为善的极限的行为习惯，我们就能过上“正直生活，无人将其用之于恶”[③]。综上所述，德性的本质也即德性的定义是指属于人灵魂的为善的行为习惯，这一行为习惯使人过正直的生活，而不会用之于恶。这一善的行为习惯的德性源于上帝，是上帝植根于人心中的。

就第二个问题，托马斯·阿奎那认为德性的主体首先意味着“灵魂的一种能力”[④]。这种能力或者是完善的行动机能本身，或者是使这一行动取得最理想的目标的机能结果。从亚里士多德出发，灵魂是一组心理能力。这些能力“包括营养、欲望（欲望也是意志的表现）、感觉、位移和思维（或被认为是理智）”[⑤]。“作为能力，一种德性可以依附于灵魂不同的状态从而具有不同的功能表现。但是，同一种德性只能表现为一种主要能力，体现在其他能力上只起次要的或辅助性的作用。”[⑥]在灵魂的上述五种能力中，理智和意志都可以成为德性的主体（为德性所依附）[⑦]，急躁性情和贪欲也能成为德

---

① （意）圣多玛斯·阿奎那：《神学大全（第五册）》，刘俊余译，台南：碧岳学社，2008 年，第 57 页。Summa Theologiae，Ⅱ（Ⅰ），Q. 55，art1.

② （意）圣多玛斯·阿奎那：《神学大全（第五册）》，刘俊余译，台南：碧岳学社，2008 年，第 59 页。Summa Theologiae，Ⅱ（Ⅰ），Q. 55，art2.

③ （意）圣多玛斯·阿奎那：《神学大全（第五册）》，刘俊余译，台南：碧岳学社，2008 年，第 62 页。Summa Theologiae，Ⅱ（Ⅰ），Q. 55，art4.

④ （意）圣多玛斯·阿奎那：《神学大全（第五册）》，刘俊余译，台南：碧岳学社，2008 年，第 65 页。Summa Theologiae，Ⅱ（Ⅰ），Q. 56，art1.

⑤ 苗力田主编：《亚里士多德全集（第三卷）》，北京：中国人民大学出版社，1992 年，第 36 页。“论灵魂”414a30-32。

⑥ （意）圣多玛斯·阿奎那：《神学大全（第五册）》，刘俊余译，台南：碧岳学社，2008 年，第 55 页。第二集第一部，第 56 题第 2 节，第 67 页。引文出于符合中国大陆文法习惯的需要在不改变原文意思的情况下有所改动。Summa Theologiae，Ⅱ（Ⅰ），Q. 56，art，2.

⑦ （意）圣多玛斯·阿奎那：《神学大全（第五册）》，刘俊余译，台南：碧岳学社，2008 年，第 68 页。Summa Theologiae，Ⅱ（Ⅰ），Q. 56，art，3.

性的主体[①]；但是感觉能力却不能成为德性的主体[②]。理智和意志作为德性的主体不同在于：理智是德性的相对主体，而意志则是德性的绝对主体。这是因为理智作为德性是一种行动的能力（潜能），而意志则使得行动成为现实。所以，托马斯·阿奎那说："不仅使得一个人具有善于行动的能力，而且使得他现实行动出色的德性，必定是意志本身或者是被意志所推动的能力。"[③]因而，理智只具有相对意义的善（相对德性主体），而意志具有绝对意义的善（绝对德性主体）。急躁性情和贪欲之所以能成为德性的依附体（主体），是因为它们能被理智所控制，正如身体是被灵魂所统治的一样。托马斯的这一说明完全是亚里士多德的翻版："急躁性情和贪欲本身作为感性欲望的一部分，没有资格成为德性的主体。但是，它们的天性使得它们能服从理性从而分享理性。就此而言，它们能成为人类德性的主体。"[④]诸如记忆、知觉等感知能力之所以不能成为德性的主体，是因为就求知而言，它们不能达到认知的完美状态，只有理性才达到求知的完美状态。感觉能力只是理性的准备状态，虽然它们也是一种习惯性的能力。

就第三个问题，托马斯将德性划分为三类[⑤]：理智德性、道德德性和神学德性。首先，对于理智德性，托马斯讨论了理智德性的内部构成问题。理智德性因为理智在求真和行善两方面（以亚里士多德的话来说就是思考始因不变事物和可变事物的不同[⑥]）的不同作用而被相应划分为思辨理智德性和实践理智德性。speculative（思辨）源于拉丁文 speculativus，与实践知识相对立，意味着获得一种以自身为目的

① （意）圣多玛斯·阿奎那：《神学大全（第五册）》，刘俊余译，台南：碧岳学社，2008 年，第 71 页。Summa Theologiae，Ⅱ（Ⅰ），Q. 56，art，4.

② （意）圣多玛斯·阿奎那：《神学大全（第五册）》，刘俊余译，台南：碧岳学社，2008 年，第 73 页。Summa Theologiae，Ⅱ（Ⅰ），Q. 56，art，5.

③ Aquinas T，*Treatise on the Virtues*，Oesterle J A（trans.），South Bend：University of Notre Dame Press，1984，p. 60，Ⅱ（Ⅰ），Q. 56，art，3.

④ Aquinas T，*Treatise on the Virtues*，Oesterle J A（trans.），South Bend：University of Notre Dame Press，1984，p. 62. Ⅱ（Ⅰ），Q. 56，art，4.

⑤ Aquinas T，*Treatise on the Virtues*，Oesterle J A（trans.），South Bend：University of Notre Dame Press，1984，p. 67. Ⅱ（Ⅰ），Q. 57.

⑥ （古希腊）亚里士多德：《尼各马可伦理学》，廖申白译注，北京：商务印书馆，2003 年，第 166 页。1139a4-6。

的理论知识。思辨的理智德性作为一种习惯性，以求真为目的而无关与欲望相关的实践目的之宏旨；并且，思辨作为德性意义上的求真的习惯性或能力，仅仅意味着使人具有善于思想的可能性，绝不等同于也使人思想这一活动完成得好。也就是说，不等同于好的思想活动的实现。这样的德性共有三种：智慧（wisdom）、科学（science）和理解（understanding）。这三种德性中，科学知识似乎是另类，确切地说，在托马斯看来[①]，科学知识（真理）作为理智德性不是一种能力或习惯，而是能力习惯和能力的结果——依靠智慧和理解两种理智德性发挥的结果。之所以存在智慧和理解的不同，是因为真理获得的途径不同，所对应的德性也不同。托马斯说："真理能以两种方式被思考：第一是通过自身被认识，第二是通过其他事物被认识。"[②]第一种方式即通过自身而被认识的是诸如原理一类的知识，使得直接获得这一知识的理智能力完善的德性就是理解力。而在第二种方式（不是直接通过理智而是通过对原因的追溯而获得真理）中，"真理被理解为一种界限（或终点）：或者是具体事物的终点，或者是人类所有知识的终点"[③]。智慧就是人类所有知识的终点，是获得"最高原因"的德性。实践的理智德性包括明智和技艺两类。技艺（art）只是做好某一类工作的能力（与意愿无关），或者说是善于某种操作性的活动习惯——以托马斯的原话来说，"技艺除了是所要完成的工作的正确理性之外什么也不是"[④]。与之相比，明智则不仅是

---

① 托马斯对这三种理智德性之间的确切关系并没有直接的论述，而且，托马斯对智慧的看法显然与亚里士多德有所区别。表现在两方面：一是亚里士多德将智慧定义为科学与努斯的结合。也就是说，智慧不仅知道从始点开始的推论，也知道推论的始点本身。托马斯似乎只是将智慧看成从始点开始的推论。二是亚里士多德的智慧不仅指思辨的理智德性方面，也包括实践的理智德性方面，但是托马斯的智慧似乎仅指思辨的理智德性。正如他所说："针对不同的可知物具有不同的可知习性，但智慧只有一种。" Aquinas T，*Treatise on the Virtues*，Oesterle J A（trans.），South Bend：University of Notre Dame Press，1984，p. 70，Ⅱ（Ⅰ），Q. 57，art，2. 比较《尼各马可伦理学》，第6卷第7章，1141a8-1141b23。

② Aquinas T，*Treatise on the Virtues*，Oesterle J A（trans.），South Bend：University of Notre Dame Press，1984，p. 69，Ⅱ（Ⅰ），Q. 57，art，2.

③ Aquinas T，*Treatise on the Virtues*，Oesterle J A（trans.），South Bend：University of Notre Dame Press，1984，pp. 69-70，Ⅱ（Ⅰ），Q. 57，art，2.

④ Aquinas T，*Treatise on the Virtues*，Oesterle J A（trans.），South Bend：University of Notre Dame Press，1984，p. 71，Ⅱ（Ⅰ），Q. 57，art，3.

完成好的工作的潜能，而且也是能现实地出色运用这一能力的能力。所以，明智这种德性对人的好的生活极其重要，因为人要过好的生活，不仅涉及做什么，而且涉及如何做。明智就是一种关涉人类行为这两方面的一种德性。因而，托马斯认为“明智是人类过好的生活所必需的一种德性”[①]。更具体地说，在人类的三种理性行为——沉思（deliberation）、判断（judgment）和命令（command）中，前两种行为属于思辨理性行为，后一种属于实践理性行为。命令的行为无疑是人的三种理性行为中最高的行为，其他两种行为必须服从于它。

其次，对于道德德性，托马斯又主要讨论三个问题：与理智德性的区别，道德德性内部的区别和四主德。首先，对于和理智德性的关系问题，托马斯的基本观点是：两者之间的不同是由于各负其责的灵魂状态的不同，两者的联系是都服从理性的指导。这种解释基本是亚里士多德主义的。由《神学大全》第二章第二节的注释 46 的论述可知，在亚里士多德的灵魂划分为理性和非理性的构成中，非理性灵魂的情感与欲望部分虽然自身不是理性，可是能服从和接受理性的指导，所以灵魂的这一部分在理性指导下所达到的最佳状态就是道德德性。但是，托马斯并未完全从亚里士多德的意义来理解道德德性，他也将目光转向了道德德性在中世纪拉丁语文化语境中的变化。这些变化在他看来首先就表现在“道德”一词的拉丁语词源上。托马斯说：“英语中的 moral virtue 一词来源于拉丁语中的 mos。后者即拉丁语中的 mos 有两种含义：一是完成某一具体活动的自然倾向或类似自然倾向之物，二是习惯。”[②]这两种含义实质上并无太大区别，因为习惯也就是某种行为倾向。所以，道德德性在拉丁语中就意味着行为的自然倾向，是“在灵魂的欲望部分进行正确选择的力量”[②]。作为主宰灵魂中欲望能力的道德德性，本质上是理性控制欲望的对抗而做出正确选择的能力。因而，道德德性和理智德性既联系又区别的辩证关系就

---

① Aquinas T，*Treatise on the Virtues*，Oesterle J A（trans.），South Bend：University of Notre Dame Press，1984，p. 76，Ⅱ（Ⅰ），Q. 57，art，5.

② Aquinas T，*Treatise on the Virtues*，Oesterle J A（trans.），South Bend：University of Notre Dame Press，1984，p. 81，Ⅱ（Ⅰ），Q. 58，art，1.

是：都是使人行为完善的习惯性倾向，是引导“人类两种行动本源——理性或理智与欲望”[①]趋于完美的力量。由于所对应的灵魂的非理性的情感和欲望与理性的逻各斯的不同，两种德性所起的作用也就不同：“如果是完善思辨的或实践理智以使人的这方面行为更趋完美，那么这样的德性就是理智德性；如果是完善欲望部分，那么就是道德德性。由此可知，每一种人类德性或者是理智的，或者是道德的。”[②]

接着，托马斯讨论了道德德性之间的区别。尤其是与激情的关系[③]。激情因为三方面的缘由不可能是道德德性。第一，激情是感性欲望的活动；道德德性却是欲望活动的原则，是一种行为习惯，其本身不是欲望活动。第二，激情本身并不就是善或恶，因而不可能是德性。因为德性本质的指向是理性指导下的行为的中道，而激情本身却是非理性的，其善恶归属取决于它和理性的契合程度。因而，从它自身来看，激情既可以归于善也可以归于恶。第三，即使假定激情只与善恶中的一方相关，也不可能是道德德性。因为激情自身的运动从欲望开始而终止于理性，道德德性的运动却是从理性开始而结束于欲望。两者的运动方向相反。从古希腊传统来看，斯多葛派和亚里士多德创立的逍遥派都否认激情是道德德性，因为德性是“理性的完美运用，是灵魂的一种健康状态”[④]；而“激情阻碍了理性的运用，是灵魂的一种病态。因而，没有哪种德性和激情是相容的”[④]。但是，托马斯并没有完全同意传统的看法。他认为，激情是否具有道德德性，取决于我们如何理解激情。如果将之理解为情感的过度运动，则激情不可能是道德德性；但是如果将激情理解为众多的感性欲望的运动，则激情也能服从理性的指导从而具有道德德性。

---

① Aquinas T，*Treatise on the Virtues*，Oesterle J A（trans.），South Bend：University of Notre Dame Press，1984，p. 81，Ⅱ（Ⅰ），Q. 58，art，1.

② Aquinas T，*Treatise on the Virtues*，Oesterle J A（trans.），South Bend：University of Notre Dame Press，1984，p. 81，Ⅱ（Ⅰ），Q. 58，art，3.

③ Aquinas T，*Treatise on the Virtues*，Oesterle J A（trans.），South Bend：University of Notre Dame Press，1984，pp. 89-96，Ⅱ（Ⅰ），Q. 59，art，1-5.

④ Aquinas T，*Treatise on the Virtues*，Oesterle J A（trans.），South Bend：University of Notre Dame Press，1984，pp. 90-91，Ⅱ（Ⅰ），Q. 59，art，1.

四主德在托马斯看来应该属于道德德性。这是因为，从德性的完善程度上看，那些不仅使得行动主体具有良好的行动能力，也使得行动完成得好的德性是优于仅具有良好行动能力的德性的。例如，具有突出语言能力的人并不总是能正当地说话，因为会受到情感、欲望的影响，生气而失去理智的时候语言会失当。祥林嫂在极度痛苦和自责时喋喋不休地重复同一句话，会让人烦不胜烦。所以，完美的德性包含着对欲望和情感适当的要求。以此而论，道德德性优于理智德性。因为道德德性要求欲望的适当，不仅包含着良好的行动能力而且意味着能良好地行动。从表面看，托马斯关于理智德性和道德德性地位的解释与亚里士多德相抵牾。亚里士多德强调理智德性优于道德德性，因为道德德性之所以是德性，是由于服从了理性的指导。所以，从是否具有理性上看，道德德性也是理智德性。实质上，两人的观点并不矛盾，因为两人都强调德性的理性本质。只不过托马斯强调理性的作用，而亚里士多德强调德性的理性本质构成。总之，托马斯认为："完备的德性排列在不完备的德性之前，并且那些涉及欲望适当的德性被称为第一德性。"[①]因而，"有些道德德性适宜地称为第一德性或主要德性"[①]。这样的主德有四个[②]：明智（prudence）、正义（justice）、节制（temperance）和勇敢（fortitude）。明智是理性本身的行为主德，受理性支配的情形不同而有与之相对应的不同主德。行动受理性支配的主德是正义，欲望受理性支配又有两种不同的情形。当欲望超过理性的束缚泛滥成灾时的主德是节制，反之当欲望与理性的要求相比显得不足时的主德是勇敢。这四种主德之所以是所有道德德性中最主要的，是因为就形式方面看，其遍及所有德性；从质料上即从它们是不相同的具体德性上看，这四种德性也是最重要的。例如，明智就是一种命令的德性——一种赋予人的行为正确判断的指令性德性。

---

① Aquinas T，*Treatise on the Virtues*，Oesterle J A（trans.），South Bend：University of Notre Dame Press，1984，p. 109，Ⅱ（Ⅰ），Q. 61，art，1.

② Aquinas T，*Treatise on the Virtues*，Oesterle J A（trans.），South Bend：University of Notre Dame Press，1984，p. 110，Ⅱ（Ⅰ），Q. 61，art，2.

对于神学德性[①]，托马斯从一般形式和具体内容两方面进行讨论。首先，他认为德性在一般意义是一种将人导向幸福的行为习惯。因而，人就有因人的自然天性而获得幸福和因上帝的德能而获得幸福两种途径。依靠人的天性获得幸福的能力就是世俗道德，依靠上帝的德能获得的幸福就是神学德性。其次，神学德性有三种[②]：信（faith）、望（hope）和爱（charity）。在世俗德性之外，还需要这三种德性是因为上帝所指向的幸福超越了人的先天自然能力。人的天性中的两种能力引导我们过有德性的幸福生活：一是理性或理智的自然之光（包括思辨的和实践的两方面），二是意志的正当运用。但是“这种能力都不足以引导我们走向上帝安排的超自然的幸福生活”[②]。正如《圣经》中所说的：“眼睛的看和耳朵的听都不能在人的心灵中留下上帝为爱他的人准备的事物。”[②]所以，在人的自然德性之外，必须增加三种神学德性。

对第四个问题即德性的形成原因问题与第五个问题即德性的特点问题，托马斯的解释基本上是亚里士多德意义上的[③]。就德性的形成原因来看，亚里士多德的解释是：“德性不出乎自然也不反乎自然。”[④]不出乎自然，是因为无论道德德性还是理智德性都需要后天的培养和锻炼才能形成；不反乎自然，是因为我们接受德性的能力是自然所赋予的。托马斯·阿奎那所做的工作是细化了对人的天性（nature）的理解。人的天性有两种：类的天性（specific nature）和个体的天性（individual nature）。人的类的天性就是人的理性灵魂这一普遍形式，

---

① Aquinas T，*Treatise on the Virtues*，Oesterle J A（trans.），South Bend：University of Notre Dame Press，1984，pp. 118-131，Ⅱ（Ⅰ），Q. 62，art，1-5.

② Aquinas T，*Treatise on the Virtues*，Oesterle J A（trans.），South Bend：University of Notre Dame Press，1984，p. 121，Ⅱ（Ⅰ），Q. 62，art，3.

③ 比较阅读托马斯·阿奎那的《神学大全》和亚里士多德的《尼各马可伦理学》：德性的形成问题参考阅读 Aquinas T，*Treatise on the Virtues*，Oesterle J A（trans.），South Bend：University of Notre Dame Press，1984，Ⅱ（Ⅰ），Q. 63，art，1-4，以及《尼各马可伦理学》（廖申白译注，2003 年），第 37 页注释 2。德性的特点问题参考阅读上述两部著作的Ⅱ（Ⅰ），Q. 64，art，1-4 和第二卷第七章，1107a25-1109b25.

④（古希腊）亚里士多德：《尼各马可伦理学》，廖申白译注，北京：商务印书馆，2003 年，第 36 页。1103a24。

个体的天性就是秉承这一理性灵魂的程度的差异以及其他感性能力方面的差异。因此，德性不是以完善的状态而是以发端和倾向性存在于我们之中的。就类的天性来看，德性的先天性体现在“关于人的思想和行为的自然而然所知的一些原理先天就存在于人的理性中——就好像是理智和道德德性的种子”[①]。就个体的天性来看，德性表现为“由于体质的差异呈现的对德性形成的好或坏的差异”[①]。就德性的特点而言，托马斯主要解释了中道（mean）[②]，这一解释也主要是亚里士多德的中道意义上的解释。德性的本质就是引导人趋于完善，道德德性就是灵魂中决定欲望的卓越的能力。但是，决定欲望是否正当的尺度和规则却源于理性自身，因而，道德德性就在于使得欲望遵循理性规则或和理性规则相一致。过度是超过了理性的标准或尺度，不足则是没有达到理性规则或尺度。所以，“很显然，道德德性遵守中道”[③]。理智德性“与道德德性一样也是遵守中道的”[④]：因为理智德性也是引导趋向完善的一种能力，所以必须服从理性自身的中道尺度或规则。然而，神学德性并不遵守中道，这一方面是因为神学德性的尺度和规则源于上帝，因而超越了人类的能力。我们所能做的是无限相信、希望和热爱上帝，因而应该竭尽全力走向上帝。无论何时，我们所能做的与神学德性所要求的相比总是显得不足。另一方面是因为我们自身条件的不同，在皈依上帝的途中或是不足或是遵守中道。

3. 现代德性：德性伦理学的复兴

与古代和中世纪相比，近代西方德性论关注的重点发生了转变：从个人德性转向社会规范，从个体德性转向社会德性。这一转变开始

---

① Aquinas T，*Treatise on the Virtues*，Oesterle J A（trans.），South Bend：University of Notre Dame Press，1984，p. 125，Ⅱ（Ⅰ），Q. 63，art，1.

② Aquinas T，*Treatise on the Virtues*，Oesterle J A（trans.），South Bend：University of Notre Dame Press，1984，pp. 132-137，Ⅱ（Ⅰ），Q. 64，art，1-4.

③ Aquinas T，*Treatise on the Virtues*，Oesterle J A（trans.），South Bend：University of Notre Dame Press，1984，p. 132，Ⅱ（Ⅰ），Q. 64，art，1.

④ Aquinas T，*Treatise on the Virtues*，Oesterle J A（trans.），South Bend：University of Notre Dame Press，1984，p. 135，Ⅱ（Ⅰ），Q. 64，art，3.

于14世纪的文艺复兴时期，完成于19世纪的工业革命的最终实现。核心论题围绕着“什么是良好社会”展开。因此，近代西方德性论在严格意义上的学科分类不属于德性伦理学，而被归于规范伦理学之列，因为这些理论主要是探讨良好社会所需要的个体或社会团体所必须具备的基本规范，尽管其中不乏关于德性这一概念的个别论述。正因为近代西方伦理学探讨的重心不是严格意义上的德性伦理学，所以安斯康姆《现代道德哲学》一文的发表[①]才被称为是当代德性伦理学复兴的标志。尽管学界对德性伦理学内涵的解读仍然分歧重重，但是对安斯康姆引起德性伦理学的复兴却难得的一致。本部分将紧扣德性伦理学的主题，从当代最具有影响力的德性伦理学理论入手论述德性概念的变化。

《现代道德哲学》一文被认为是当代德性伦理学复兴的标志，是因为安斯康姆率先发起了对近代以康德义务论和边沁功利主义为核心的伦理学的颠覆性批判，并积极主张回归亚里士多德的德性伦理学。在安斯康姆的激发下，德性伦理学成为当代伦理学的主流之一。瑞切尔斯（J. Rachels）说：“当代伦理学最迅速的发展，就是对德性伦理学持续不衰的热情。”[②]科德勒（Cordner. C）同样认为：“在当代道德哲学中，德性伦理学即使不是一枝独秀，也是出类拔萃的。”[③]

安斯康姆批判近代道德哲学，是因为近代道德哲学无法克服的理论和实践困境。这些困境表现在以下三个方面：第一，现代意义上的moral 已经完全偏离了亚里士多德意义上的“道德”。这主要体现在休谟对科学命题和道德命题所做的“是与应当”二元对立的区分上[④]。休谟认为，在是与应当之间存在着无法逾越的逻辑鸿沟，事实判断无法转换为价值判断。安斯康姆通过以下事例证明，事实判断和价值判断之间的转换是可能的。

假设我到杂货店订购土豆，我们可以用以下这些命题来描述这一

① Anscombe G E M，“Mordern Moral Philosophy”，*Philosophy*，Vol. 33，No. 124，1958，pp. 1-19.

② Rachels J，*The Elements of Moral Philosophy*，Boston：McGraw-Hill，1999，p. 2.

③ Cordner C，“Aristelian Virtue and Its Limitation”，*Philosophy*，Vol. 69，No. 296，1994，p. 291.

④（英）休谟：《人性论》，下册，关文运译，北京：商务印书馆，2014年，第505页。

事件：

（1）我向杂货商预订了土豆；

（2）杂货商用手推车给我送来了土豆；

（3）我欠了杂货商的钱；

（4）我拒付货款；

（5）因为我是一个骗子（bilker），我拒绝承认杂货商给我送来了土豆；

（6）骗子是不正义的，应该受到谴责和惩罚。

很显然，从命题（1）到命题（6）实现了从事实判断到价值判断的转换。在当代道德哲学中，承认价值判断可以还原为事实判断的自然主义者大有人在。除了安斯康姆，还有新亚里士多德主义者福特（Philippa Foot）和赫斯特豪斯（Rosalind Hursthouse）[①]等。自然主义者关于德性伦理学的基本主张和亚里士多德的德性主张是一致的，因为他们是沿着古典德性伦理学的思路，主张返回到亚里士多德从理性主义（rationalism）立场来诠释德性的。在亚里士多德那里，关于善的判断和关于人性的自然事实的判断是内在关联的。

第二，如果割裂是和应当之间的内在关联性，应当就成为无源之水，丧失普遍性与合理性的价值。在从是到应当的转换中，道德哲学必须完成“欺骗”“耍赖”是不正义的而诚实守信是正义的论证和说明。近代的义务论将义务、责任等外在行为规范作为解释正义的出发点，是无法完成人的道德自觉的合理性说明的。中世纪道德的神圣性源于超越的上帝，而近现代这一道德合法性的源头已不复存在。安斯康姆认为，唯有回到亚里士多德才能摆脱这一困境。

第三，近代的功利主义或后果主义同样存在理论上的困境。因为如果我们从功利主义的基本原则——正当源于行为所产生的最大后果——出发，来决定或判断我们执行某些行为的道德上的正当性；那么有时候我们就会陷入道德上的尴尬境地。例如，为了在敌人合围之

① 赫斯特豪斯的自然主义思想参阅：Hursthouse R，*On Virtue Ethics*，Oxford：Oxford University Press，1999.

前迅速撤离，我们是否要杀死重伤员？安斯康姆因此说：“后果主义并没有权利说‘这是允许的，那是不允许的’；因为从其自身的假设出发，是后果在起决定作用；并且他没有权利主观规定对棘手之事能做什么或不能做什么；他充其量只能说，一个人不允许这样或那样做；在实际情形中，他没有权利说他将这样做，除非他确实这样做了。”①

安斯康姆提出的问题引起了麦金泰尔的共鸣，这或许正是《追寻德性：关于道德理论的研究》（*After Virtue：A Study in Moral Theory*）一书发表的真正原因之所在。麦金泰尔认为，17～18 世纪的启蒙运动以来直至当前我们所生活的这个时代，情感主义是道德生活的主流，是“所有具有评价性言论文化的一个必然特征”②。什么是（道德上的）情感主义呢？“情感主义是这样一种学说，所有的评价性判断，更具体地说，所有的道德判断，就其道德上的或评价性上的特征而言，都只不过是偏好、态度或情感的表达。”③因此，从情感主义的定义性诠释中，我们可以解读出这一当前道德文化主流体系的根本特征：道德行为和道德判断“缺乏任何终极标准”④。因为情感主义实质上是一种基于个人感性偏好、嗜欲的选择性表达，不是将理性作为选择性的前提和出发点。正如麦金泰尔所说的：“无论情感主义自我信奉何种标准、原则、评价信条，这些标准、原则和评价信条本身是没有任何标准、原则或价值奠基的态度、偏好和选择的表达的。因为它们是基础，是先于所有这些标准、原则和价值的。”④由于缺乏合理性的、非个人的客观标准，所以，“对任何事物都可以从（情感主义）自我所持有的任何立场进行批评，包括自我对立场的选择”⑤。于是，这就造

① Anscombe G E M，“Mordern Moral Philosophy”，*Philosophy*，Vol. 33. No. 124，1958，p. 13.

② MacIntyre A C，*After Virtue：A Study in Moral Theory*，South Bend：University of Notre Dame Press，2007，p. 11.

③ MacIntyre A C，*After Virtue：A Study in Moral Theory*，South Bend：University of Notre Dame Press，2007，p. 12.

④ MacIntyre A C，*After Virtue：A Study in Moral Theory*，South Bend：University of Notre Dame Press，2007，p. 33.

⑤ MacIntyre A C，*After Virtue：A Study in Moral Theory*，South Bend：University of Notre Dame Press，2007，p. 31.

成了启蒙运动以来道德生活的最突出特征："争论的无休止。"[①]无休止的争论证明了近代以来各种道德理论的失败，证明了道德行为、道德表达、道德判断已是无源之水、无根之木，是无据可查的，这正是当前道德危机最突出的表现。因此，复兴亚里士多德意义上的传统德性伦理学既是一种理论上的必然选择，也是一种理论上的无可奈何之举。麦金泰尔进一步提出，道德危机的实质无非是：进入近现代以来的客观的、非个人的道德标准的丧失，使得从理论上和实践上失去了对道德的明辨力，道德相对主义大行其道。造成这一危机的根源：一是社会的历史变迁中人的社会身份的变化所引起的道德失范的现实根源，二是理论的历史发展中的各种道德理论应对乏力的理论根源。

麦金泰尔从整体上将人类的道德发展分成三个阶段："第一阶段，评价性的，特别是道德理论和实践包含着真正客观的、非个人的标准，这些标准为具体的政策、行为和判断提供合理理由，而这些标准自身也很容易得到合理性的证明；第二阶段，存在着为维护道德判断的客观性和非个人性诸多不成功的努力，然而这些提供合理证明的方案不仅在途径上而且在标准上都不停地失败；第三阶段，由于悄然在实践中而非在明确理论中的一种普遍认识，一种情感主义的理论被广泛地隐然接受，即客观的、非个人的主张不可能获得。"[②]因而，危机根源的现实方面和理论方面是互相联系的。更明确地说，正是危机根源现实方面的变化才导致了各种理论尝试的失败。在启蒙运动发生前的传统社会中，客观的、普遍的道德标准占据着道德生活的主导地位，人的道德自我意识的发展是依循亚里士多德的从"偶然的人"到"必然的人"的理念逐步转变成长的。从理论上看，这一转变和成长的过程具有必然性。这可以从亚里士多德主义的道德体系的三维结构中得到说明。在以亚里士多德主义为核心的古典道德体系中，"未受教化的人性的观念、合理伦理戒律的观念以及认识到自身目的而可能形成

---

① MacIntyre A C，*After Virtue：A Study in Moral Theory*，South Bend：University of Notre Dame Press，2007，p. 6.

② MacIntyre A C，*After Virtue：A Study in Moral Theory*，South Bend：University of Notre Dame Press，2007，pp. 18-19.

的人性的观念是三个互相联系的构成要素——要理解其中一个必须参照其他两个”[①]。从这一理论出发，传统社会的道德解释是一种系统的解释。人的理性本质、围绕这一本质的人的终极目的是人道德活动阐述的前提和出发点，而各种要求培养德性和禁止邪恶的道德律条就使得从未教化的人向教化的人的转变成为可能。启蒙运动以后，随着对人性及其目的去神化的解释，这一整体性的道德解释体系就实质性地土崩瓦解了。因为道德律条再也不能从人性的基础上合理地推论出来，用麦金泰尔自己的话说就是“道德戒律和人性之间的联系事实性地消失”[②]。因此，任何形式的构建道德有效性的论证都必然失败。因为“在共有的道德规范和戒律观念与尽管也存在很大分歧的共有的人性观念之间存在不可调和的矛盾”[③]。

人性观念的变化是造成启蒙运动以来各种构建道德合理性论证失败的关键。那么，从传统社会到近现代，人性观念发生了怎样的变化呢？在亚里士多德所生活的古典时代，人是纯形式和纯质料两大端点之间等级世界构成中的一环。和其他万物一样，人的终极目的和使命就是朝向纯形式的、永恒的、最高的善——神。“神”独立于感性事物之外，因而其本质是纯思[④]，是理性，是关于思想的思想。思辨的生活（沉思的生活——自我沉思）是神永恒幸福生命本身，是神最大的和至高无上的快乐。沉思是努斯思考不变因的最高等的实现活动，是最快乐的、最持久和所需最少的实现活动，是最能体现人的德性和本质的活动[⑤]。因而，人一生的终极使命就是以实现沉思的生活为终极目标。不仅人如此，万物都处在追求这一最高生活形式的构成链条中。从这一预设的最高目的论出发，人的本性的说明、践行人的本性

① MacIntyre A C，*After Virtue：A Study in Moral Theory*，South Bend：University of Notre Dame Press，2007，p. 53.

② MacIntyre A C，*After Virtue：A Study in Moral Theory*，South Bend：University of Notre Dame Press，2007，p. 56.

③ MacIntyre A C，*After Virtue：A Study in Moral Theory*，South Bend：University of Notre Dame Press，2007，p. 52.

④ （古希腊）亚里士多德：《形而上学》，吴寿彭译，北京：商务印书馆，2012 年，第 276 页，1073a2-11。以下所引只在正文中标明原著的边码。

⑤ （古希腊）亚里士多德：《尼各马可伦理学》，廖申白译注，北京：商务印书馆，2003 年，第 305-308 页，1177a13-1178a7。

与实现人自身的目的道德戒律是一致的：人的理性本质的最高实现活动就是沉思，这也是人的终极目的。道德律条的中心任务就是最大限度地实现人的理性本质，以趋向终极目的。正因为三者之间的紧密联系，麦金泰尔才说“要理解三者之中任何一个的地位和功能都必须参考其他两个”①。

亚里士多德主义的三元一体的道德体系在中世纪被置于神学之下，虽然增加了神学信仰的成分，但实质并没有改变——只不过是将宇宙最终目的由理性的神替换为更明确的上帝。然而，随着启蒙运动的兴起和发展，作为人的本质性力量理性的地位和作用发生了改变：理性不再是认识和实践相统一的人的本质性功能，而只是人求真的手段。麦金泰尔写道：“理性是计算，可以确定关于事实的真理和评价其数学上的关系，但仅此而已。因而，在实践领域，它仅作为手段而被提及，对实践目的却必须沉默。”②也就是说，启蒙运动以来的人性观念抛弃了亚里士多德道德体系中预设的自然目的论观念——即在三元一体的道德体系结构中，“取消了任何关于‘认识到自身的目的后所可能成为的人’的观念”②。因而，三元结构的体系就只剩下失去内在联系的两元：未教化的人性观念与没有前提和来源的道德戒律。这就注定了启蒙运动以来所有试图寻找证明道德合法性的基础的努力归于失败。因为旨在更正、培养和发展人性及其目的的各种道德律令丧失了传统的人性基础，而现有的（启蒙运动以来）关于人性的描述无法承担道德律令的推导。正如麦金泰尔所言：“18 世纪的道德哲学家所从事的运动必然失败。因为他们在对人性的独到理解中，试图为他们的道德信条找到合理性基础的同时，继承了一套与人性相冲突的道德禁令。”③

人性观念和道德戒律之间的断裂在休谟的是与应当的划分中得到

① MacIntyre A C，*After Virtue：A Study in Moral Theory*，South Bend：University of Notre Dame Press，2007，p. 53.

② MacIntyre A C，*After Virtue：A Study in Moral Theory*，South Bend：University of Notre Dame Press，2007，p. 54.

③ MacIntyre A C，*After Virtue：A Study in Moral Theory*，South Bend：University of Notre Dame Press，2007，p. 55.

最集中的体现："对于这种似乎完全不可思议的事情，即这个新关系（应该或不应该）如何能由完全不同的另外一些关系推出来，也应当举出理由加以说明。"[①]到康德时代，这两者之间的关系不再以需要证明的问题的形式出现，而是以非常明确的断言形式出现："悬置知识，以便给信仰腾出位置。"[②]康德之所以做出这样的断言，是因为他认为"对于物自身我们无法避免自己的无知，一切我们可以在理论上认识的东西都限制在单纯现象的范围内"[②]。这样一种断裂愈演愈烈，终于使得情感主义成为时至今日道德领域的主流。由于情感主义所产生的道德危机，麦金泰尔认为我们面临着证明道德规则正确性的压力。但是，原因如上所述，所有证明道德规则合理性的途径都归于失败，麦金泰尔认为最后留给我们的是回到亚里士多德的德性论传统中寻找关于道德戒律合法性的证明。

如前所述，亚里士多德主义的德性论是近现代以前社会道德观念的主流。这一德性论的发展一般认为分为四个阶段：英雄时代、公元前 6 至前 5 世纪的雅典时代、亚里士多德时代和中世纪。很显然，亚里士多德的道德哲学是这一发展历史的中心，承前启后：一方面是以前思想的继承和总结，另一方面是后来德性思想的源泉。

以荷马为代表的英雄时代不限于《荷马史诗》所描述的时空范围，囊括了基督教传入前后的冰岛和爱尔兰。这一时期，道德生活的关键特征是：以血缘关系为基础建立起来的家庭是社会结构的中心，而家庭每个成员的道德承担是由他在这一亲属关系中所处的角色确定的。也就是说，在以亲属关系和家庭关系为核心的社会结构中，个人所承担的角色和身份都得到了十分明确的规定。因此，麦金泰尔说："在这样一个社会中，每一个体通过认识他在这一结构中的角色认识他是谁；并且，在这一认识中，他也认识到他应该做什么，每一其他社会角色和身份的承担者会将什么归功于他。"[③]简言之，"道德和社会

① （英）休谟：《人性论（下册）》，关文运译，北京：商务印书馆，2014 年，第 505-506 页。

② （德）康德：《纯粹理性批判》，邓晓芒译，北京：人民出版社，2004 年，第二版序，第 22 页。

③ MacIntyre A C，*After Virtue：A Study in Moral Theory*，South Bend：University of Notre Dame Press，2007，p. 122.

结构在英雄社会中是同一的。只存在唯一的社会关系，与社会结构不同的道德不存在”[①]。

但是，英雄时代以血缘关系为基础的家庭关系在公元前 6 至前 5 世纪为古希腊的城邦结构所取代。因此，德性及其德性的实践都是在城邦的环境下进行的，只有依据城邦，德性才能确定。所以，在城邦作为道德生活背景的意义上，麦金泰尔写道：“在每个希腊人眼中，成为一个好人至少是和成为一个好公民紧密相连的。”[②]因而，尽管在公元前 5 世纪左右的古希腊城邦中，存在着家庭和城邦两种冲突的道德标准和观念，但是在德性与社会结构秩序相一致方面却难得地统一。概言之，麦金泰尔所说的雅典时期的德性，实质上是指公元前 6 至前 5 世纪以来古典时期的德性论。这一时期，建立在血缘关系基础上以家庭为中心的社会结构被以城邦为中心的社会结构所取代。因而，传统和现在之间随着社会结构的扩展和结构中心的转移，在道德上的对立和冲突在古典时代也存在。表现为德性本质性观念的冲突、扩展的德性内容的冲突、德性普遍性和相对主义之间的冲突（柏拉图主义和智者学派之间的冲突）。但是，在承认德性是由在社会结构中承担的角色所决定的这一点上是一致的。

亚里士多德的德性论标示了英雄时代以来的西方德性论的悠久传统，这是亚里士多德将自身置于传统中创造性地综合建构的结果。所以，麦金泰尔称亚里士多德“是这一传统的一部分，是这一悠久传统的代表，而且是最伟大的代表”[③]；因为他“阐明了他的前辈和后继者所成功阐明的东西”[③]。作为古典传统一部分的亚里士多德的德性论，麦金泰尔认为其有三个特点：一是强调德性和人性之间的内在联系；二是强调德性在城邦共同体中的作用；三是列举与阐述了德性的主要条目。亚里士多德在《尼各马可伦理学》中说：“人的每种实践与

---

① MacIntyre A C，*After Virtue：A Study in Moral Theory*，South Bend：University of Notre Dame Press，2007，p. 123.

② MacIntyre A C，*After Virtue：A Study in Moral Theory*，South Bend：University of Notre Dame Press，2007，p. 135.

③ MacIntyre A C，*After Virtue：A Study in Moral Theory*，South Bend：University of Notre Dame Press，2007，p. 146.

选择都以某种善为目的。”[①]所以，“善”或“某种善”就是人的本性意义上的目的。德性和善的关系是一种手段和目的的关系，但这种手段和目的的关系不同于一般的、偶然的手段和目的的关系。德性和善之间具有必然联系，也就是说，德性是实现最高的善——幸福的必要手段。麦金泰尔因此说：“在亚里士多德的体系中，没有践行某种德性而有实现善的目的的手段是没有意义的。”[②]德性同样在共同体中占据重要位置，因为“人只有作为政治动物才是真正可以理解的”[③]。人们由于对善恶、德性的一致看法而组成了共同的利益团体——城邦。因而，城邦中的人具有建立在利益基础上的实践价值观：将有利于城邦的实践活动看成德性，反之，将有害于城邦的行为看成恶。这是因为，成为一个好人和成为一个好公民是统一的，那么使一个人成为好人和使一个人成为好公民的德性是什么，相应的恶行又是什么呢？亚里士多德因而考察了城邦公民所应该拥有的各种德性。麦金泰尔认为，亚里士多德的德性论正确地阐明了德性的某些特点，以及各种德性的作用和相互关系，尤其是智慧的核心作用。但是，其中最大的问题是亚里士多德夸大了各种德性之间的统一性。

中世纪在思想上一般被看成一直处于与古代对话的状态中。因此，中世纪的德性论一方面积极利用德性论的古典传统，另一方面又在利用中有所改造。例如，就亚里士多德的目的论来说，虽然中世纪的思想家也承认人类的生活是朝向一个总的目的的，人在本质上就是不断追求这一终极目的的过程；但是这一目的论的人生本质及其实现过程的说明在两者之间至少存在以下不同。首先，要实现人的终极目标——幸福生活的顶点，亚里士多德强调一个人必须终其一生践行德性，不允许有歧路。“这就是为什么一种几乎怙恶不悛的生活最终得救

① （古希腊）亚里士多德：《尼各马可伦理学》，廖申白译注，北京：商务印书馆，2003 年，第 3 页，1094a。

② MacIntyre A C，*After Virtue：A Study in Moral Theory*，South Bend：University of Notre Dame Press，2007，p. 149.

③ MacIntyre A C，*After Virtue：A Study in Moral Theory*，South Bend：University of Notre Dame Press，2007，p. 150.

的观念在亚里士多德体系中没有位置。”[①]但是，在中世纪的视野中，正如佛教一样“一阐提人”皆可成佛。其次，亚里士多德认为，人生中重大的外来不幸——丑陋、出身卑贱以及孤寡——会扼杀幸福的实现。但是，在中世纪的神学家看来，任何这样的恶都不可能将我们排除在人类的善之外，前提是我们不堕落为恶的共谋。最后，与亚里士多德相比，中世纪的思想家更强调德性的历史背景。但是，如何更能凸显中世纪视野的历史背景，麦金泰尔却语焉不详[②]。然而，麦金泰尔认为，虽然基督教文化在中世纪占据主导地位，但是古典传统却在不同程度上一直影响着整个中世纪。因而，麦金泰尔说：“传统意义上的中世纪，仍然是厚重的亚里士多德主义的，而不仅仅是基督教式的。”[③]从德性论来看，中世纪是不断与古典融合和斗争并列的过程，体现在对亚里士多德观点的多样化的运用、修正和扩展中。

对德性形成进行地毯式搜索的目的，是回归德性论传统以阐明德性本质，从而获得解决当前道德权威性危机的方案。那么，麦金泰尔从历史的回顾和评论中得出了什么结论呢？亚里士多德的德性传统又如何应对当前的道德权威性危机呢？从麦金泰尔对德性概念发展的历史梳理中，我们得出的结论应该是：不存在一个单一的、核心的德性概念，不同的历史时空具有不同的德性观念。从荷马时代到富兰克林时代，麦金泰尔比较了五种德性观念。这五种德性观念可以划分为三类：荷马时代的德性观、亚里士多德-新约-托马斯时期的德性观和富兰克林时代的德性观[④]。荷马时代认为，“德性是个人实现社会角色的一种品质”；亚里士多德直到托马斯时代认为，“德性是一种使个人趋向于实现人类特有目的（无论这一目的是自然的还是超自然的）的品质”；富兰克林时代认为，“德性是一种实现尘世和天堂方面成功的实

---

① Maclntyre A C，*After Virtue：A Study in Moral Theory*，South Bend：University of Notre Dame Press，2007，p. 175.

② Maclntyre A C，*After Virtue：A Study in Moral Theory*，South Bend：University of Notre Dame Press，2007，p. 176.

③ Maclntyre A C，*After Virtue：A Study in Moral Theory*，South Bend：University of Notre Dame Press，2007，p. 180.

④ Maclntyre A C，*After Virtue：A Study in Moral Theory*，South Bend：University of Notre Dame Press，2007，p. 185.

用性品质”[①]。但是，三类德性观没有一种能与另外一种完全一致，有的甚至是不相容和对立的。例如，同为目的论，富兰克林的德性和亚里士多德的德性并不相同。富兰克林的德性以实现功利主义为目的，是实现某一功利性质的利益的外在手段。亚里士多德的德性以实现人的至善为目的，德性本身就是至善的一部分，手段和目的之间是内在关联的。再如，荷马时代的德性是由社会角色决定的，而亚里士多德的德性是由人的本性所决定的：“正是人作为一个种类的终极目的决定了什么样的品质是德性。”[②]但是，麦金泰尔却认为，在这些表面对立的各种德性概念的背后，实际上存在着不为人知的一致性。他很明确地说：“我能证明我们事实上能发现这样一个核心概念。”[③]作为在历史发展中具有共同性的这样一种核心的德性概念，最根本的特征是，德性概念的运用必须以在先已接受的、相关的、社会的和道德生活的观念为前提，并且以这些在先的道德和社会基本观念为出发点，进行对德性的界定和解释；尽管其发展的历史展现出多样性和复杂性。例如，在荷马时代，德性概念间接地源于社会角色这一观念，亚里士多德的德性源于人的活动目的至善的观念。在德性这一核心概念的至少三个互相关联的逻辑发展阶段中，麦金泰尔认为我们应该辨别每一阶段的基本特征：第一阶段的特征是凸显了实践背景，第二阶段的特征是凸显了个人生活背景，第三阶段的特征是凸显了道德传统背景[④]。后一阶段都以前一阶段为发展条件，而前一阶段都为后一阶段所变更和重新解释。其中，实践是最鲜明突出的特点，并且麦金泰尔正是从实践出发提出自己的德性观的。

麦金泰尔所认为的实践，“是任何连贯的、复杂的、人类协作活动的形式，而内在于那一活动形式的善在试图追求卓越标准的过程中也

---

① MacIntyre A C，*After Virtue：A Study in Moral Theory*，South Bend：University of Notre Dame Press，2007，p. 185. 三种德性观的定义均来源于原文同一处。

② MacIntyre A C，*After Virtue：A Study in Moral Theory*，South Bend：University of Notre Dame Press，2007，p. 184.

③ MacIntyre A C，*After Virtue：A Study in Moral Theory*，South Bend：University of Notre Dame Press，2007，p. 186.

④ MacIntyre A C，*After Virtue：A Study in Moral Theory*，South Bend：University of Notre Dame Press，2007，pp. 186-187.

得以实现。这些卓越的标准是适宜于并且部分地决定了这些活动形式的。其结果是，人类追求卓越的能力，与之紧密相关的人类的目标和内在利益观念都系统性地扩展了”[①]。由这一解释可知，实践在麦金泰尔看来，就是具有内在利益和目标（追求卓越）的各种形式的协作活动，例如足球赛、建筑活动、农业生产活动等。但是，单纯地凭技术踢进球、砌一块砖和种植萝卜都不是麦金泰尔意义上的实践活动，因为这些活动或失之于简单，或失之于独立而无协作地完成。这一定义中最关键的就是对内在利益的界定。麦金泰尔将内在利益与外在利益相对，认为外在利益就是物质性的占有，具有竞争性，因为自己的占有意味着他人拥有的减少；而内在利益却不存在这样的问题，因为内在利益本质上是实践活动的卓越及其所带来的内在精神上的满足。例如，下象棋就有两种利益：一是赢得比赛所带来的奖金、名誉、地位等外在利益，另外一种是所获得的内在的精神上的成就感，以及由之而带来的愉悦感、充实感等。除了这样一种较为明确的区分以外，从麦金泰尔自己的描述中，我们很难再进一步很清晰地区分两者[②]。如果说诸如产品的卓越及由其带来的精神上的享受是某一相应活动形式本身所具有的，那么画画画得好固然有产品（姑且不论这一产品是不是物质性的财产占有），下棋赢得比赛的产品又是什么呢？而由卓越产品带来的满足感、充实感等精神上的享受可以有多种满足方式，为什么是内在于活动形式本身呢？

无论如何，麦金泰尔从实践出发对德性进行了定义：“一种德性是

① MacIntyre A C，*After Virtue：A Study in Moral Theory*，South Bend：University of Notre Dame Press，2007，p. 187.

② 两种利益的区分是理解实践概念的关键，但是，麦金泰尔似乎并没有真正阐明两者之间的关系。既然外在利益是物质性的占有，与之相对的内在利益就应该是精神性的享受。但是，麦金泰尔并没有从物质与精神的对立中进行区分，而是认为，两者之间的区分在于与相应的活动形式之间的联系是偶然还是必然的。如是偶然的，就是外在利益，是必然的，就是内在利益。所谓偶然的、外在的联系，是说诸如金钱、名誉、地位等，这些利益也可以通过其他的活动形式获得；而必然的联系是说这些利益只有通过相应的活动形式才能获得，是这一活动本身所具有的。例如，就画画而言，内在利益表现在两个方面：一是所画的画优秀，二是从中获得的满足感等精神上的愉悦。但是哪些利益是内在于活动形式本身的，麦金泰尔似乎并没有指明。麦金泰尔对这两种利益的区分参阅 MacIntyre A C，*After Virtue：A Study in Moral Theory*，South Bend：University of Notre Dame Press，2007，pp. 188-189.

人类习得的品质。拥有和践行这一品质能使我们获得内在于实践的利益，缺少这一品质我们就无从获得这一利益。”[①]从德性的定义中，我们得到的感受是，麦金泰尔的德性与亚里士多德的德性几乎没有区别，至少本质上一致——一种习得性的品质。正如麦金泰尔自己所说的：“我的理论（指德性）在三个方面是亚里士多德主义的：一是，从理论的完整性来看，对亚里士多德的说明中所要求的区分和概念也要求进行精心的说明……二是，对（德性）的描述，与亚里士多德关于愉快和快乐的描述相容，然而与功利主义的观点尤其是与富兰克林对德性描述的观点不相容……三是，我的描述是亚里士多德主义的，是因为这一描述以亚里士多德的方式将评价与说明联系在一起（应该没有产生后来的休谟意义上的二元对立）。即使在表面的不同方面的实质上，也是对亚里士多德观点的加强。例如，对德性的目的论解释就扩展了亚里士多德仅仅是生物学上的目的论观念。”[②]

麦金泰尔之所以强调德性的传统路线，目的是解决当前的道德危机。从德性的定义中可以看到，麦金泰尔与亚里士多德最大的不同是在其中增加了实践及利益的成分。正是对实践内外在利益的强调，使得麦金泰尔认为现代意义上的德性与传统德性具有本质的不同，从而不是真正意义上的德性。这一不同至少体现在三个方面：一是，古代德性或者说传统德性非常强调德性的践行在人类共同体的形成和发展中的重要作用，或者说，人类共同体这一形式的产生和发展本身就是实践活动的一种形式，内在地包含了践行德性的全部特征——“德性的践行自身就要求对社会或政治问题具有鲜明的态度；并且，正是在具有自身特殊的结构形式的具体共同体中，我们才学会了践行德性或没有学会践行德性”[③]。而在现代社会，在自由的个人主义看来，共同体只不过是个人追求幸福生活、实现自我的中立场所。也就是说，

---

① MacIntyre A C，*After Virtue：A Study in Moral Theory*，South Bend：University of Notre Dame Press，2007，p. 191.

② MacIntyre A C，*After Virtue：A Study in Moral Theory*，South Bend：University of Notre Dame Press，2007，pp. 197-199.

③ MacIntyre A C，*After Virtue：A Study in Moral Theory*，South Bend：University of Notre Dame Press，2007，pp. 194-195.

对于幸福生活的相互对立的观点，现代共同体只能保持中立，因为政府的合法性功能里不包括灌输任何道德内容。二是，现代社会的德性观只重视对实践的外在利益追求——如功利主义将利益的最大化看成实践应追求的目标——而根本认识不到内在利益的作用。因而，现代意义上的“德性”已丧失了传统社会德性的内涵。因为传统的德性与实践的内在利益联系在一起，“拥有德性就必然实现内在利益”①。三是，与第二个方面的不同相联系，现代意义上的德性压倒一切地追求外在利益，所以是反传统的。麦金泰尔认为，“在德性问题上，历史维度至关重要”②。对于德性而言，是内在地与实践的内在利益本质相关的。“每一种实践都有自身的历史。”②因此，真正的德性践行需要我们善于学习传统，尊重从传统中形成的权威；而这恰恰是当前以情感主义为特点的道德文化所不具有的，从而成为引发道德危机的根源。所以，摆脱当前的道德困境须恢复亚里士多德的德性伦理学传统。

通过梳理德性概念在古希腊、中世纪和当代发展的线索（近现代的德性论虽然自称为德性——例如富兰克林的功利主义的德性——但并不是真正的德性），可以看到，德性作为一种习得性的、卓越的、内在品质的核心内涵在历史的发展中越来越清晰地呈现出来，成为一以贯之的“道”，遍及三个发展阶段。古希腊的亚里士多德总结了前代的历史与他所生活的时代的要求，奠定了德性的基本内涵。中世纪的神学德性论沿着亚里士多德的德性论发展，只不过将亚里士多德的自然目的论改成了上帝目的论，德性作为一种后天形成的行为习惯性的理性能力或品质的本质没有改变。当代德性论最有影响的代表人物麦金泰尔更是明确地宣称，他的德性论是亚里士多德意义上的德性论。因此，德性并没有因为历史的变化改变其固有的内涵。也就是说，德性无论古今，都意味着一种卓越的体现人的本质的内在品质。

---

① MacIntyre A C，*After Virtue：A Study in Moral Theory*，South Bend：University of Notre Dame Press，2007，p. 196.

② MacIntyre A C，*After Virtue：A Study in Moral Theory*，South Bend：University of Notre Dame Press，2007，p. 194.

二、知识及其与德性的关系*

在古希腊语中，Επιστήμη（episteme）这一词语的词典解释主要有两层含义：一是指知识、学问，二是指科学、经验、智慧、熟练等[①]。因而，这一词语在古希腊语境中所具有的两种相互区别又相互联系的含义意味着：或是理智把握事物的真或确定性的一种活动方式本身，或是这种方式的结果，即我们通常所说的知识。前一种意义指科学，各种具体形式的认识活动；后一种意义指知识，在这一意义上，Επιστήμη 又等同于 γνωσιs，意味着对事物不变性质或本质的确定认识。无论如何，这两种意义是密切相关的，是人类认识活动与过程不可分割的两个方面。毋庸置疑，没有活动的展开，遑论活动的结果。所以，科学是知识的前提。

从现有的古希腊文献看，我们直到柏拉图对话录中才发现大量关于以"知识"为主题或与知识相关的主题的旗帜鲜明的讨论。例如，《泰阿泰德篇》《美诺篇》《斐莱布篇》《理想国》《克拉底鲁篇》等对话录都多少与知识这一主题相关。《泰阿泰德篇》讨论知识的条件；《美诺篇》讨论美德（知识）是否可教；《斐莱布篇》讨论快乐和智慧何者是真正善的知识；《理想国》讨论知识获得的方法和过程（认识的方法和过程）；《克拉底鲁篇》讨论的主题虽然是语言的起源问题，实质上也涉及知识的本质问题（即什么是真正的知识，是变化不居的还是永恒不变的）。因此，策勒尔才说："知识观念的形成是苏格拉底哲学的一个中心。"[②]更确切地说，苏格拉底肇始了一个"新的"知识观念时代的来临。这种新的知识观念认为：永恒不变的知识才是真正的知识，变化之物是无法确切认知的。苏格拉底说：

> 如果一切事物都处在被动中，无物常驻，那么我们就不可能

---

* 本部分内容发表于《兰州学刊》2019年第12期，题为《何谓知识——从苏格拉底到波普尔的考察》，收入本书时内容略有修改。

① 罗念生、水建馥：《古希腊语汉语词典》，北京：商务印书馆，2010年，第315页。

② Zeller E，*Socrates and the Socratic School*，Reichel O J（trans.），London：London Press，1885，p. 89.

> 有任何知识。只有知识本身常驻不变才可能是知识；如果作为知识的性质变化了，它就不是知识；如果变化一直持续下去，那么就不会有任何知识。这样既没有能知的人，也没有被知的物。但是，能知和被知的东西如美、善等总是存在的；因此我认为它们不是刚才所假设的流动的河流。事物究竟有无永恒的本质，或者还是赫拉克利特及其追随者所说的才是真理？这是很难决定的问题。[①]

从这一段论述中可以看到，苏格拉底所说的知识具有普遍性、确定性的特点和绝对的、永恒的本质。这种知识概念和当时的智者学派的相对主义的知识观根本对立，或者更准确地说，正是要批判后者，才使得苏格拉底不遗余力地进行着这方面的探索。

从一般的直觉来看，如果相对主义大行其道，将不会有任何知识的存在。因此，苏格拉底说："如果普罗泰戈拉说得对，真理就是事物对某人显现的那个样子；那么在我们中间为何有些人聪明，有些人愚蠢呢？"[②]也就是说，变化流动的知识（如果能称为知识）不能明辨是非真假、善恶对错，不能为行为、信念提供判断的标准。因而，"事物必定有它们自己专门的、永久的本质，它们并非与我们相连，受我们影响"[③]。由此，反对智者的相对主义感觉知识观构成了苏格拉底知识概念的直接动机。此外，苏格拉底还认为，相对主义的感觉论的知识观源于历史上自然哲学家的贡献，是这些自然哲学家思维惯性的使然，有思想方法上发展的必然性。众所周知，公元前 5 世纪以前的古希腊哲学是以本体论为中心议题的哲学，这一时期的哲学家所探讨的是外在变动不安的自然万物，所以他们在对自然的直观中观察到自然的千变万化，他们所认为的知识总与运动变化相关。这构成了苏格拉

① 引文综合参考了王晓朝翻译的《柏拉图全集》和汪子嵩等著的《希腊哲学史》两个版本，以汪著为主，略有改动。笔者认为，《希腊哲学史》的译文更简洁，逻辑层次更清晰。〔古希腊〕柏拉图：《柏拉图全集》（第二卷），王晓朝译，北京：人民出版社，2003 年，第 133 页。440A-D；汪子嵩、范明生、陈村富，等：《希腊哲学史》（第二卷），北京：人民出版社，2004 年，第 418-419 页。

② 〔古希腊〕柏拉图：《柏拉图全集》（第二卷），王晓朝译，北京：人民出版社，2003 年，第 60 页，386C。

③ 〔古希腊〕柏拉图：《柏拉图全集》（第二卷），王晓朝译，北京：人民出版社，2003 年，第 61 页，386E。

底发展新的知识观的另一种动机。他认为，变化的背后还有绝对不变的本质，即柏拉图所说的“相”（eidos）。这样的知识当然仅凭感觉是认识不到的，而必须通过人的理性，运用辩证的方法得到。辩证方法本质上就是寻求普遍性定义的方法。因此，苏格拉底的新知识概念具有这样一些特征：一是知识的对象是普遍绝对的、永恒不变的本质，而不是变化的具体事物及其表现；二是知识的方法是诉诸人的本质的理性能力的辩证法，而不是感性知觉或直观的方法。

这构成了亚里士多德知识研究的前提和出发点。既然科学是知识的前提，那么我们的论述就必须从亚里士多德对科学的说明开始。科学作为一种理智活动，是灵魂的求真的形式之一。在亚里士多德的伦理学中，灵魂有三种能力与求真活动相关：知觉、欲求与努斯。知觉虽与求真相关，但不是人的实践活动的形式，因为动物虽也有感觉但不能分享人的行动。欲求与理智认识是同一回事，因为“理智思考时所肯定和否定的东西，就是在欲求中所追求和逃避的东西”[①]。因此，根据亚里士多德的这一论述，最终真正主导求真的就只有努斯[②]这一种能力或形式。努斯（νοῦς），在一般意义上泛指一切精神意识活动。但在古希腊语境中，最根本的含义是人的灵魂中最高的理性能力，这样的能力源于对最高的善即神的逻各斯的分有，它因此能掌握不证自明的公理。所以，亚里士多德认为：“努斯是我们身上最高等的部分，努斯的对象是最好的对象。”[③]从这一解释看，努斯是本源性的最高级的精神活动。阿那克萨格拉说：“努斯统治着所有无论大小、具有灵魂的事物。”[④]正是从这一点出发，亚里士多德才认为，理智是努

① （古希腊）亚里士多德：《尼各马可伦理学（注释导读本）》，邓安庆译，北京：人民出版社，2010年，第208页，1139a21-23。

② 努斯在亚里士多德的论述中比较混乱，尤其在涉及与欲求和科学的关系时。依据余纪元（《亚里士多德伦理学》，中国人民大学出版社，2011年，第105-106页）以及《尼各马可伦理学》（廖申白译注，商务印书馆，2003年，第167页注释6和第169页注释3）的解释，努斯至少有两种含义：一是理智能力本身或理性的某种状态。二是理性能力本身的两种作用表现：把握不证自明公理的能力及推理的逻辑起点的能力；同时又是实践智慧的一部分，和欲求一起构成人的实践活动原因。

③ （古希腊）亚里士多德：《尼各马可伦理学》，廖申白译注，北京：商务印书馆，2003年，第205页，1177a21-22。

④ （英）G. S. 基尔克、J. E. 拉文、M. 斯科菲尔德：《前苏格拉底的哲学家：原文精选的批评史》，聂敏里译，上海：华东师范大学出版社，2014年，第572-575页。

斯的派生物，科学、技艺和明智是衍生的理智物的三种形式或品质，与智慧、努斯本身一起构成人求真的五种品质[①]。科学与其他品质相比，所具有的第一个特征是，科学的对象是具有必然性的永恒事物，不是可变性的事物；在这一点上就和明智与技艺相区分。因为后两者中，明智是对与善恶相关的可变事物的思考，技艺是对与制作相关的初始因可变的事物的思考。科学所具有的第二个特征是，科学知识可以传授和学习，这就与努斯和智慧相区分。科学因为是通过推理获得的，故而不可能达到推论的始点。而这正是努斯的使命，智慧则是努斯和科学的结合。所以，在一定意义上，努斯和智慧都不是完全可教的。因为推理的最终极的大前提不是通过学习得来的，是不证自明的。努斯和智慧就是这样一种能获得第一公理的能力。由此，从对科学的上述解释出发，在古希腊的文化背景中，我们能得出关于知识的合理结论是什么呢？

从亚里士多德的论述中，我们能得出的结论是：一切知识都是证明的知识。这样的知识具有两个特点：普遍性和必然性。所谓普遍性是指，前提中的谓项“述说所有，真实的时间上一贯表述一类中的所有个体”[②]。例如，在“人是动物”的命题中，谓项“动物”表述主项“人”的所有个体，而不是某一个人或某一类人。所谓必然性，亚里士多德说“通过证明科学所获得的知识都具有必然性”[③]。这是因为，“证明的知识本身出自必然的本源，依据它们自身的属性对它们的主体来说是必然的”[④]。也就是说，作为推论的初始前提即公理自身具有必然性，因为它们表达了事物普遍的本质属性。所以，证明知识的前提具有必然性，结论也具有必然性。因此，科学知识与非科学知识之间的划界标准也得以确立。我们据此有理由认为，这样一种划界

① (古希腊)亚里士多德：《尼各马可伦理学》，廖申白译注，北京：商务印书馆，2003 年，第 169 页，1139b15。

② 苗力田：《亚里士多德全集（第一卷）》，北京：中国人民大学出版社，1990 年，第 254 页，73a26-34。

③ 苗力田：《亚里士多德全集（第一卷）》，北京：中国人民大学出版社，1990 年，第 253 页，73a23。

④ 苗力田：《亚里士多德全集（第一卷）》，北京：中国人民大学出版社，1990 年，第 259 页，74b5-12。

标准是本质主义的，凸显出本体论和思维方式上的双重内涵。从本体论上看，科学知识揭示了事物自身所具有的本质属性，揭示了事物之间的普遍必然性的因果联系；从思维方式上看，科学知识作为一种证明知识，前提和结论之间的联系，既是事物本身因果关系的表达，也是三段论推理的思维方式的反映。既然一切科学知识都是证明知识，那么这样的知识的标准就适用于所有科学知识。自此以后，西方知识都主要遵循着这一标准，直至当代的知识论。

在西方哲学发展中，近代一般被称为是"认识论转向"。无论我们对这一观点的看法如何，毫无疑问的是，知识都是近代西方哲学所关注的最核心议题。黑格尔认为，近代哲学的"全部兴趣就在于和解存在与思维的对立"①；文德尔班也说，"自此以后，认识论便成为哲学领域最使人感兴趣的课题"②；罗素同样认为，"近现代世界与以前各世纪的区别在于每一件事几乎都可以归于科学"③。知识论（认识论）之所以成为近代的主题，原因颇为复杂，但是，其中最主要的原因可以归于匍匐在神（上帝）的阴影下的主体意识的觉醒。黑格尔说："近代哲学的出发点，是古代哲学最后所达到的那个原则，即现实自我意识的立场；总之，它是以呈现在自己面前的精神为原则的。"④

从认识角度看，自我意识无非就是认识着的我，即"我思"，一个认识着的主体。笛卡儿说："由此我认识到，我是一个实体，其全部的本质或本性只是思想"⑤，"我思故我在——从正在认识的我意识到思想的我的存在——是认识论的第一原理"⑥。我的认识（我思）主要有两种表现形式：感性和理性。因而近代认识论由于在知识的来源问题上相应于坚持感性经验或先天理性的不同，而有经验论和唯理论的

---

① （德）黑格尔：《哲学史讲演录（第四卷）》，贺麟、王太庆译，北京：商务印书馆，1997 年，第 6 页。

② （德）文德尔班：《哲学史教程（下卷）》，罗达仁译，北京：商务印书馆，2007 年，第 622 页。

③ Russell B，*History of Western Philosophy*，London：Routledge，2009，p. 425.

④ （德）黑格尔：《哲学史讲演录（第四卷）》，贺麟、王太庆译，北京：商务印书馆，1997 年，第 5 页。

⑤ （法）笛卡尔：《谈谈方法》，王太庆译，北京：商务印书馆，2007 年，第 28 页。

⑥ （法）笛卡尔：《谈谈方法》，王太庆译，北京：商务印书馆，2007 年，第 27 页。

划分。但是，不论是经验论还是唯理论，在坚持知识的普遍性、必然性的本质特征上却难得地一致。从近代哲学发展的开端看，培根和笛卡儿分别作为经验论和唯理论的开创性人物，都强调知识的这一特征。培根提出知识就是力量，这样的知识指对建立在自然界因果关系深刻洞察基础上的普遍自然规律的正确认识，只有这样的知识才能使人具有力量（即命令自然的力量）。正如培根自己所说的："人的知识和人的力量合二为一，因为只要不知道原因，就不能产生结果。要支配自然就必须服从自然。"[①]很显然，培根所强调的知识是基于因果关系的具有普遍必然性的知识。笛卡儿作为唯理主义者，不仅在认识的来源上而且在认识的方法上都强调理性首要的决定作用。在知识的来源上，笛卡儿将理性不能怀疑的清楚明白作为知识的标准和试金石，符合这样标准的观念——天赋观念是笛卡儿哲学理论的核心。它具有两方面的作用：一是试金石，即判断知识的标准；二是点金石，使一般的认识成为知识。笛卡儿之所以强调天赋观念在认识中的主导性作用，是因为这些不是从感性经验得来的观念具有普遍必然性。在方法上，笛卡儿无疑非常重视数学方法。如同斯宾诺莎所说的："他依据这个方法首先在数学中把古人无法接近而今人又仅能期冀的真理从黑暗引入光明，然后给哲学奠定了不可动摇的基础，并且示范地指明了绝大部分真理都可以用数学的程序和确定性在这个基础上建立起来。"[②]之所以笛卡儿非常重视数学，是因为只有数学方法才能满足知识的确实可靠的与必然性的要求。数学知识的这种必然性是由演绎推理系统保证的——"算术和几何之所以远比一切其他学科确实可靠……是因为，只有算术和几何完完全全是理性演绎而得的结论"[③]。综上所述，无论是培根还是笛卡儿，虽然在知识的其他方面存在分歧甚至对立，但在知识的本质与特征上是一致的，都只重视普遍必然性的

① （英）培根：《新工具》，许宝骙译，北京：商务印书馆，1984 年，第 8 页。引文同时参考了《西方哲学原著选读》（北京大学哲学系外国哲学史教研室编译，北京：商务印书馆，2014 年）第 345 页的译文，略有改动。

② （荷）斯宾诺莎：《笛卡尔哲学原理》，王荫庭、洪汉鼎译，北京：商务印书馆，1980 年，第 36 页。

③ （法）笛卡尔：《探求真理的指导原则》，管震湖译，北京：商务印书馆，1991 年，第 6 页。

知识。

在唯理论的后来发展中，斯宾诺莎和莱布尼茨一如既往地遵循了笛卡儿方法论的路线和对知识的普遍必然的强调。尤其是斯宾诺莎，继承和发展笛卡儿最主要的方面就是数学方法的广泛运用，他的代表作《伦理学》就是按照几何学方法写成的，《知性改进论》则阐述了几何学方法的性质以及如何运用。对方法的强调与对知识普遍性和必然性的强调是一致的，因为正是方法上的必然性才能带来知识的必然性。因此，从斯宾诺莎的方法论出发，就能顺理成章地演绎他的知识的内涵。在他的哲学史上著名的知识的分类[①]中，传闻和泛泛经验所获得的知识都是本身不确定的没有必然性的知识，唯有推理知识和理性直观知识才具有确定性，正确反映事物的本质而不使我们陷入错误。这一知识的四类划分出现于《知性改进论》中，后来在《伦理学》中，斯宾诺莎将传闻和泛泛经验合为一类，并指出“只有第一种知识是错误的原因，第二种第三种知识必然是真知识”[②]。之所以斯宾诺莎认为第一种知识是错误的，第二种第三种知识是正确的，是因为第一种知识是感觉经验知识，而后两种知识是从真观念出发，或通过推理或通过直观所获得的具有普遍必然性的、从理性中产生的知识。

对于经验论，知识发展到洛克、休谟，其普遍必然性越来越受到怀疑，最后终于陷入不可知论的泥沼中。洛克依据知识的确定性程度（或可靠性程度），将知识分为从高到低的直觉知识、推理知识和感觉知识三种等级[③]。这种划分和唯理论者的划分具有某种一致性（可参照已经论述的斯宾诺莎的划分）。直觉知识之所以是知识的最高等级，是因为它是人能直接而不必凭借其他的观念立刻觉察到的一种知识。这种知识的确定性当然是最高的——“我们所能得到的光明，亦就依此为极限；我们所达到的确定性，亦就依此为最大”[④]。推理知识的

① （荷）斯宾诺莎：《知性改进论》，贺麟译，北京：商务印书馆，2007年。

② （荷）斯宾诺莎：《伦理学》，贺麟译，北京：商务印书馆，2007年，第80页。

③ （英）洛克：《人类理解论（第四卷）》，关文运译，北京：商务印书馆，1983年，第520-529页。

④ （英）洛克：《人类理解论（第四卷）》，关文运译，北京：商务印书馆，1983年，第520页。

确定性因为要借助其他观念的中介而不是直接觉知的，所以要低一等级。洛克说：“由解证而生的知识亦是清楚明白的，不过这种认识远没有我所谓的直觉知识方面所有的那种辉煌光亮和充分确信。”[①]感觉知识不是关于观念之间的契合或相违的知觉，而是关于观念和外物之间的契合或相违的关系知觉。这样一种契合与否的知觉当然没有心灵中关于两个观念之间的关系的知觉清晰。记忆中玫瑰的香味与实际飘来的玫瑰的香味总可能有差异。洛克因此认为，感觉知识不是真正的知识，“不过是用知识来称呼它”；感觉知识“我们不论怎样确信它，它总不是知识，只是信仰和意见”。[②]从中我们可以看出洛克关于感觉知识的矛盾的态度，欲说还休，摇摆不定——一方面要确立感觉的知识身份；另一方面感觉自身又非常不确定，难以获得知识所要求的普遍必然性。这就为后来的休谟的知识怀疑论立场埋下了线索。

知识的确定性在一定意义上也就是必然性。然而，必然性的联系在休谟眼中却甚为可疑，最终自然界中的普遍的因果原则，在休谟看来只不过是心灵日久成习的习惯性联想。“各物象间这种‘必然联系’的观念所以生起，乃是因为我们见到在一些相似例证中这些事情恒常汇合在一起。”[③]休谟的这一对自然科学不啻毁灭性的结论就是康德知识论思考的开始。正如康德自己所说的：“我坦率地承认，就是休谟的提示在多年以前首先打破了我教条主义的迷梦。”[④] 所谓教条主义的迷梦，根据杨祖陶和邓晓芒的解释，“就是未经证明的、未经批判地预先断定的‘独断’”[⑤]。这样的“独断的迷梦”的惊醒，既是指“休谟对因果关系先天自明性的有力反驳，使康德从唯理论的独断论迷梦中最终觉醒过来；也是指休谟对以经验归纳作为因果性的普遍必然性基础的彻底否定，更使康德中断了沿着经验论的独断论前进的迷梦”[⑤]。无论是从唯理论的迷梦中觉醒，还是从经验论独断论的迷梦

---

① （英）洛克：《人类理解论（第四卷）》，关文运译，北京：商务印书馆，1983年，第523页。
② （英）洛克：《人类理解论（第四卷）》，关文运译，北京：商务印书馆，1983年，第527页。
③ （英）休谟：《人类理解研究》，关文运译，北京：商务印书馆，2007年，第69页。
④ （德）康德：《未来形而上学导论》，庞景仁译，北京：商务印书馆，1997年，第9页。
⑤ 杨祖陶、邓晓芒：《康德纯粹理性批判指要》，北京：人民出版社，2001年，第7页。

中惊醒，康德所要面对的，都是因为因果必然性关系的动摇而使知识基础崩溃的问题——简言之，是知识普遍必然性本质性特征的基础问题。

康德将休谟终结性的关于近代知识论的问题，归结为“先天综合判断是如何可能的”问题——这也是关于具有普遍必然性知识如何可能的总课题——借用康德自己的话说就是：“如果我们能把一大堆考察纳入到一个唯一课题的公式之下，那就已经是很多收获了。”[①]康德因此认为，解决了这一课题，“同时也就解决了纯粹理性在奠立和发展一切含有关于对象的先天理论知识的科学中的可能性”[①]。宽泛地说，康德认为，解决了这一课题也就解决了一切关于对象的普遍必然性知识如何可能的基础问题。所以，这一问题十分重要，“关系到形而上学的成败”。康德对这一问题总的解决策略就是众所周知的“哥白尼革命”，即如果历史上一切试图从对象中发现知识的努力都失败了，剩下的就只能是反过来让对象依照知识——从主体中寻找知识成立的基础。这正好类似于哥白尼在天文学上从地心说到日心说的逆转。对于认知而言，认识着的主体就是对象必须围绕的太阳。康德认为，知识普遍必然性的根源在认识的主体自身，确切地说就是纯粹直观形式与纯粹理性自身。“纯粹理性批判”就是审查、考察这些先天认识能力的构成和职权及其效能范围。康德自信地认为，他的这一试验按照希望的那样成功了，因为他从纯粹思辨理性中发现了为科学奠定基础的原则性的先天知识。例如，因果概念就是从纯粹知性中发现的，是十二个构成概念之一。甚至，康德认为，我们的普通知性也从来不缺少这样的先天知识。而这样的先天知识，其“标志就是必然性和普遍性”[②]。至此，我们应该能理解康德为解决休谟以来的近代认识问题所付出的努力。如果撇开康德将知识所要求的普遍必然性归于主体的先天性的独断问题不论，可以看出，康德是一个坚定的传统知识观的捍卫者。

由休谟肇始的经验论对知识普遍性、必然性特征所形成的基础的

---

① （德）康德：《纯粹理性批判》，邓晓芒译，北京：人民出版社，2004年，第15页。

② （德）康德：《纯粹理性批判》，邓晓芒译，北京：人民出版社，2004年，第2-3页。

终结，在当代演变成了反对心理主义的斗争。并且，无论是欧陆哲学还是英美分析哲学，最初都将在知识领域中拒斥心理主义视为最主要的使命。胡塞尔提出现象学的根本目的就是反对心理主义，为知识的普遍必然性提供新的基础并且这一目的贯穿于他整个学术生涯。如同他自己所说的："当第一次想到经验对象与给予方式的这种普遍关联的先验性时（大约是 1898 年我写作《逻辑研究》时），我被深深地震撼了。以至于从那以后，我毕生的事业都受到系统阐明这种相互关联的先验性的任务的支配。"[①]所以，对于胡塞尔而言，现象学是一种方法，是一种为各门科学提供认识论基础的方法。在这个意义上，现象学又被称为普遍的科学，或是第一哲学。之所以现象学能被称为第一哲学，能为各门科学提供方法论和认识论基础，是因为现象学致力于分析出意识结构中的普遍性成分，使包括算术和逻辑在内的科学摆脱心理主义的影响。例如，我们可以通过对个别"红"色对象的直观，把握一般之物的"红"本身。在这一认识过程的意向性活动中，我们应该区分意向内容和实在内容的不同。"实在内容因人而异，意向内容则具有共性和一般性。"[②]例如，我们观察一幅画，如果我们观察的外在条件相同（光线、时间和地点等方面），则画呈现给我们的内容基本相同。都是一叶扁舟，月明星稀，离人默默。无论诗人还是画家，无论今天还是明天，所看到的画的上述内容是不变的。但是不同的人甚至同一个人在不同时间、不同地点看这幅画的感受是不同的。文盲所见只是物理自然事物，可能了无意趣；诗人所见可能是旅人漂泊，生出无限感慨。前一种观察是意向内容，后一种体验则是实在内容。意向内容是客观的，实在内容则是主观相对的。总之，现象学所要研究的不是具体个人的认识，而是一般性的认识。或者说，是认识中的普遍性结构。这样一种认识结构正如胡塞尔所说的："不附带任何设定关系，无论是与经验的自我关系，还是与实体世界的关系。"[③]因此，有

---

① （奥）胡塞尔：《欧洲科学危机和超越论的现象学》，王炳文译，北京：商务印书馆，2001 年，第 202 页。

② （奥）胡塞尔：《现象学的观念》，倪梁康译，上海：上海译文出版社，1986 年，第 13 页。

③ （奥）胡塞尔：《现象学的观念》，倪梁康译，上海：上海译文出版社，1986 年，第 64 页。

的学者认为："胡塞尔实质上是一个柏拉图式的观念实在论者，只不过抛弃了柏拉图的幼稚性，他强调观念是一种客观自在的精神性存在。"[①]这里的观念就是柏拉图所说的理念，既不存在于时间中，也不存在于空间中，是超越时空的永恒存在。

分析哲学形成的最初动因中同样包含着拒斥心理主义的成分。作为分析哲学和语言哲学的创始人，弗雷格非常明确地将对心理主义的批判作为自己哲学研究的三大基本原则之一，并且是他毕生都遵循的信条。这一信条是："要把心理学的东西和逻辑的东西，主观的东西和客观的东西区分开来。"[②]要进行这样一种区分，就是要区分认识过程中的三个相互联系又相互区分的领域[③]：外在世界、心理领域和思想领域。因为弗雷格认为，"思想既不是外界事物，也不是表象"[③]。如此的第三世界即思想领域在弗雷格看来应该是这样的世界：

> 必须承认第三种范围。属于这一范围的东西在它们不能被感官感觉这一点上是与表象一致的，而在它们不需要它们属于其意识内容这一点上是与事物一致的。譬如我们以毕达哥拉斯定理表达的思想就永远是真的，无论是否有某人认为它是真的，它都是真的。它不需要承载者，它绝非自它被发现以来才是真的，而是像一颗行星一样，在人们发现它之前，就已经处于与其他行星的相互作用中了。[③]

总之，在弗雷格看来，思想与进行思想的心理过程以及外在对象是既相互联系又相互区别的。思想与表象（弗雷格称所有的心理活动为表象）相同的一面是，二者都是无形的，而这恰恰构成了与外界事物的区别。思想与表象的区别在于，思想不需要承载者，也就是说思想是独立于主体的；而这又恰是思想和外界事物相同的地方。所以，通过上述弗雷格的论述，他所谓的思想是独立于人的主观心理过程的客观

① 倪梁康：《意识的向度：以胡塞尔为轴心的现象学问题研究》，北京：北京大学出版社，2007年，第24页。

② （德）弗雷格：《算术基础》，王路译，北京：商务印书馆，2001年，第8页。

③ （德）弗雷格：《弗雷格哲学论著选辑》，王路译，北京：商务印书馆，1991年，第127页。

的精神性存在。

弗雷格的三个世界的理论雏形最终在波普尔的思想中破茧而出。波普尔在论证三个世界理论时提到了弗雷格[①]，但是他认为，三个世界理论源自柏拉图。柏拉图的理念世界，就是一个独立于物理世界和精神世界之外的客观的、自主的第三世界。因此，波普尔总结道："世界至少包括三个在本体论上泾渭分明的次世界；或者如我所说，存在着三个世界。第一个世界是物理世界或物理状态的世界；第二个世界是精神世界或精神状态的世界；第三世界是概念东西的世界，即客观意义上的观念的世界——它是可能的思想客体的世界：自在的理论及其逻辑关系、自在的论据、自在的问题境况等的世界。"[②] 这三个世界的相互关系是，第二世界与前后两个世界分别能相互作用，第一、第三世界只有通过第二世界发生间接的作用。波普尔对三个世界理论系统阐述的最终目的，是强调第三世界的客观性，将认识的心理活动、过程与认识的内容区分开。因而，本质上波普尔在贯彻着弗雷格反心理主义的思想路线。波普尔自己很明确地说："第三世界，确切地说，属于第三世界的客体，柏拉图发现的那些客观的形式理念，往往被误解为主观观念或思想过程，即误解为精神状态，误解为属于第二世界而不是属于第三世界的客体。"[③]由此，我们可以看出波普尔自身对弗雷格的反心理主义目标的继承和发展，也可以看出他在捍卫传统客观普遍的"知识型"方面的贡献。

综上所述，我们通过由古到今的梳理，目的是阐明知识的本质——传统意义上何为真正的知识。通过引证自苏格拉底、亚里士多德至近代培根、笛卡儿、斯宾诺莎、洛克、休谟直到康德，这些人类思想史璀璨星空中的彪炳千古的大师的论述，我们发现，尽管他们之间存在这样那样的分歧和对立，但是在对知识的本质特征的看法上却难得地一致。正

① （奥）波普尔：《客观知识》，舒炜光、卓如飞、周柏乔，等译，上海：上海译文出版社，1987年，第163页。

② （奥）波普尔：《客观知识》，舒炜光、卓如飞、周柏乔，等译，上海：上海译文出版社，1987年，第164-165页。

③ （奥）波普尔：《客观知识》，舒炜光、卓如飞、周柏乔，等译，上海：上海译文出版社，1987年，第166页。

是因为这种难得的一致性，才形成了我们关于何为真正知识的一以贯之的传统。当代西方哲学两大阵营不约而同地都在为维护这一传统而进行不懈的努力和斗争——无论是欧陆的现象学创立者胡塞尔还是分析哲学的创始人弗雷格，他们思想的主要目标就是捍卫知识的客观性，而且这一目标贯穿于他们学术生涯的始终。所以，对什么是知识，通过历史的考察我们发现，其实历史已经给出了我们非常明确的定义：知识是客观的、普遍的和必然的，是对事物产生变化的因果联系的正确反映。

正因为知识是对事物发展变化的本质性和规律性的正确认识，所以这样的知识是理智德性即理性思维能力努力践行的结果，而不是仅仅依凭感觉、记忆等天赋能力就能获得的。也正因为如此，苏格拉底所喊出的“德性即知识”中的德性指理性意义上的理智德性，而不是视力、听力等感觉功能。这样的理智德性从亚里士多德出发，是需要在认识活动的教导中通过不断践行形成的。当代葛梯尔提出的知识论问题，并不是在这一传统意义上界定知识；葛梯尔问题提出之后，整个知识论领域似乎淡忘了知识的本质及其获得的条件。这应该是当代知识论包括德性知识论最根本的问题之所在。

第二节　问题与合理性*

德性知识论的问题在于对知识和德性的无根据的运用，根源在于将德性知识论混淆为规范伦理学。而其合理性在于，德性知识论拓展了当代哲学研究视域，丰富了知识论研究的内容，拓宽了英美分析哲学的议题和方法，扩大了影响。

一、德性伦理学与德性知识论

当代德性知识论源于德性伦理学。索萨率先认为，在人的行为道

* 本部分内容发表于《云南师范大学学报（哲学社会科学版）》2020 年第 4 期，题为《论当代德性知识论产生的合法性》，收入本书时内容略有修改。

德评价和知识的确证之间存在着可以类比的相似性。从道德评价来看，为希特勒母亲接生的医生如何为自己的行为辩护呢？也就是说，使希特勒顺利降生的行为为什么就比可以选择的其他行为更有价值呢？例如，为什么不可以扼杀未来的战争狂人于摇篮中呢？索萨认为，答案就在于为希特勒接生的这位医生的行为，是“某种可靠德性的结果，并不存在其他同样富有德性的行为选择”[①]。接生的医生的行为评价可以分成两个层次：首要的评价是行为主体所一贯体现出来的稳定的行为倾向即德性，这是该行为与其他可供选择的行为相比最大价值贡献之所在；次要的评价是源于这一德性的具体行为。为希特勒接生的这位医生的接生行为之所以在道德上是有价值的，就是因为这一具体行为源于他一贯的德性。道德行为的这种分层辩护的策略对知识论同样富有成效——知识确证因而也可以分为两个层次：首要层次的确证是稳定可靠的理智德性，次要层次的确证是源于这一德性的具体认识行为。扎格泽博斯基同样认为，当代年轻的德性知识论需要从历史中走来的德性伦理学的支持：“很显然，德性知识论需要德性伦理学。”[②]然而，对于这样一种类比，我们需要追问其合理性。也就是说，从德性伦理学的视角看，行为的认识德性与行为的道德德性之间（即理智德性与道德德性）存在多大的亲密度？能否进行这样的类比？正如索萨自己所意识到的：“在伦理学和知识论中产生了相关联的一些问题。我们需要更深入地思考德性概念以及道德德性和理智德性之间的区别。”[①]为此，要完成这一研究主题，首先必须阐明德性伦理学与德性知识论之间的关联性，其次在此基础上才能考察德性知识论中的理智德性和道德德性之间的关联性，最后才能判断其合理性。

并无直接证据表明，索萨的德性知识论是主要受古代德性伦理学还是当代德性伦理学的影响，或者索萨根本就没有关注到古代和当代的伦理学的不同，只是凭直觉将自己的知识论建立在宽泛的德性伦理

① Sosa E，“The Raft and the Pyramid：Coherence Versus Foundations in the Theory of Knowledge”，*Midwest Studies in Philosophy*，Vol. 5，No. 3，1980，p. 23.

② De Paul M，Zagzebski L T，*Intellectual Virtue：Perspectives from Ethics and Epistemology*，Oxford：Oxford University Press，2003，p. 2.

学上。从德性伦理学由亚里士多德到麦金泰尔的发展来看，古代和当代之间具有本质上的一致性。因此，在这两个方面，古代德性伦理学和当代德性伦理学之间的区别对于德性知识论而言并不重要，重要的是回答什么是德性伦理学。

伦理学在当代一般被划分为三个部分[①]：规范伦理学、应用伦理学和元伦理学。德性伦理学被看成规范伦理学中的一个基本构成，与其他的如义务论、功利论等规范并列。规范伦理学，通俗地解释就是对人们正确的道德行为规范或应然性的理性反思，目的是希望发现行为的共同道德属性。到 20 世纪 60 年代，随着德性伦理学的复兴，德性伦理学大有取代规范伦理学之势。甚至有的德性伦理学者认为，规范伦理学是谬误而德性伦理学才是真理，德性伦理学与元伦理学共同构成了伦理学，而不是规范伦理学与元伦理学一起构成了伦理学[②]。德性伦理学因此脱离规范伦理学，另起炉灶。

德性伦理学与规范伦理学的区分，首先，可以从“伦理学”一词的含义上来理解。“伦理学”一词对应的英文为 ethics，源于希腊文 εθιкs。εθιкs 在希腊文中与词根 ε0οσ 相关，有两层含义：习惯、风俗和品格。因此，规范相应地也就区分出内外两个层次：涉及主体间关系的外在行为规范——习俗和内化的个体行为规范——品质。从这一区分出发，德性伦理学也就从一般的外在行为规范的规范伦理学中独立出来，因为德性伦理学的德性规范不同于一般意义上的外在行为规范，德性规范已经内化为道德行为主体的品质。其次，以伦理学的两层含义为基础，两者的不同可以进一步明确为以下几点：一是就研究目的而言，规范伦理学以行为的正当与否（符合规范）为研究的根本目的，德性伦理学则以如何成为有德性的人为研究的根本目的。二是就研究对象而言，围绕着研究的根本目的，前者以“道德、行为、规范”为研究对象，后者以“品质、德性、行为者”为研究对象。两者在研究对象上的不同就是行为及其规范与行为者及其德性的不同。三是就践行规范或德性的特点而言，外在规范的践行具有强制性，而德

① 龚群、陈真：《当代西方伦理思想研究》，北京：北京大学出版社，2013 年，第 7 页。

② Timmons M，*Conduct and Character*，Belmont：Wadsworth，1994，p. 240.

性的践行则出于行为者的自觉自愿。

通过对规范伦理学和德性伦理学的概要性区分可以看出，索萨的德性知识论应该更接近于规范伦理学而不是德性伦理学。首先从20世纪80年代最初提出德性知识论的设想来看，德性知识论是作为可靠论的替代性方案出现的，但是其本质还是可靠论。正是在这一意义上，索萨认为无论是戈德曼的因果可靠论还是普兰廷加的恰当功能论都是德性知识论，“因为这三者之间的分歧与三者之间的一致性相比可以忽略不计”[①]。可靠论是知识确证的外在主义典型形式，而这种确证的外在主义是与内在主义相对而言的。根据知识论手册上的解释[②]，外在主义和内在主义之间的分歧，就是提供确证的方式的差异。内在主义坚持认为，所有提供确证的要素都必须是认识主体可以意识到的，“是内在于他的认识视野的，不超越他的认识范围”[②]；外在主义与之相反，“认为确证的要素至少部分是没有必要被认识的，是外在于他的认识视野，超越于他的认识范围的”[③]。对可靠论而言，确证的要素是外在客观的认识方式或过程，作为可靠论的一种形式的德性知识论则将可靠的确证要素定义为诸如视力、听力这样的认识能力。在20世纪90年代直至21世纪的进一步发展中，索萨将理智德性定义为能力的同时，还认为作为知识的信念的获得也是一种行为表现（performance），因而遵循行为表现的3A结构。所以，无论是从将德性定义为能力或才能而言，还是为包括信念获得在内的行为制定规范而言，索萨的德性知识论都与德性伦理学背道而驰，相去甚远。例如，将理智德性定义为能力或才能就与亚里士多德对理智德性的解释存在本质的差别。从其理论特征上看，更应该归属于规范伦理学。因为无论是作为感觉能力的理智德性还是行为表现规范的3A结构，很显然，其都首先不是从内在的品质，而是从外在行为规范来定义的，从而和规范伦理学具有密切的亲缘关系。在格雷科对德性可靠论的发展中，这一理论倾向并没有

---

① Sosa E，“Proper Functionalism and Virtue Epistemology”，*Noûs*，Vol. 27，No. 1，1993，p. 64.

② Dancy J，Sosa E，*A Companion to Epistemology*，Oxford：Blackwell，1992，p. 132.

③ Dancy J，Sosa E，*A Companion to Epistemology*，Oxford：Blackwell，1992，p. 132.

实质性的改变。因为如第二章所述，格雷科也是从感性能力方面来定义理智德性的。

综上所述，德性伦理学不是规范伦理学，索萨的德性知识论恰恰制定了认识的行为规则，因此，德性知识论在产生之初就严重曲解了德性伦理学，由此造成后来的德性知识论发展的诸多问题和困境。这是因为，德性知识论自产生之日起，就是无根之木、无源之水。索萨简单地将认识活动和道德行为进行对比，认为知识的价值评价可以仿照德性伦理学对道德行为的价值评价，并没有仔细考察德性、理智德性以及理智德性和求真之间的关系问题。因而，德性知识论的核心概念和范畴没有取得合法性身份，无法准确地确定这些概念和范畴在德性伦理学中的内在本质及其基本特征，这是导致后来发展中争论此起彼伏“干戈不息”的根源之所在。

二、问题与合理性

通过对德性、知识以及德性伦理学的内涵的确定，可以看出当代德性知识论所存在的问题及其合理性。问题的产生是忽视了由传统而来的对知识和德性及其关系的阐释；合理性在于德性知识论的产生源于时代和现实以及理论自身的发展需要。

1. 问题

德性知识论的问题主要表现在两个方面：一是对德性伦理学的曲解；二是对知识和德性及其相互关系的曲解。就问题的第一个方面来看，在亚里士多德的德性伦理学的传统中，求知、向善和为美是统一的。这种统一性源于对自然以及人的生命的目的论解释。在古希腊时期的背景中，自然万物的存在是一个由高到低排列的等级序列，最高的善的理念（神）不仅是本体论、认识论意义上的，也是伦理意义上的最高范畴，是万物产生的终极原因，也是万物追求的最终目标。因而，人的最终目标也是对最高善的追求。这种追求最高善的生活，在亚里士多德看来也就是幸福生活。幸福有主观和客观之分，亚里士多德反对对幸福做主观感受和情感体验的主观理解，认为幸福是客观的，具有衡量的客观标准，即人的灵魂最本质性的理性功能的卓越实现。实现人灵魂最高善的生活即幸福生活，是优于享乐生活和政治生活的沉思生活[①]。如果说享乐生活是逐利的生活，政治生活是求名的生活，则沉思生活就是求知的生活。由此可见，在亚里士多德的古典德性伦理学中，求知与向善不可分，本身就构成了整体善的一部分。所以，从亚里士多德的德性伦理学出发，德性知识论不可能取得独立的合法身份，因为理智德性本身就是德性伦理学题中应有之义。所以，在传统德性伦理学的意义上，德性知识论至多只能被看成德性伦理学的一个分支或一个问题域，而不能独立为与德性伦理学并列的分支科学。

就问题的第二个方面来看，首要的是分析求知的德性与其他德性的区别和联系。如前所述，在亚里士多德以来的古典德性伦理学传统中，德性因和灵魂的非理性与理性不同部分的构成相对应而分为道德德性和理智德性两部分。也就是说，灵魂中的具有逻各斯部分的德性被称为理智德性，灵魂中非逻各斯部分但能听从逻各斯的德性被称为道德德性。而理智德性又因灵魂思考不变和可变事物的不同分为思辨的理智德性和实践的理智德性。但是，求真是两种理智德性共享的活动。实践的求真活动是灵魂中的欲求遵循逻各斯的求真活动，实质上是一种选择中道的活动。这种求真活动与科学的不同是因为思考对象的可变与不变的区别，与技艺的不同是因为求真的目的是活动自身还是活动之外的结果的区别。例如，生产出中国自己的民航客机是技艺的目的，而不是这一生产活动自身；但是，子路勇敢地与卫国的叛乱分子战斗，这一勇敢战斗活动自身也是值得肯定的。因而，亚里士多德将灵魂中的求真活动分为两种：无欲求的求真和欲求的求真；相应的理智德性也就分为沉思（或思辨）的理智德性和实践的理智德性。前者把握事物本然的真，不是欲求，没有目的，因而“沉思的理智同实践与制作没有关系。它状态的好坏之在于它所获得的东西是真是

① （古希腊）亚里士多德：《尼各马可伦理学》，廖申白译注，北京：商务印书馆，2003 年，第 11 页，1109b15-20。

假”[①]，这部分的活动可以称为知识的活动或科学的活动。与之相对，后者“所把握的是相对于目的或经过考虑的欲求的真”[②]，这种真，“它仍然是真，然而，按照亚里士多德的方法，是在与本然真的类比意义上的真”[②]。实践的真的目的是使得欲求正确，因而这种“德性是一种属于选择的品质，它按照我们所考量过的中庸并为理性所规定来选择”[③]；这一部分的活动可以称为推理的活动。但是，这种求真与道德德性密不可分。更准确地说，道德德性总是离不开实践智慧。

然而，实践智慧（实践的理智德性）与理智智慧（思辨的理智德性）虽然同属于理智德性，但有以下不同。第一，实践智慧研究的是可变的人的幸福问题，即人应该如何生活的问题；这些人间事务是可以通过人的行为而改变的，处于不停的变动中，因而不确定。理智智慧所关注的是变化的自然现象背后的不变而稳定的联系或关系。在亚里士多德看来，自然现象之间具有确定的、必然的、稳定的联系。例如，四季更替，周而复始，自古皆然。这类知识是不变而确定的。第二，理论智慧关注的是普遍的知识，而实践智慧关注的是人的行为，虽然也涉及普遍知识，但关注的重点是与人相关的特殊而具体的事务。第三，实践智慧和理论智慧所处的层次不同。理论智慧由于关注的是普遍必然的知识，因而在地位和层次上高于实践智慧——“智慧是科学和以灵智来把握那些就其本性而言最为高贵的存在者”[④]。

在求真的活动中，技艺即制作活动的德性，也是对可变事物的追求。但是，技艺与实践无关，技艺只是“一种与正确的理智相联系的

---

① （古希腊）亚里士多德：《尼各马可伦理学》，廖申白译注，北京：商务印书馆，2003 年，第 168 页，1139a26-27。

② （古希腊）亚里士多德：《尼各马可伦理学》，廖申白译注，北京：商务印书馆，2003 年，第 168 页，注释 5。

③ （古希腊）亚里士多德：《尼各马可伦理学（注释导读本）》，邓安庆译，北京：人民出版社，2010 年，第 90 页，1107a1-4。

④ （古希腊）亚里士多德：《尼各马可伦理学（注释导读本）》，邓安庆译，北京：人民出版社，2010 年，第 218 页，1141b3。

制作的品质”[①]。

综上所述，我们可以得出两点与德性知识论第二方面问题相关的结论。首先是关于什么是知识的问题。知识在亚里士多德看来是对不变事物的追求，是对自然现象之间的必然的、稳定的普遍联系的考察。实践与制作活动在亚里士多德意义上不能被看成真正的知识。其次，与知识的这种说明与划分相对应，德性的形成也不同。一般而言，德性形成涉及两方面的因素：社会价值的内化与理性能力的发展。因此，德性的形成不是出于自然，当然也不是反于自然。各种德性的形成是一个长期的过程，对一个具体的人而言，是他整个一生自觉自主地践行。当然，德性在形成之后也不会轻易失去，因为成了行为主体的一种确定的、固定的品性。相对于三种不同的活动——沉思、实践和制作——而言，沉思的德性是最难养成的，因为它处于人类理性能力的最高端。实践的智慧的形成要难于制作的技艺：学会建筑这门技艺当然要比形成慷慨的德性容易，在时间上也更短。

对于当代德性知识论而言，其所谓的知识，无论是从古希腊传统出发，还是从近代出发，都不是真正意义上的知识，而至多只能算是信念或意见。对于意见或信念，凭感觉能力自身就能直接获得。例如，我随意一瞥，看见窗外阳光明媚的晴天，这样就得到了一个关于当前天气状况如何的一个信念。这样的一种直接信念，无论如何增加条件也无法变成知识。就好像任何一条狗如何训练也不能在智力上达到人的高度；这也好像一辆自行车，无须给它加上汽油。因为知识是普遍确定的关系的正确反映，对自然而言，所体现的是现象之间的必然性的因果联系。所以，单纯的信念和意见无所谓是不是知识。只有涉及信念或意见之间的背后的本质性联系时，才有产生知识的可能。例如，就看见窗外的晴天这一信念而言，如果我追寻为什么今天是晴天，也就是探究大气层运动的情况是今天晴天的原因，这就有可能产生知识。如果仅就我看见今天是晴天这一信念而言，如何说它是知识呢？从这一对知识的定义出发，当代知识论中的经典案例，如谷仓

① （古希腊）亚里士多德：《尼各马可伦理学（注释导读本）》，邓安庆译，北京：人民出版社，2010年，第212页，1141a20-24。

墙、田野中的羊、时钟等，所描述的都是信念产生形成的情形，并没有上升到知识的高度。

当代知识论从葛梯尔问题的提出时开始，就在信念和意见的纠缠中沉沦，实无关知识的“痛痒”，却自以为是在探讨知识，或者说假借了知识之名。造成这一假象的原因主要有两个方面：一是没有真正区分知识与意见、信念之间的关系；二是在知识与信念、意见之间的形成能力上也相应地无所陈述与说明。人类的认识活动从发展阶段与结果形式上看，应该存在从信念、意见上升到知识两个阶段与两种形式；但是，并非所有的信念和意见都需要或者说都能够上升为知识。天气是否晴好，只要不涉及战争，以及特定时期的农业生产，对于人们的日常生活无关紧要。信念、意见自身也有独立存在的价值，普通大众往往就根据信念和意见来安排自己的日常生活，并没有太多的人将其自觉上升到知识的高度。例如，听说一部电影很好看，我们就怀着好奇心去看。并没有太多的人首先去追问这部电影是不是一部好电影、为什么是一部好电影诸如此类的问题，然后才决定是否去看。与信念和知识的产生相应，就有相应的两种认识能力——感觉能力和理性能力。因为信念不是知识（虽然可以上升为知识），知识不是信念，所以感觉能力和理性能力在作用上也各司其职。信念的产生主要靠感觉；知识的形成从来源上看是由信念上升而来的，则是感觉和理性的相互作用，但最终的形成主要决定于理性。正如康德所说的：“这两种能力或本领也不能互换其功能。知识不能直观，感官不能思维。只有从它们的互相结合中才能产生出知识来。”[①]但是，康德又认为，“我们却不能因此把它们应分的事情混淆起来，而有很重要的理由把每一个与另一个小心地分离出来并区分开来”[②]。这一从认识结果形式与相应的认识能力形式的区分对德性知识论的意义是：如果我们将信念也看成知识，当然相应地理智德性也就包括了听、看等感觉能力；但是，如果我们将信念和知识区分开来，当然相应地也就只能将理智德性看成后天形成的品质，而不是先天的认识能力。后者只能产生信

① （德）康德：《纯粹理性批评》，邓晓芒译，北京：人民出版社，2004年，第52页，B75-76。
② （德）康德：《纯粹理性批评》，邓晓芒译，北京：人民出版社，2004年，第52页，B76。

念，而不是知识。

因而，当代德性知识论从产生的理论渊源看，不仅没有德性伦理学的基础支撑，而且与西方哲学传统对知识的定义背道而驰，真正是无源之水、无本之木。但是，我们当然也不能否认当代知识论所具有的理论意义和价值。我们不能也没有必要时时、事事因循守旧，照章而行，按律办事。特别是在当代，创新引领着时代之风，体现着时代精神；在哲学领域当然也应该革故鼎新，破浪前进，而不必总陷入历史的废墟中津津乐道。然而，即便是创新也应该名之为“信念论”而非知识论；德性知识论也应该相应地更名为“信念规范论”，至少德性可靠论应该如此更名。否则，冠以德性或知识的头衔，其实相差十万八千里，名不正言不顺。再者，真正的思想创新是在尊重历史的前提下的创新。撇开历史，怎么都行的创新，只能是胡思乱想。在科学哲学发展中，费耶阿本德曾提出过方法论上的无政府主义“怎么都行”的主张[①]，但也只是昙花一现的历史主义的相对主义流行物。这种方法论上极端的无政府主义和极端自由主义，由于不区分科学和神话、理性和非理性，最终使得科学方法失去对研究的指导作用。知识论与德性知识论似乎也会遭遇同样的命运。知识论和德性知识论虽然表面上与传统存在着联系，但实质上根本改变了知识与德性的传统。例如，葛梯尔虽然从柏拉图的《泰阿泰德篇》中寻找到知识问题的线索，却将柏拉图对话录中的否定性结论当成肯定性定义来接受，而对古希腊传统中何谓真正的知识，葛梯尔教授则根本无暇问津。至于后来众多学者所乐于讨论的诸如“我看见田野中有一只羊”“我看见路边有许多谷仓墙”之类，是不是真正的知识，则更不应该是葛梯尔教授所应该负责的。于是，当代知识论大谈特谈的所谓命题知识其实从古代到近现代都只能看作信念或意见。但是，大家都见怪不怪了，所谓习惯成自然。当代知识论家在何种意义上将信念或意见看成知识，为什么看成知识，这已经不重要，重要的是我们怎样获得这种所谓的知

---

① （美）保罗·法伊尔阿本德：《反对方法》，周昌忠译，上海：上海译文出版社，1982年，第Ⅰ页。

识。同样，德性知识论源于索萨随意的与德性伦理学之间的类比，但是，什么是德性以及德性与知识之间的关系等，并不是索萨所要关注的问题。因此，在这样一种背景中产生、发展的知识论和德性知识论本就先天不足，出身可疑，其后天成长处境也就可想而知，必将是天下纷纷，异端辈出，永无宁日。

然而，也许有的学者认为，分析哲学在思考的方式上从产生之初似乎就与欧陆思辨哲学不同。更准确地说，有的学者认为存在着两种不同的哲学研究传统：盎格鲁-撒克逊传统和德意志传统[①]。后一传统认为，哲学研究如同黑格尔所言，“哲学就是哲学史”。这毫无疑问地告诉我们，哲学思考应该从历史出发，从传统出发。前者则反其道而行之，即分析哲学传统主张思考的路径永远是四通八达随心所欲的，不必拘泥于历史的窠臼而不能自拔。这方面最典型的例证就是维特根斯坦及其《逻辑哲学论》，我们在维特根斯坦的这部代表作中很难发现历史的痕迹。从事分析哲学的学者于是受到了一种启发，也形成了一种定势，原来哲学可以不必理会历史和传统，完全可以随心所欲地从问题到问题进行原创性的建构。如果说其中还有一点限制的话，就是必须合乎常理。但是，其中的主要概念和范畴则不受限制，至少不受传统和历史的限制。然而，维特根斯坦是否真的不受历史和传统的限制，是否真的反历史、反传统呢？在《逻辑哲学论》的前言中，维特根斯坦说：“我之所以没有明确指明思想来源，是因为我思考的东西是否已为别人先行思考过，于我是无关紧要的事情，”紧接着又说，“我受惠于弗雷格的巨著和我的朋友贝特兰·罗素先生的著作，它们在很大程度上激发了我的思想。”[②]从这两句话，我们至少可以得出这样的结论：一是《逻辑哲学论》有思想来源，只不过维特根斯坦认为它无关紧要；二是这部著作的产生受到弗雷格和罗素思想的影响。退一步说，即使《逻辑哲学论》没有思想来源，其中的基本观点——“凡是可以说的东西都可以说清楚；对于不能谈论的东西必须保持沉

① Dancy J，*An Introduction to Contemporary Epistemology*，Oxford：Blackwell，1985，p. 1.

② （奥）维特根斯坦：《逻辑哲学论》，贺绍甲译，北京：商务印书馆，2010 年。第 23 页。前一句和这一句引文均源于此。

默”①——也没有颠覆传统而是在维护传统，是在维护自康德以来的传统——为知识划界，给道德保留地盘。实际上，如前所述，分析哲学的开创人物弗雷格只是运用了不同于思辨的德意志传统的哲学方法，而在对什么是知识的问题上，弗雷格是坚定地维护其客观普遍性传统的。因而，历史上的开创性人物苏格拉底、柏拉图、亚里士多德、康德、弗雷格、胡塞尔、波普尔等在对待传统上都是很谨慎与小心的，至少在知识和德性问题上是传统的坚定捍卫者。

2. 合理性

问题往往与价值并存。虽然德性知识论的产生从根源上没有取得历史的合法性支持，但是其本身依然具有合理性。这些合理性主要从与分析哲学发展的关系、德性伦理学在当代的复兴、与近代认识论之间的关系以及与时代之间的关系等方面表现出来。

第一，知识论与德性知识论的产生是分析哲学发展的必然，具有思想发展的内在逻辑合理性。当代西方德性知识论的产生表面看来纯属偶然事件，是索萨灵感突现的产物；其实背后展现了当代哲学发展的趋势，体现了理论发展的时代要求。当代西方哲学发展的基本趋势似乎是主流舞台正逐渐为英美分析哲学所占据。正如艾耶尔所说的："维也纳学派的实证主义精神仍然保存了下来，它重新调整了哲学与科学之间的关系，发展了一套逻辑技术，坚持了对意义的澄清，清算了哲学中那种被我称之为不知所云的夸夸其谈，这一切都为这门科学开辟了一个新的方向，这个方向现在仍然是不可逆转的。"②

第二，德性知识论的产生和发展也是德性伦理学在当代复兴的产物，是近现代祛神化的思想解放的启蒙运动留给当代的课题。毋庸置疑，德性知识论的产生和发展也深化了我们对知识、德性以及两者之间关系的认识。众所周知，当代知识论问题源于对柏拉图对话录中关

① （奥）维特根斯坦：《逻辑哲学论》，贺绍甲译，北京：商务印书馆，2010 年。维特根斯坦自己认为，《逻辑哲学论》的全部思想可以用上述这一句话来概括。

② （英）艾耶尔：《二十世纪哲学》，李步楼、俞宣孟、苑利均，等译，上海：上海译文出版社，2015 年，第 160 页。

于知识定义及其条件的质疑。但是，我们同样耳熟能详的是，柏拉图在直接讨论知识是什么的《泰阿泰德篇》中最终并没有得出肯定的结论，确切地说没有得出知识是什么的肯定性定义。我们只是通过这篇对话知道知识“既不是感觉，又不是真实的意见，也不是正确的信念加上理性的解释”①；尽管对话中苏格拉底认为，“开始谈话时的目的并不是发现知识不是什么，而是知识是什么”②。所以，从对话本身出发，我们所得到的是关于知识不是真信念加上合理性理由的定义。从当代知识论的话语体系出发，这是对知识三元定义的否定。葛梯尔考察否定性的三元条件，目的是重新定义知识的三种要素。因而，将近代以前关于知识与善密切相关的目的论解释置于当代视域中，能使我们在传统之外重新思考知识的本质与条件，思考知识与德性之间的关系。如果说，近代之前，求真的目的是向善，那么在当代，这一求真的最终目的已发生了根本的改变。所以，真和善之间到底存在怎样的联系，德性、理智德性在知识的形成中到底起什么作用、起多大作用等问题，随着神（上帝）的退隐，成为当代人类所面临的重大问题。知识论的提出以及德性知识论的形成与发展，无疑是解决这些问题的理论反映，在一定程度上也是时代发展的需要。

第三，从与近代认识论之间的关系来看，当代知识论在一定程度上是近代认识论的延续。如果说，近代哲学以“古代哲学最后所达到的那个原则，即现实自我意识的立场为出发点（中世纪的观点认为思想中的东西与实存的宇宙有差异，近代哲学则把这个差异发展成为对立，并且以消除这一对立作为自己的任务）”③，那么当代知识论仍然继续着这一主题，只不过解决问题的思路有所改变：从主体自身的认识能力转变为对知识本身条件的分析。但是，德性知识论又将这一转

---

① （古希腊）柏拉图：《柏拉图全集》（第二卷），王晓朝译，北京：人民出版社，2003 年，第 649-650 页。

② （古希腊）柏拉图：《柏拉图全集》（第二卷），王晓朝译，北京：人民出版社，2003 年，第 714 页。

③ （德）黑格尔：《哲学史讲演录（第四卷）》，贺麟、王太庆译，北京：商务印书馆，1997 年，第 5 页。

变扭转过来，重新聚焦于认识主体自身，思想的发展恰好实现了否定之否定的循环。正如德性知识论者所认为的，当代知识论的发展从以信念为中心转变为以主体为中心。只不过德性知识论将近代对单纯的主体意识的探讨转化为对主体道德品质的探讨。

第四，德性知识论的产生也为当代知识论中的怀疑论与知识的价值问题提供了新的回应路径。众所周知，对知识概念的反思总会涉及两个重大问题：怀疑论和知识的价值问题。怀疑论问题是传统知识论（近代认识论）中的五大核心问题之一①，甚至有的学者认为怀疑论问题是当代知识论中两个主要相关问题之一②。可以肯定的是，怀疑论是认识论发展所一直要面对的问题，是促进知识发展的原动力。知识的价值问题（即知识为什么更有价值和什么构成了知识的价值）也是知识论中极其重要的问题。格雷科认为，这是“任何完备的知识论都必须回答的问题”③。德性知识论通过诉诸理智德性能为这两个问题的解决提供新的途径。对于怀疑论而言，怀疑论的一个理论预设是，所有的知识都必须建立在一个使我们具有充分相信其为真的理由基础上，德性知识论中的理智德性就为我们提供了这样一种理由基础。同样，知识之所以具有优于其他非知识信念的价值，就是因为知识是在理智德性的基础上产生的。

第五，德性知识论的产生也是时代发展的要求。关于当前的时代问题，一些欧陆哲学家做过富有影响的论述。胡塞尔认为当前时代的危机就是科学的危机，而科学的危机实质上就是科学丧失了生活的意义，造成这一危机的根源在于现代人世界观的根本改变。他说：“在十九世纪后半叶，现代人让自己的整个世界观受实证科学的支配，并迷惑于实证科学所造就的‘繁荣’。这种独特现象意味着，现代人漫不经心地抹去了那些对于真正的人来说至关重要的问题。只见事实的科学

---

① Kaplan M，“It is not What You Know that Counts”，*Journal of Philosophy*，Vol. 92，No. 3，1985，pp. 50-363.

② 徐向东：《怀疑论、知识与辩护》，北京：北京大学出版社，2006 年，第 I 页。

③ Greco J，*Achieving Knowledge：A Virtue-Theoretic Account of Epistemic Normativity*，Cambridge：Cambridge University Press，2010，p. 91.

造就了只见事实的人。”[1]也就是说，胡塞尔认为，当代人的世界观受实证科学的支配，丧失了思考人生的意义、目的等关涉人生存重大问题的思想基础和方法论基础。当代知识论的产生就是实证主义科学方法论在解决哲学问题上的结果和表现，而德性知识论的兴起是顺应德性伦理学复兴的历史潮流的，在某种程度上是对实证主义科学观的反动。

① （奥）胡塞尔：《欧洲科学危机和超验现象学》，张庆熊译，上海：上海译文出版社，1988年，第5-6页.

余　论

德性知识论的产生迄今不到40年的历史，当代知识论的产生和发展至今也不过半个多世纪。然而，其间中外学者在知识论的研究上所体现的学术热情与活力、研究形势与成果所产生的影响之深之广却出乎我们意料。当前，几乎每一位热衷于哲学研究的学者，无论是进行中国哲学研究的学者还是进行西方哲学研究的学者，对此种现象可能都不能置身事外。就此而论，对德性知识论进行系统的跟踪研究契合了当前学术形势及其发展需要，理论价值和现实意义都十分重大。

从学术和时代背景上看，德性知识论是在德性伦理学的当代复兴中产生和发展起来的，直接受到德性伦理学的影响。因此，其产生不仅体现了哲学自身内在发展的思想必然性，而且体现了时代发展的现实要求。但是，德性知识论在核心概念"知识"与"德性"上却缺乏相应的源于传统的思考和系统研究，从而使得德性知识论的产生乃至当代知识论的产生缺乏相应的历史依据和思想来源。从最初的产生形式上看，知识论与德性知识论都只不过是个别学者的即兴之物。虽然，我们并不否认思想探索中灵感凸显的作用；但是，这并不等于可以认为学术的研究尤其是思想探索和创造可以逃离传统而肆意妄为，随心所欲。因此，当代知识论最初产生于葛梯尔教授的偶发之想（我们都乐于谈论葛梯尔问题产生的潇洒，谈论最初葛梯尔教授如何在咖啡厅中构思了知识论问题的产生；对源于《泰阿泰德篇》的知识的三元条件提出质疑，却忽视对古希腊以来何为知识的本质传统定位的思考），这对于一种学术思潮的产生和发展不能不认为有失严谨。由此，我们联想到《纯粹理性批判》这部思想巨著的产生。康德虽然在短短四五个月时间一挥而就，但是，思考却延伸到十年前。也就是说，人类最伟大的德性知识论的产生，虽然源于索萨从德性伦理学中汲取了解决知识确证条件的灵感；但是，实际来看，德性知识论和德性伦理学之间也缺乏内在的思想关联性。德性知识论中的德性和理智德性与德性伦理学中的解释和定位大相径庭。也就是说，德性知识论并不是从德性伦理学出发来定义其自身核心概念和范畴的。如果我们认为，摆脱传统束缚，创造性地对哲学问题进行研究是分析哲学基本的学术取向，那么，这也应该被认为是分析哲学这一日益普遍的方法论自身应有的缺陷。这样做所产生的消极后果是：一方面，使得各种学术观点难以取得应有的学术共识，处于比以往更激烈的争论和对立中；另一方面，也使得各种学术观点自身缺乏应有的学术合理性和更深远的学术影响力。因为一种学术观点的提出很迅速，其消亡也必将迅速，所谓“其兴也勃焉，其亡也忽焉”。如果说“长江后浪推前浪，江山代有才人出”是历史发展的固有现象，那么这一点在当代知识论领域表现得尤为明显。

从一般意义上看，德性知识论在后来的发展中有其自身的谱系，这源于对德性两种不同的理解。在古希腊最初的文明中，德性意味着天赋能力，万物中能体现其卓越特征的力量都被看成德性。到公元前5世纪的古典时期，德性概念随着社会发展，其内涵发生了变化。为了适应更复杂的社会分工和人们之间日益频繁的社会交往的需要，德性概念更强调在实践中形成的社会属性成分。对德性概念内涵的这两种理解贯穿于德性伦理学发展的始终。这也就孕育了后来德性知识论两种流派之间的根本分歧。德性可靠论的代表人物除了索萨和格雷科之外，戈德曼和齐硕姆也被个别知识论学者看成德性知识论家族中的成员。但是，这至多是在德性知识论都可以看成可靠论的这一宽泛的意义上成立。从齐硕姆自身学术研究及其成果构成来看，齐硕姆并没有德性知识论方面的专门的学术成果问世。齐硕姆主要的学术兴趣涉及知识论，并没有细化到德性知识论。戈德曼虽然也涉及德性知识论这一主题，但只是偶尔为之，现有的成果也不足以支撑他成为德性可靠论阵营中的主要代表。他自己也不承认自己是德性可靠论者。德性责任论者中，除了扎格泽博斯基在德性知识论方面的研究成果较丰富和突出外，寇德和蒙特马奎特的德性知识论方面的研究成果都非常有限。寇德仅有一篇论文和一部著作，蒙特马奎特仅有两三篇文章。到20 世纪 90 年代，两人的德性知识论研究偃旗息鼓。所以，有学者认为，“扎格泽博斯基的《心灵的德性》（*The Virtue of Mind*）这部著作是德性责任论最杰出的和最完备的著作”[①]。

除了这两大对立阵营之外，还有一些自称是调和派的第三方代表人物，如后期的扎格泽博斯基、卡威格和贝尔等。扎格泽博斯基虽然有调和理智德性的能力和性格德性冲突的倾向，但是，因为她主要是站在亚里士多德立场来理解理智德性的，所以总体倾向是德性责任论的，这并没有太大的争议。卡威格并不是从当代知识论的意义上而是从德性伦理学的意义上来理解理智德性的，因而他对索萨所开创的德性知识论持否定态度。更主要的是，卡威格的观点并没有产生相应的学术影响。贝尔虽然对德性可靠论和德性责任论都提出了批评，但是，总体上看，他对德性可靠论的批评是基于使其完善的态度的，而对德性责任论是明确的否定性态度。所以，其总体的学术取向上仍然可以被看成德性可靠论。对于这些当前还不能明确界定其归属的观点，研究过程中的处理是将其放入第三章“批评与争论”这一节来论述。笔者认为，无论是从各著名的知识论学者的论述来看，还是从当前公认的程度来看，德性知识论被划分为两大对立阵营没有太多异议。因此，从德性知识论发展的这一公认谱系出发，对各代表性观点按照德性知识论发展的自身逻辑进行划分安排是合情合理的。

德性知识论的产生是时代精神的总体体现。一方面，当前唯科学主义的时代取向使得实证方法大行其道，甚嚣尘上（有的国外学者认为，20 世纪就是分析的时代[②]）；另一方面，人生存的深层次的意义和价值基础的失落，又呼唤着道德、信仰等伦理精神的出场。德性知识论就是时代这一矛盾精神的产物：一方面体现了唯科学主义的实证科学方法的普遍化（实证的科学方法表现在哲学上就是分析方法——对

① Baehr J S，“Character in Epistemology”，*Philosophical Studies：An International Journal for Philosophy in the Analytic Tradition*，Vol. 128，No. 3，2006，p. 479.

② 陈嘉明：《现代西方哲学方法论讲演录》，桂林：广西师范大学出版社，2009 年，第 31 页。

语言的逻辑分析和日常分析），另一方面又体现了德性伦理学复兴的当代要求。作为分析哲学方法普遍化的表现和结果，德性知识论的提出固然对知识论中一些问题的思考甚至解决不无裨益，但是也使我们产生了对哲学当代发展及未来趋向与意义的深层疑虑。分析哲学的方法实质上是一种实证科学的方法，是实证科学方法在哲学领域的借鉴与运用。但是，如果无限夸大科学的作用，使得实证科学的方法成为唯一可行的方法，成为一切科学包括人文科学在内的所有科学所必须效法的典范[①]，那么哲学自身存在的意义和价值何在呢？因为如果未来的发展果真如此，则哲学势必将如同中世纪沦为神学的婢女一样沦为科学的附庸，甚至夸张一点说，已经沦为科学的附庸。分析哲学的创建人物之一罗素曾满怀信心地说："这种细心求实的哲学方法（分析的方法）能扩展到人类活动、生产的全部领域中。其结果是，凡是这种方法存在之处，必将减少幻想的狂热，增加同情和相互理解的力量。哲学放弃了独断的骄妄，仍然不会停止对生活方式的启迪与渴望。"[②]果真如罗素所言，则自苏格拉底、柏拉图至康德、黑格尔以来，一直到胡塞尔、海德格尔等，整个自古希腊以来的哲学传统到当代的欧陆哲学都体现了幻想的狂热、浮夸、大而无当、华而不实，只是到了弗雷格、罗素等之后，哲学才步入实事求是的正轨。这样的结论，恐怕罗素自己也觉得言过其实了。所以，面对汹涌澎湃"横扫千军如卷席"的科学大潮，我们是否应该保持维特根斯坦的明智与清醒："即使一切可能的科学问题得到解答，也还完全没有触及到人生问题"[③]；"只要超越这些命题（科学命题），然后他就会正确地看待世界"[④]，因为"世界的意义必定在世界之外"[⑤]，"时空之中的人生之谜的解

① 罗素认为，分析哲学的分析方法是洛克等经验主义与数学分析相结合的产物，这是"能使哲学富有成果的有力方法"；"我毫不怀疑，只要可能有哲学知识，哲学知识非靠这样的方法来探究不可；我也毫不怀疑，借这种方法，许多古来的问题是完全可以解决的"。而这样的方法，在罗素看来，"与其说有哲学的性质，不如说有科学的性质"。（英）罗素：《西方哲学史（下卷）》，马元德译，北京：商务印书馆，2013年，第425-434页。

② Russell B，*History of Western Philosophy*，London：Routledge，2009，p. 660.

③（奥）维特根斯坦：《逻辑哲学论》，贺绍甲译，北京：商务印书馆，2010年，第104页。

④（奥）维特根斯坦：《逻辑哲学论》，贺绍甲译，北京：商务印书馆，2010年，第105页。

⑤（奥）维特根斯坦：《逻辑哲学论》，贺绍甲译，北京：商务印书馆，2010年，第102页。

答，也必定在时空之外”[1]。果如维特根斯坦所言，那么，科学没有触及的地方，就是“理性的幻想”的狂热、“哲学独断的骄妄”的用武之地，这也是人类自由精神的最终和最高使命。

总之，通过以上论述，我们有理由认为，分析哲学作为一种方法论思潮与传统的理性思辨哲学之间的关系问题，并不是一个轻松的、可以“谈笑间，樯橹灰飞烟灭”的话题，未来需要每位思想者认真反思与谨慎对待，至少应该避免罗素一般的对分析哲学独断的骄妄的期许与态度。

---

① （奥）维特根斯坦：《逻辑哲学论》，贺绍甲译，北京：商务印书馆，2010年，第103页。

参 考 文 献

中文文献

（奥）波普尔：《客观知识》，舒炜光、卓如飞、周柏乔，等译，上海：上海译文出版社，1987 年。

（奥）胡塞尔：《欧洲科学危机和超验现象学》，张庆熊译，上海：上海译文出版社，1988 年。

（奥）胡塞尔：《欧洲科学危机和超越论的现象学》，王炳文译，北京：商务印书馆，2001 年。

（奥）胡塞尔：《现象学的观念》，倪梁康译，上海：上海译文出版社，1986 年。

（奥）维特根斯坦：《逻辑哲学论》，贺绍甲译，北京：商务印书馆，2010 年。

（奥）维特根斯坦：《哲学研究》，李步楼译，北京：商务印书馆，2010 年。

（德）弗雷格：《弗雷格哲学论著选辑》，王路译，北京：商务印书馆，1991 年。

（德）弗雷格：《算术基础》，王路译，北京：商务印书馆，2001 年。

（德）黑格尔：《小逻辑》，贺麟译，北京：商务印书馆，2007 年。

（德）黑格尔：《哲学史讲演录（第四卷）》，贺麟、王太庆译，北京：商务印书馆，1997 年。

（德）康德：《纯粹理性批判》，邓晓芒译，北京：人民出版社，2004 年。

（德）康德：《未来形而上学导论》，庞景仁译，北京：商务印书馆，1997 年。

（德）文德尔班：《古代哲学史》，詹文杰译，上海：上海三联书店，2009 年。

（德）文德尔班：《哲学史教程（下卷）》，罗达仁译，北京：商务印书馆，2007 年。

（法）笛卡尔：《谈谈方法》，王太庆译，北京：商务印书馆，2007 年。

（法）笛卡尔：《探求真理的指导原则》，管震湖译，北京：商务印书馆，1991 年。

（古罗马）奥古斯丁：《恩典与自由》，奥古斯丁翻译小组译，南昌：江西人民出版社，2008 年。

（古罗马）奥古斯丁：《论信望爱》，许一新译，北京：生活·读书·新知三联书店，2009 年。

（古罗马）奥古斯丁：《上帝之城》，王晓朝译，北京：人民出版社，2006 年。

（古罗马）西塞罗：《论至善和至恶》，石敏敏译，北京：中国社会科学出版社，2005 年。

（古希腊）柏拉图：《柏拉图全集》（第二卷），王晓朝译，北京：人民出版社，2003 年。

（古希腊）柏拉图：《柏拉图全集》（第一卷），王晓朝译，北京：人民出版社，2002 年。
（古希腊）柏拉图：《理想国》，郭斌、张竹明译，北京：商务印书馆，2010 年。
（古希腊）第欧根尼·拉尔修：《名哲言行录》，马永祥、赵玉兰、祝和军，等译，长春：吉林人民出版社，2011 年。
（古希腊）斐洛：《论摩西的生平》，石敏敏译，北京：中国社会科学出版社，2007 年。
（古希腊）荷马：《伊利亚特》，罗念生、王焕生译，上海：上海人民出版社，2013 年。
（古希腊）修昔底德：《伯罗奔尼撒战争史》，徐松岩译，上海：上海人民出版社，2012 年。
（古希腊）亚里士多德：《尼各马可伦理学（注释导读本）》，邓安庆译，北京：人民出版社，2010 年。
（古希腊）亚里士多德：《尼各马可伦理学》，廖申白译注，北京：商务印书馆，2003 年。
（古希腊）亚里士多德：《尼各马可伦理学》，苗力田译，北京：中国人民大学出版社，1999 年。
（古希腊）亚里士多德：《形而上学》，吴寿彭译，北京：商务印书馆，2012 年。
（荷）斯宾诺莎：《笛卡尔哲学原理》，王荫庭、洪汉鼎译，北京：商务印书馆，1980 年。
（荷）斯宾诺莎：《伦理学》，贺麟译，北京：商务印书馆，2007 年。
（荷）斯宾诺莎：《知性改进论》，贺麟译，北京：商务印书馆，2007 年。
（美）G. S. 基尔克、J. E. 拉文、M. 斯科菲尔德：《前苏格拉底的哲学家：原文精选的批评史》，聂敏里译，上海：华东师范大学出版社，2014 年。
（美）保罗·法伊尔阿本德：《反对方法》，周昌忠译，上海：上海译文出版社，1982 年。
（美）蒯因：《从逻辑的观点来看》，江天骥、宋文淦、张家龙，等译，上海：上海译文出版社，1980 年。
（美）普特南：《理性、真理与历史》，童世骏、李光程译，上海：上海译文出版社，1997 年。
（美）普特南：《事实与价值二分法的崩溃》，应奇译，北京：东方出版社，2006 年。
（美）唐纳德·戴维森：《真理、意义与方法——戴维森哲学文选》，牟博选编，北京：商务印书馆，2012 年。
（意）圣多玛斯·阿奎那：《神学大全（第九册）》，胡安德译，台南：碧岳学社，2008 年。
（意）圣多玛斯·阿奎那：《神学大全（第五册）》，刘俊余译，台南：碧岳学社，

2008 年。
（英）A. 麦金太尔：《德性之后》，龚群、戴扬毅，等译，北京：中国社会科学出版社，1995 年。
（英）阿拉斯代尔·麦金泰尔：《伦理学简史》，龚群译，北京：商务印书馆，2004 年。
（英）艾耶尔：《二十世纪哲学》，李步楼、俞宣孟、苑利均，等译，上海：上海译文出版社，2015 年。
（英）霍布斯：《利维坦》，黎思复、黎廷弼译，北京：商务印书馆，2014 年。
（英）罗素：《西方哲学史（下卷）》，马元德译，北京：商务印书馆，2013 年。
（英）洛克：《人类理解论》，关文运译，北京：商务印书馆，1983 年。
（英）培根：《新工具》，许宝骙译，北京：商务印书馆，1984 年。
（英）休谟：《人类理解研究》，关文运译，北京：商务印书馆，2007 年。
（英）休谟：《人性论（下册）》，关文运译，北京：商务印书馆，2014 年。
陈波：《"知识优先"的认识论——读〈知识及其限度〉》，哲学分析，2010 年第 4 期，第 183-192 页。
陈嘉明：《现代西方哲学方法论讲演录》，桂林：广西师范大学出版社，2009 年。
陈嘉明：《知识与确证——当代知识论引论》，上海：上海人民出版社，2003 年。
陈亚军：《从分析哲学走向实用主义——普特南哲学研究》，北京：东方出版社，2002 年。
龚群、陈真：《当代西方伦理思想研究》，北京：北京大学出版社，2013 年。
江畅：《西方德性思想史（古代卷）》，北京：人民出版社，2016 年。
李义天：《美德伦理学与道德多样性》，北京：中央编译出版社，2012 年。
罗念生、水建馥：《古希腊语汉语词典》，北京：商务印书馆，2010 年。
苗力田：《亚里士多德全集（第三卷）》，北京：中国人民大学出版社，1992 年。
苗力田：《亚里士多德全集（第一卷）》，北京：中国人民大学出版社，1990 年。
倪梁康：《意识的向度：以胡塞尔为轴心的现象学问题研究》，北京：北京大学出版社，2007 年。
涂纪亮：《分析哲学及其在美国的发展》，武汉：武汉大学出版社，2007 年。
汪子嵩、范明生、陈村富，等：《希腊哲学史》（第二卷），北京：人民出版社，2004 年。
徐向东：《怀疑论、知识与辩护》，北京：北京大学出版社，2006 年。
杨祖陶、邓晓芒：《康德纯粹理性批判指要》，北京：人民出版社，2001 年。
张志伟：《西方哲学史》，北京：中国人民大学出版社，2010 年。
赵敦华：《基督教哲学 1500 年》，北京：人民出版社，1994 年。

英文文献

Alexander J，Weinberg J M，"Analytic Epistemology and Experimental Philosophy"，

Philosophy Compass，Vol. 2，No. 1，2007，pp. 56-80.

Allan H，"The Maturation of the Gettier Problem"，*Philosophical Studies：An International Journal for Philosophy in the Analytic Tradition*，Vol. 172，No. 1，2015，pp. 1-6.

Alston W，"How to Think About Reliability"，*Philosophical Topics*，1995，Vol. 23，No. 1，pp. 1-29.

Anscombe G E M，"Mordern Moral Philosophy"，*Philosophy*，Vol. 33. No. 124，1958，pp. 1-19.

Aquinas T，*Treatise on the Virtues*，Oesterle J A（trans.），South Bend：University of Notre Dame Press，1984.

Armstrong D M，*Belief, Truth and Knowledge*，Cambridge：Cambridge University Press，1973.

Axtell G，"Recent Work in Virtue Epistemology"，*American Philosophical Quarterly*，Vol. 34，No. 1，1997，pp. 1-26.

Ayer A J，*The Problem of Knowledge*，London：Macmillan，1956.

Baehr J S，"Character in Epistemology"，*Philosophical Studies：An International Journal for Philosophy in the Analytic Tradition*，Vol. 128，No. 3，2006，pp. 479-514.

Baehr J S，"Character，Reliability and Virtue Epistemology"，*The Philosophical Quarterly*，Vol. 56，No. 223，2006，pp. 193-212.

Boyd K，Nagel J，*Current Controversies in Experiment Philosophy*，Machery E，O' N-Eill E，New York：Routledge，2014.

Bunnin N，Yu J Y，*The Blackwell Dictionary of Western Philosophy*，Oxford：Blackwell，2004.

Chalmers D J，"Intuition in Philosophy：A Minimal Defense"，*Philosophical Studies*，Vol. 171，No. 3，2014，pp. 535-544.

Chisholm R M，*Theory of Knowledge*，Englewood：Prentice-Hall，1977.

Code L，*Epistemic Responsibility*，Hanover：University of New England Press，1987.

Cohen S，"Contextualist Solutions to Epistemological Problems：Scepticism，Gettier，and the Lottery"，*Australasian Journal of Philosophy*，Vol. 76，No. 2，1998，pp. 289-306.

Cohen S，"How to Be a Fallibilist"，*Philosophical Perspectives*，Vol. 2，1988，pp. 91-123.

Conee E，Feldman R，"The Generality Problem for Reliabilism"，in Pojman L P，*The Theory of Knowledge*，Belmont：Webcom Ltd，2003，pp. 296-309.

Cordner C，"Aristelian Virtue and Its Limitation"，*Philosophy*，Vol. 69，No. 269，

1994，pp. 289-316.

Dancy J，An Introduction to Contemporary Epistemology. Oxford：Blackwell，1985.

Dancy J，Sosa E，*A Companion to Epistemology*，Oxford：Blackwell，1992.

de Paul M，Zagzebski L T，*Intellectual Virtue：Perspectives from Ethics and Epistemology*，Oxford：Oxford University Press，2003.

de Rose K，“Contextualism and Knowledge Attributions”，*Philosophy and Phenomenological Research*，Vol. 52，No. 4，1992，pp. 913-929.

Dewey J，*How We Think*，Boston：D. C，Heath and Company，1933.

Fairweather A，Zagzebski L T，*Virtue Epistemology：Essays on Epistemic Virtue and Responsibility*，Oxford：Oxford University Press，2001.

Fleisher W，“Virtuous Distinctions”，*Synthese*，Vol. 194，No. 8，2017，pp. 2973-3003.

Gettier E，“Is Justified True Belief Knowledge？”，*Analysis*，Vol. 23，No. 6，1963，pp. 121-123.

Goldman A I，*Liaisons：Philosophy Meets the Cognitive and Social Sciences*，Cambridge：MIT Press，1992.

Goldman A I，Olsson E J，“Reliabilism and the Value of Knowledge”，in Pritchard D，Millar A，Haddock A，*Epistemic Value*，Oxford：Oxford University Press，2009.

Goldman A，“Strong and Weak Justification”，*Philosophical Perspectives*，Vol. 2，1988，pp. 51-69.

Goldman A，“What is justified belief？”，in Sosa E，Kim J，Fantl J，et al，*Epistemology an Anthology*，Oxford：Blackwell，2008.

Goldman A，*Reliabilism and Contemporary Epistemology：Essays*，Oxford：Oxford University Press，2012.

Greco J，“A Different Sort of Contextualism”，*Erkenntnis*，Vol. 61，No. 2-3，2004，pp. 383-400.

Greco J，“Agent Reliabilism：Noûs”，*Philosophical Perspectives*，Vol. 13，1999，pp. 274-296.

Greco J，“Two Kinds of Intellectual Virtue”，*Philosophy and Phenomenological Research*，Vol. 60，No. 1，2000，pp. 179-184.

Greco J，“Virtue Epistemology and the Relevant Sense of ‘Relevant Possibility’”，*The Southern Journal of Philosophy*，Vol. 32，No. 1，1994，pp. 61-77.

Greco J，“Virtues and Vice of Virtue Epistemology”，*Canadian Journal of Philosophy*，Vol. 23，No. 3，1993，pp. 413-432.

Greco J，“Virtues in Epistemology”，in Moser P，*Oxford Handbook of*

Epistemology, Oxford: Oxford University Press, 2002.

Greco J, *Achieving Knowledge: A Virtue-Theoretic Account of Epistemic Normativity*, Cambridge: Cambridge University Press, 2010.

Greco J, *Ernest Sosa and His Critics*, Oxford: Blackwell, 2004.

Hilary K, "Justified Belief and Epistemically Responsible Action", *The Philosophical Review*, Vol. 92, No. 1, 1983, p. 34.

Hursthouse R, *On Virtue Ethics*, Oxford: Oxford University Press, 1999.

Jackson F, *A Defense of Conceptual Analysis*, Oxford: Oxford University Press, 1998.

James A, Montmarquet, "Epistemic Virtue", *Mind, New Series*, Vol. 96, No. 384, 1987, pp. 482-497.

Kaplan M, "It is not What You Know That Counts", *Journal of Philosophy*, Vol. 92, No. 3, 1985, pp. 50-363.

Kornblith H, "Ever Since Descartes", *The Monist*, Vol. 68, No. 2, 1985, pp. 264-276.

Kvanvig J L, *The Intellectual Virtues and the Life of the Mind: On the Place of the Virtues in Epistemology*, Washington: Rowman & Littlefeld, 1992.

Lehrer K, "The Fourth Condition for Knowledge: A Defense", *The Review of Metaphysics*, Vol. 24, No. 1, 1970, pp. 122-128.

Lorraine C, "Toward a Responsibilist Epistemology", *Philosophy and Phenomenological Research*, Vol. 45, No. 1, 1984, pp. 29-50.

Machery E, Stich S, Rose D, "The Gettier Intuition from South America to Asia", *Journal of Indian Council of Philosophical Research*, Vol. 34, No. 3, 2017, pp. 517-541.

Maclntyre A C, *After Virtue*: *A Study in Moral Theory*, South Bend: University of Notre Dame Press, 2007.

Mark H, "The Simple Solution to the Problem of Generality", *Noûs*, Vol. 29, No. 4, 1995, pp. 501-515.

Pritchard D, "Anti-luck Epistemology", *Synthese*, Vol. 158, No. 3, 2007, pp. 277-297.

Pritchard D, "The Structure of Sceptical Arguments", *The Philosophical Quarterly*, Vol. 55, No. 216, 2005, p. 37.

Quine W V, *Ontological Relativity and Other Essays*, New York: Columbia University Press, 1969.

Rachels J, *The Elements of Moral Philosophy*, Boston: McGraw-Hill, 1999.

Ramsey F P, "Knowledge", in Braithwaite R B, *Foundations of Mathematics and*

Other Logical Essays，London：Kegan Paul，1931.

Roberts R C，Wood W J，*Intellectual Virtues：An Essay in Regulative Epistemology*，Oxford：Oxford University Press，2007.

Russell B，*History of Western Philosophy*，London：Routledge，2009.

Sosa E，"Perspectives in Virtue Epistemology：A Response to Dancy and BonJour"，*Philosophical Studies*，Vol. 78，No. 3，1995，pp. 221-235.

Sosa E，"Philosophical Skepticism and Epistemic Circularity"，*Proceedings of the Aristotelian Society*，Vol. 68，1994，p. 268.

Sosa E，"Proper Functionalism and Virtue Epistemology"，*Noûs*，Vol. 27，No. 1，1993，pp. 51-65.

Sosa E，"Reflective Knowledge in the Best Circles"，*Journal of Philosophy*，Vol. 94，No. 8，1997，pp. 410-430.

Sosa E，"Reliabilism and Intellectual Virtue"，*Knowledge in Perspective：Selected Essays in Epistemology*，Cambridge：Cambridge University Press，1991.

Sosa E，"Scepticism About Intuition"，*Philosophy*，Vol. 81，No. 318，2006，pp. 633-647.

Sosa E，"Skepticism and Contextualism"，*Philosophical Issues*，Vol. 34，2002，pp. 1-18.

Sosa E，"The Raft and the Pyramid：Coherence Versus Foundations in the Theory of Knowledge"，*Midwest Studies in Philosophy*，Vol. 5，No. 1，1980，pp. 3-26.

Sosa E，"Virtue Perspectivism：A Response to Foley and Fumerton"，*Philosophical Issues*，Vol. 5，Truth and Rationality，1994，pp. 29-50.

Sosa E，*A Virtue Epistemology：Apt Belief and Reflective Knowledge*，Vol. I，Oxford：Oxford University Press，2007.

Sosa E，*Judgment and Agency*，Oxford：Oxford University Press，2015.

Sosa E，*Knowing Full Well*，Princeton：Princeton University Press，2011.

Sosa E，*Knowledge in Perspective：Selected Essays in Epistemology*，New York：Cambridge University Press，1991.

Steup M，John T，Sosa E，*Contemporary Debates in Epistemology*，Hoboken：Blackwell，2013.

Swain S，Alexander J，Weinberg J M，"The Instability of Philosophical Intuition：Running Hot an Cold on Truetemp"，*Philosophy and Phenomenological Research*，Vol. 76，No. 1，2008，pp. 138-155.

Thomas R，Cleve J V，Emmanuel S，*The Modern Philosophers：From Descartes to Nietzsche*，Oxford：Blackwell，2000.

Timmons M，*Conduct and Character*，Belmont：Wadsworth，1994.

Unger P, “An Analysis of Factual Knowledge”, *The Journal of Philosophy*, Vol. 65, No. 6, 1968, pp. 157-170.

Weinberg J M, Nichols S, Stephen P S, “Normativity and Epistemic Intuition”, in Knobe J, Nichols S, *Experimental Philosophy*, New York: Oxford University Press, 2008.

Williamson T, *Knowledge and Its Limits*, Oxford: Oxford University Press, 2000.

Zagzebski L T, “Precis of Virtues of the Mind Virtues of the Mind: An Inquiry into the Nature of Virtue and the Ethical Foundations of Knowledge”, *Philosophy and Phenomenological Research*, Vol. 60, No. 1, 2000, pp. 169-177.

Zagzebski L T, “Responses Virtues of the Mind: An Inquiry into the Nature of Virtue and the Ethical Foundations of Knowledge”, *Philosophy and Phenomenological Research*, Vol. 60, No. 1, 2000, pp. 207-219.

Zagzebski L T, “The Inescapability of Gettier Problem”, *The Philosophical Quarterly*, Vol 44, No. 174, 1994, pp. 65-73.

Zagzebski L T, *Divine Motivation Theory*, Cambridge: Cambridge University Press, 2004.

Zagzebski L T, *Epistemic Authority: A Theory of Trust, Authority, and Autonomy in Belief*, Oxford: Oxford University Press, 2012.

Zagzebski L T, *On Epistemology*, Cambridge: Wadsworth, 2008.

Zagzebski L T, *Virtues of the Mind: An Inquiry into the Nature of Virtue and the Ethical Foundations of Knowledge*, Cambridge: Cambridge University Press, 1996.

Zarpentine C, Cipolletti H, Bishop M, “WINO Epistemology and the Seifting-Sands Problem”, *The Monist*, Vol. 95, No. 2, 2012, pp. 311-312.

Zeller E, *Socrates and the Socratic School*, Reichel O J (trans.), London: London Press, 1885.

后　记

我对德性知识论的学习与研究前后凡六年。2013 年开始关注德性知识论问题。2014 年以“当代西方德性知识论问题”为题的国家社会科学基金项目获得立项，真正开始了系统学习和研究德性知识论问题的学术之路。从 2017 年开始，终于有一些理论成果产生。本书是自 2013 年以来系统学习研究德性知识论问题的最后总结。自此以后，虽然也会关注德性知识论问题，但是很难再有时间和精力集中系统深入地学习和研究。因此，这部书是我学习研究德性知识论后对自己的一个交代。

德性知识论问题在西方始于 20 世纪 80 年代，而国内在 21 世纪开始关注，真正的系统研究应该始于 2010 年以后。迄今，中文世界中当初零碎的介绍性文章的研究局面已经得到了改变，关于德性知识论的两部译著和一部学术专著陆续出版，即方环非教授翻译的扎格泽博斯基的《认识的价值与我们所在意的东西》和方红庆博士翻译的索萨德性知识论方面的一部力作《判断与能动性》，此外，方红庆博士还于 2018 年出版了他的国家社会科学基金后期资助项目的最终成果《德性知识论》。本书是第二部系统研究性的中文著作。与当前唯一系统研究德性知识论的方红庆博士的学术专著相比，本书最大的特点是源头性的研究，即在概要式地介绍当代西方德性知识论缘起、发展及其基本理论形态的基础上，着重分析两大派别划分的依据；在分析对两大派别代表性人物索萨和扎格泽博斯基的各种批评的基础上，发现彼此争论的实质；最终通过德性知识论与德性伦理学的关联性发现德性知识论的问题，并结合知识论本身的发展以及时代的使命阐释德性知识论的合理性。所谓源头性，即历史性，指本书并不着重单纯从当代知识论的视野出发进行分析，而是着重从德性伦理学的古典源头开始追溯德性与知识的关系，旨在从根源处发现当代德性知识论在产生之初就存在的一些理论问题。《礼记·大学》有言："物有本末，事有终始，知所先后，则近道矣。"我认为，唯有从问题所由产生处才能真正发现问题。否则，雾中看花，隔靴搔痒，终不免"身在庐山"之感。更主要的是，黑格尔说："哲学若没有体系，就不能成为科学。没有体系的哲学理论，只能表示个人主观心情，它的内容必定是带偶然性的。哲学的内容只有作为全体中的有机环节，才能得到正确的证明，否则便只能是无根据的假设或个人主观确信而已。"①所以，本书力图从整体把握德性与知识的关系。

迄今，我已出版了两部个人的学术著作，即将出版的这一部是第三部，周期基本上是五年一部。但是，这三部著作并没有一部让自己很满意。第三部付出了自己一点心力，但是从当代分析哲学的视角来看，并没有傲人之处。然而，在课题研究与本书的写作过程中还是得到了许多人的关心、支持和帮助。陈嘉明教授热心应邀作序，曹剑波教授在选题时就提出了很好的建议。尤其要感谢的是郑伟平博士和方环非教授，两位学者知识面广且乐善热情。2017 年在中央党校学习期间，和其他同行一起拜访了赵敦华先生、王路先生、江怡先生和韩东晖教授。这些学术前辈和同行对哲学的热情永远值得我们学习，他们追求真理的这份赤诚是激励后来者学习哲学追求真理的不竭动力。课题研究和本书的写作过程中也得到了同事和部分学生的支持和帮助。前学院院长毕天云为知识论学术活动提供了经费支持，已经毕业的研究生李依临不仅承担了事务性的工作，还参与整理了文献资料；其他研究生曹阳、魏国枫、邱继红、郑寒予和湛云杰也参与了部分研究资料的整理与全书的校稿工作。此外，科学出版社已经离职的刘溪博士和当前负责本书出版的邹聪编辑为本书的最终出版付出了辛勤劳动，非常感谢。

最后感谢台湾东吴大学的米建国教授。我从米教授在南开大学所做的为期一周的关于德性知识论的讲座中获益匪浅。米教授在美国攻

① （德）黑格尔：《小逻辑》，贺麟译，北京：商务印书馆，2007 年，第 56 页。

读博士期间，和索萨教授建立了密切的学术联系，对德性知识有非常切近的了解。2016 年，在赴台湾进行短期访问的期间，我再次与米教授进行了德性知识论方面的交流。米教授就德性知识论的发展、某些专业术语的翻译的看法，启示了本书的写作。

本书不足之处在所难免。究其原因除了自身水平之外，还有外在的氛围——总有人说这是一个浮躁的时代，虽然这不是一个很能站得住脚的借口，姑且聊以自慰吧。我相信，在学界同人的帮助和批评下，我们总会不断进步，明天一定会更好！

毕文胜

2019 年 8 月 29 日